建筑设计与施工材料应用

杨　宏　许秀海　邹　乐　著

吉林科学技术出版社

图书在版编目（CIP）数据

建筑设计与施工材料应用 / 杨宏，许秀海，邹乐著
. -- 长春 : 吉林科学技术出版社，2024.3
ISBN 978-7-5744-1127-2

Ⅰ. ①建… Ⅱ. ①杨… ②许… ③邹… Ⅲ. ①建筑设计②建筑材料 Ⅳ. ① TU2 ② TU5

中国国家版本馆 CIP 数据核字 (2024) 第 061467 号

建筑设计与施工材料应用

著 杨 宏 许秀海 邹 乐
出 版 人 宛 霞
责任编辑 王凌宇
封面设计 周书意
制 版 周书意
幅面尺寸 185mm × 260mm
开 本 16
字 数 338 千字
印 张 17.125
印 数 1~1500 册
版 次 2024 年3月第1 版
印 次 2024年10月第1次印刷

出 版 吉林科学技术出版社
发 行 吉林科学技术出版社
地 址 长春市福祉大路5788 号出版大厦A 座
邮 编 130118
发行部电话/传真 0431-81629529 81629530 81629531
81629532 81629533 81629534
储运部电话 0431-86059116
编辑部电话 0431-81629510
印 刷 廊坊市印艺阁数字科技有限公司

书 号 ISBN 978-7-5744-1127-2
定 价 78.00元

前　言

我国建筑行业正在向健康的方向发展，相关工作人员需要对建筑设计及管理形式进行不断的创新，结合整体发展趋势，提出新的发展观念。无论是在设计方面，还是在管理方面，都需对其进行不断的优化，提高整体发展水平。在建筑行业不断发展的过程中，社会经济效益与企业的经济效益是相互关联的，其中起导向作用的是质量和价格。对于建筑行业而言，工程设计与管理工作需要重视的是建筑的质量和安全，建筑的质量直接影响企业的信誉。为了提高企业在市场中的份额，工程管理人员需要加大工程管理工作力度。为了满足现代社会对建筑工程管理工作的要求，相关工作人员需要与时俱进，不断对管理形式进行创新和改革，为企业创造良好的发展空间，促进企业健康、稳定发展。

建筑材料是决定工程质量好坏的关键因素之一，不同的建筑材料将会导致建筑工程的施工质量水平不一。恰当、合理地选用建筑材料不仅能降低工程成本，而且能够提高建筑物的寿命和质量。熟悉建筑材料的基本知识，掌握各种新材料的特性，是进行工程结构设计与研究和工程管理的必要前提条件。最关键的是材料的质量，而质量的上乘，有赖于科学的、严格的质量管理。加强质量管理工作，提高质量管理工作水平，对于企业的生存与发展，具有决定性的意义，这也越来越成为人们的共识。

本书围绕“建筑设计与施工材料应用”这一主题，以建筑设计理论为切入点，由浅入深地阐述了建筑及建筑设计的内涵、建筑设计的要求和方法，并系统分析了办公建筑的室内环境设计原理、办公空间的设计与实施、办公空间的可持续化设计实施，诠释了防水材料及其应用和性能检测、装配式混凝土建筑质量控制、建筑工程防水材料施工造价管理等内容，以期为读者理解与践行建筑设计与施工材料应用提供有价值的参考和借鉴。本书内容翔实、条理清晰、逻辑合理，兼具理论性与实践性，适用于从事相关工作与研究的专业人员。

由于作者的学术水平有限，实践经验或有不足，书中不妥之处在所难免，敬请广大读者批评指正。

前言

目　录

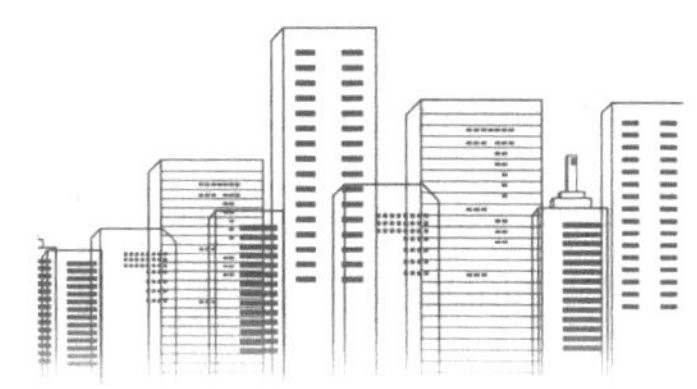

第一章　建筑设计理论基础

第一节　建筑及建筑设计的内涵

一、建筑

（一）建筑的产生

建筑是一个古老的产物。我们知道，有人就会有建筑。建筑最初的意义在于给人们提供一个栖身的场所，并且可以躲避恶劣的自然环境和野兽侵袭。起初，原始人类从自然界选择适合栖身的场所，如天然洞穴或是树上，也就出现了洞居和树居的原始人。随着人类的发展，天然形成的场所已不能够满足人们的需要，例如，想找一个既干燥又温暖的洞穴是很难的，加之找到后也有可能会远离水源和食物。因此，人们就开始在特定的地点使用天然的材料简单地搭建“房屋”，这就是建筑的雏形。这个时期，人们对“房屋”的要求仅仅是满足生活需求，基本没有任何精神设计的概念存在。但是随着生产分工的细化，人与人之间、部落与部落之间等级的产生，仅仅满足使用需要的“房屋”就不能够反映有地位的部落首领的等级和尊严。因此，这些人开始从自己的衣、食、住、行等日常生活中寻求与众不同，衣着华贵、食物丰美，“房屋”在满足使用的同时要比普通人的高大、宽敞，同时开始采用一些装饰来强调自己的地位，出行也开始变得烦琐，等等。通过这些不同来彰显自己的身份和地位，同时要让人们对其产生尊敬甚至是畏惧。这些变化逐渐给“房屋”赋予了新的含义，建筑的概念也随之产生。

（二）建筑的发展

人类社会的发展是与时间是并行的，人类开始从单一向自然界索取衣食，演变为自行生产丰衣足食，再通过生产出来的产品相互交换来获得自己所需要的物质，人类社会开始进入物质化社会。在此期间，如上面提到的人与人之间等级的产生，人们对“房屋”的要求也就产生了变化，先后出现了大小不同的“房屋”和使用功能不同的“房屋”。“房屋”之间通过街道彼此联系在一起。人们的生活地点开始固定，并开始产生城市。这些“房屋”现在被称为建筑。也就是说，建筑是人们为了满足生活需要，在了解自然和学习掌握了一定构筑技术的前提下，利用不同材料搭建的供人们使用的物体，同时也为其赋予了精神含义。虽然鸟兽也能搭建简单的巢穴来繁衍，但人类能够构筑复杂功能和附有精神意义的场所，这是地球上其他生物所不具备的。建筑既是人类发展的见证，也是推动人类发展的动力之一。

（三）建筑的意义

随着人类社会的物质不断丰富，建筑不仅仅是提供基本使用所需，其意义早已超出了使用功能范围，人们开始关注文化、精神和生活质量的提高，不断对建筑提出更高的要求。我们看到的世界著名建筑，几乎都伴随着强烈的精神、文化追求。因此仅仅为满足基本使用功能而进行的建筑“设计”，是没有生气的，也提不起人们对它的兴趣，历史也会毫不留情地抛弃它。之所以给这类设计加上引号，是因为单一解决使用功能，没有考虑人们对于建筑的精神需求，远远低于我们所追求的建筑设计意义。

（四）建筑的属性

1.功能性

功能性是建筑最重要的特征，它赋予了建筑基本的存在意义和价值。一个建筑最重要的功能性表现在要为使用者提供安全坚固并能满足其使用需要的构筑物与空间，另外建筑也要满足必要的辅助功能需要，比如建筑要应对城市环境和城市交通问题，要合理降低能耗的问题等。

2.经济性

维特鲁威提出的“坚固、适用”其实就是经济性的原则。在几乎所有的建筑项目中，建筑师都必须认真考虑，如何通过最小的成本付出来获得相对较高的建筑品质，实用和节俭的建筑并不意味着低廉，而是一种经济代价与获得价值的匹配和对应。

悉尼歌剧院是一座典型的昂贵的建筑，它的昂贵之所以最终能被世人所接受和认可，缘于它为城市作出了不可替代的卓越贡献。为了让这组优美的薄壳建筑能够满足合理的功能并在海风中稳固矗立，澳大利亚人投入相当于预算14倍多的建设资金。现在，这个建筑已经成为澳大利亚的标志。

3.工程技术性

所谓工程技术性，就意味着建筑需要通过物质资料和工程技术去实现，每个时代的建筑都反映了当时的建筑材料与工程技术发展水平。例如，古罗马人建造的万神庙以极富想象力的建筑手法淋漓尽致地展现了一个充满神性的空间，巨大的穹顶归功于古罗马人发明的火山灰混凝土以及拱券技术。

4.文化艺术性

文化艺术性是指建筑或多或少地反映出当地的自然条件和风土人情，建筑的文化特征将建筑与本土的历史和人文艺术紧密相连。文化性赋予建筑超越功能性和工程性的深层内涵，它使得建筑可以沿袭当地文化与历史的脉络，让建筑获得可识别性与认同感、拥有打动人心的力量，文化性是使得建筑能够区别于彼此的最为深刻的原因。

在西班牙梅里达小城内的罗马艺术博物馆设计中，建筑师莫内欧以巨大的连续拱券和建筑侧边高窗采光的手法，成功地唤起参观者对古罗马时代的美好追忆，红砖优雅的纹理与古老遗迹交相呼应，现代元素与远古元素在一个空间里和谐共生，建筑以简单而朴素的方式表达了对历史文化的尊重。

（五）建筑的三大构成要素

建筑构成的三要素是建筑功能、建筑技术和建筑艺术形象。

1.建筑功能

建筑功能主要是指建筑的用途和使用要求，建筑功能是建筑艺术设计的第一基本要素，一切的建筑设计来源就是实用，建筑功能在建筑设计中起主导作用。随着社会的发展，建筑功能也会随着人们的物质文化水平不断变化和提高。例如，住宅楼、办公楼、商场大厦、工厂、医院、科技馆、美术馆、电视塔等。住宅是为了满足人们居住的需要，商场大厦是为了满足人们物质上的需求，科技馆、美术馆是为了满足人们精神生活上的需要。这些都是根据人们不同的使用要求而产生的功能不同的建筑类型。

由于建筑的功能主要是为了满足人的生存生活需要，因此，它有以下三个方面的要求。

（1）符合人体的各种活动尺度的要求。人体的各种活动尺度与建筑空间有着十分密切的关系。为了满足使用活动的需要，应该了解人体活动的一些基本尺度。例如，幼儿园建筑的楼梯阶梯踏步高度、窗台高度、黑板的高度等均应满足儿童的使用要求；医院建筑中病房的设计，应考虑通道必须能够保证移动病床顺利进出的要求；等等。家具尺寸也反映出人体的基本尺度，不符合人体尺度的家具会给使用者带来不舒适感。

（2）人的生理要求。人对建筑的生理要求主要包括人对建筑物的朝向、保温、防潮、隔热、隔音、通风、采光、照明等方面的要求，这些是满足人们生产或生活所必需的条件。

（3）符合人的心理要求。建筑中对人的心理要求的研究主要是研究人的行为与人所处的物质环境之间的相互关系。不少建筑因无视使用者的需求，对使用者的身心和行为都会产生各种消极影响。

如室内空间的比例直接影响人们的精神感受，封闭或开敞、宽大或矮小、比例协调与否都会给人以不同的感受。面积大而高度低的房间会给人以压抑感，面积小而高度高的房间又会给人以局促感。

2.建筑技术

建筑设计艺术最主要最重要的要素就是建筑技术，它关系到建筑物的坚固程度，和对人们生命安全的基本保证。建筑技术主要包括建筑结构设计、建筑材料、建筑施工和建筑设备等。

（1）建筑结构设计。结构是建筑的骨架，结构为建筑提供合乎使用的空间；承受建筑物及其所承受的全部荷载，并抵抗自然界作用于建筑物的活荷载，如风雪、地震、地基沉陷、温度变化等都可能损坏建筑。结构的坚固程度直接影响着建筑物的安全与寿命。

柱、梁板结构和拱券结构是人类最早采用的两种结构形式，由于天然材料的限制，当时不可能取得很大的空间，但利用钢和钢筋混凝土可以使梁和拱的跨度大大增加，它们仍然是目前所常用的结构形式。

随着科学技术的进步，人们能够对结构的受力情况进行分析和计算，相继出现了桁架、刚架、网架、壳体、悬索和薄膜等大跨度结构形式。

（2）建筑材料。建筑材料是建筑工程不可缺少的原材料，是建筑的物质基础。建筑材料决定了建筑的形式和施工方法。建筑材料的数量、质量、品种、规格以及外观、色彩等，都在很大程度上影响着建筑的功能和质量，以及建筑的适用性、艺术性和耐久性。新材料的出现，促使建筑形式发生变化、结构设计方法得到改进、施工技术得到革新。现代材料科学技术的进步为建筑学和建筑技术的发展提供了新的可能。

建筑材料基本可分为天然的和非天然的两大类，它们各自又包括了许多不同的品种。为了“材尽其用”，首先应该了解建筑对材料有哪些要求以及各种不同材料的特性。哪些强度大、自重小、性能高和易于加工的材料是理想的建筑材料。

为了使建筑满足适用、坚固、耐久、美观等基本要求，材料在建筑物的各个部位，应充分发挥各自的作用，分别满足各种不同的要求。材料的合理使用和最优化设计，应该是使用于建筑上的所有材料能最大限度地发挥其本身的效能，合理、经济地满足建筑功能上的各种要求。

（3）建筑施工与设备。人们通过施工把建筑从设计变为现实。建筑施工一般包括两个方面：一是施工技术，即人的操作熟练程度、施工工具和机械、施工方法等；二是施工组织，即材料的运输、进度的安排、人力的调配等。

装配化、机械化、工厂化可以大大提高建筑施工的速度，但它们必须以设计的定型化为前提。目前，我国已逐步形成了设计与施工配套的全装配大板、框架挂墙板、现浇大模板等工业化体系。

设计者不但要在设计工作之前周密考虑建筑的施工方案，还应该经常深入施工现场，了解施工情况，以便与施工单位共同解决施工过程中可能出现的各种问题。

3.建筑形象

建筑艺术主要是在建筑群体、单体，建筑内部、外部的空间组合、造型设计以及细部的材质、色彩等方面的表现，符合美学的一般规律，优美的艺术形象给人以精神上的享受。建筑艺术主要体现在建筑的形象上，也就是美观。由于时代、民族、地域、文化、风土人情的不同，出现了不同风格和特色的建筑，有的建筑物的形式已经成为固定的风格，例如，学校建筑大多是朴素大方的，居住建筑要求简洁明快，执法机构的建筑是庄严雄伟的等。由于建筑的使用年限较长，同时构成了城市景观的主体，因此成功的建筑反映了时代特征、民族特点、地方特色、文化色彩，具有一定的文化底蕴，并与周围的建筑和环境有机融合与协调。

二、建筑设计的内涵

建筑设计是指人类为了满足一定的建造目的而进行的设计，它能够使具体的物质材料在技术、经济等方面可行的条件下形成具有审美对象的建筑形式。本节我们将对建筑设计的内涵进行简要介绍。

建筑设计不是简单的绘图，它具有一定的属性，这些属性主要包括以下几个方面。

（一）建筑设计是一种创作

建筑设计师的创作活动就像作家、音乐家、艺术家所从事的工作一样，是一种主观世界的创作活动，只是他们创作的手段和成品不一样。同时，建筑设计师的创作活动也像其他形式艺术一样不是简单的直线形的，即不完全是理性的，它是理性思维与情感思维的结合，即是逻辑思维与形象思维的结合。可以说，好的建筑设计不是脱离实际的想象或突然间的灵感迸发，而是来源于建筑设计师对生活的独特而深刻的理解；来源于建筑设计师对所有的解决矛盾的可能形式的深刻理解；来源于建筑设计师自身文化历史的底蕴和丰富的创作经验；来源于建筑设计师的好奇心，超时性、自发的追求以及敏锐的观察能力，观察事物、观察人和观察形形色色的人的行为等多方面的能力。可以说，建筑设计是一个创作的过程，创造性是建筑设计的灵魂。

（二）建筑设计是工程实践的过程

与其他文学艺术创作不同，建筑设计是一项工程设计，它设计的目的是付诸工程实践，是最终把房子按照设计建造起来。因此，它不是纸上谈兵，是在实施的过程中不断设计、不断创作的过程。为了使建筑工程能够顺利地实施，设计时必须综合考虑技术、经济、材料、场地、时间等各方面因素，以使设计更经济、合理、安全。

（三）建筑设计是一个综合的过程

建筑具有综合性的特点，这是显而易见的，其主要表现在以下几个方面。

第一，建筑物是人、社会和自然多方面的错综复杂的矛盾的综合体。一个建筑设计充满着各种各样的矛盾，它既要满足使用上的要求，又要考虑结构与设备的合理，既要适用、经济，又要造型美观，设计者有时甚至还会在某些工程项目创作中追求本身在功能与形式当中更深一层的意义。

第二，建筑设计是一项综合性很强的工作。建筑设计师在设计不同类型的建筑时需要了解不同类型建筑的功能及其运行管理情况。例如，建筑设计师在设计医院建筑时，就需要了解一些建筑以外的与医疗相关的专业知识，如医院及各科室的运行管理模式，手术部医师与护理人员的行为模式，新医疗技术的运行模式及对建筑的要求等。另外，设计医院时还需要了解各部门的行为，不同类型的医院有不同的人为活动，会因特殊的使用者、特殊的医疗方式而有特殊的要求。

第三，在设计过程中，建筑设计又是先行的工种，建筑设计师在整个工作过程中需要不断地综合，解决来自不同专业、不同工种各个方面的要求和矛盾，这就要求建筑设计师具有很强的组织能力、综合能力和协调能力。任何一位建筑设计师在实际工作中，所要面临的工作领域和必须接触沟通的人，都是十分广泛而复杂的。从接受设计任务谈项目开始直到工程竣工验收，都要消耗大量的时间和精力处理各类大大小小的工程问题、管理问题、经济问题及人际关系等。因此，建筑设计师不仅是一个工程设计的主导者，更是各种观念和意见的协调者。就是在同一项工程设计中，不同专业的设计师的意见，经常相互冲突，如何在优化中权衡得失、协调各种矛盾，做出可以使各方都能接受的，又能满足各种要求限制的解决方案，这都是对建筑设计师能力的考验。可见，一个建筑设计师除了要有较强的本专业知识外，广泛的知识面和生活经验也是至关重要的。

第二节　建筑设计的要求和方法

一、建筑设计的要求

（一）建筑的功能要求

满足建筑物的功能要求，为人们的生产和生活活动创造良好的环境，是建筑设计的首要任务。例如设计学校，首先要考虑满足教学活动的需要，教室设置应分班合理，采光通风良好，同时还要合理安排教师备课、办公等行政管理用房和储藏间、饮水间、厕所等辅助用房，并配置良好的体育场馆和室外活动场地等。

（二）建筑的技术要求

建筑的技术要求包括正确选用建筑材料，根据建筑空间组合的特点，采用合理的技术措施，选择合理的结构、施工方案，使房屋坚固耐久、建造方便。例如近年来，我国设计建造的一些大跨度屋面的体育馆，由于屋顶采用钢网架空间结构和整体提升的施工方法，既节省了建筑物的用钢量，又缩短了施工工期，也反映出施工单位的技术实力。

（三）建筑的经济要求

建造房屋是一个复杂的物质生产过程，需要大量的人力、物力和资金，在房屋的设计和建造中，要因地制宜、就地取材，尽量做到节省劳动力、节约建筑材料和资金。设计和建造房屋要有周密的计划和核算，重视经济领域的客观规律，讲究经济效益。房屋设计的使用要求和技术措施，要和相应的造价、建筑标准统一起来，使其具有良好的经济效益。

（四）建筑的规划及环境要求

单体建筑是总体规划中的组成部分，单体建筑应符合总体规划提出的要求。建筑设计还要充分考虑和周围环境的关系，例如，原有建筑的状况、道路的走向、基地面积大小以及绿化等方面和拟建建筑物的关系等。

（五）建筑的美观要求

建筑物是社会物质和精神文化财富的体现，它在满足使用要求的同时，还需要考虑满足人们在审美方面的要求，考虑建筑物所赋予人们在感官和精神上的感受。建筑设计要努力创造美观实用的建筑空间组合与建筑形象。历史上创造的具有时代印记和特色的各种建筑形象，往往是一个国家、一个民族文化传统宝库中的重要组成部分。

二、建筑设计方法

（一）主要房间平面的设计方法

1.开间及进深的设计

确定开间及进深的设计需要考虑以下几个因素。

第一，要根据室内基本的家具和必备设备的布置来进行确定，需要满足人们在室内进行活动的要求。例如，在设计宾馆时，要考虑客房的家具、设备的大小及布置方式；在设计餐厅时要考虑餐厅桌椅的大小及布置方式；等等。因此在设计时需进行调查研究，进行认真的分析，从而提出使用方便、舒适又经济的开间和进深。

第二，要考虑结构布置的经济性和合理性，同时要适应建筑面积定额的控制要求。为了提高建筑工业化的水平，进深和开间要采用一定的模数作为统一与协调建筑尺度的基本标准。模数分为基本模数和扩大模数。基本模数为100mm，扩大模数有300mm、600mm、1.5m、3m和6m五种。确定了基本的结构布置尺寸后，房间的大小基本上就是利用模数倍数的尺寸。同时，在统一了开间和进深以后，还要使每个房间的面积不超过定额的规定或任务书的要求。

第三，要考虑采光方式的影响。一般来说，单面采光的房间进深要小些，进深不大于窗子上口离地面高度的2倍；双面采光的房间进深要大1倍。采用天窗采光时，房间的进深则不受限制。

第四，要根据楼层上下不同使用功能的要求，考虑楼层的层数、楼层荷载大小以及柱子的大小。例如，底层和地下室若是车库，开间的大小就直接关系到停车位的经济安排。一般应设置三个或三个以上的车位，而以三个为多。若每个车位需2.6m，那么三个车位就要7.8m，也就是说两柱之间的净距离不小于7.8m，加上柱子的宽度就是房间开间的尺寸，因此开间至少不小于8.4m（层数不多时），若是高层，柱子更大，开间也就更大，可能要达到8.7m乃至9.0m。

2.层高的设计

在设计层高时要考虑以下几个方面的因素。

（1）要考虑是否有利于采光、通风和保温。一般来说，进深大的房间为了采光而提高采光口上缘的高度，往往需要增大层高，否则光线不均匀，房间最深处照度较弱。另外，由于室内热空气上浮，需要足够的空间与室外对流换气，因此房间也不能太低，特别在炎热地区更应略高一点。需要注意的是，层高过高则会使室内空间太大，散热多，对冬天的保温不利，同时也不经济。

（2）要考虑房间的不同用途。不同用途的房间，即使面积大致相同，它们的室内高度有时也会不同。一般说来，公共性的房间如门厅、会议厅、休息厅等，以高一些为宜（3.5～5m），非公共性的空间可以低一点；工作办公用房可适当高一点（3～3.5m），居住用房可以低一点（3m以下）；集体宿舍采用单层铺时可以低一些，采用双层铺时则应高一些；某些特殊用房则应根据具体要求来决定。例如，陈列室的墙面需要挂字画展品，因此，一般适宜的展区高度应该在3m以上、3.75m以下。

（3）要考虑房间高与宽的合适比例。面积相差较大的房间，它们的室内高度也应有所不同。一般来讲，面积大的房间，相应地高一点，面积小的房间则可低一些。只有这样，才能够给人以舒适的空间感。

（4）要考虑楼层或屋顶结构层的高度及构造方式。由于层高一般指室内空间净高加上楼层结构的高度，因此，在确定层高时要考虑结构层的高度。如果房间采用吊平顶时，层高应适当加高；或者当房间跨度较大、梁很高时，即使不吊平顶，也应相应增大层高，否则也会产生压抑感；反之，则可低一点。梁高一般按房间跨度的1/12～1/8设置。

（5）要考虑空调系统及消防的设施。如果设计的是集中式的全空调房间，则房间的层高还必须考虑通风管道的高度及消防系统喷淋安装的要求。一般需400～600mm的高度。

（6）要考虑建筑的经济效果。实践表明，普通混合结构建筑物，层高每增加100mm，单方造价要相应增加1%左右。可见，层高的大小对节约投资具有很大的经济意义。尤其对大量性建造的公共建筑更为显著。所以大量建造的中小型的公共建筑，如中小学、医院、幼儿园，都应对层高进行控制。

3.房间平面形状的设计

房间平面形状的设计，要综合考虑房间的使用要求，室内空间观感、整个建筑物的平面形状及建筑物周围环境等因素。房间平面形状既可以是矩形的，也可以是非矩形的，但一般矩形平面较多。

具体来说，住宅、宿舍、办公、旅馆等民用建筑中，主要房间用途单一，相同类型的房间数量较多，一般无特殊使用要求，通常采用矩形平面的房间。这是因为矩形平面形状能够满足使用要求，便于室内家具布置，便于平面组合，室内空间观感好，易于选用定型的预制构件，有利于结构布置和方便施工。对于一些具有特殊要求的房间，则多采用非矩形平面。例如，影剧院的观众厅及体育馆的比赛大厅等房间，由于空间较大，使用时要求看得清楚、听得清晰，为了保证视线与音响效果，多采用钟形、扇形、六边形等非矩形平面形状。另外，在某些情况下，为了改善房间朝向，避免东西暴晒或为了适应地形的要求，或者是因平面组合的需要，或者是因为建筑物的立面造型的需要，也会采用非矩形平面。需要指出的是，采用非矩形平面形状的房间时，内部空间处理、家具和结构布置都需要采取相应的措施，以适应房间形状的要求。

4.房间平面尺寸的设计

主要房间用途及规模不同，其大小也不同。具体来说，影响房间大小的因素主要有：房间用途、使用特点；房间容纳的人数，家具种类、数量及布置方式；室内活动；采光通风；结构经济合理性及建筑模数；等等。一般在实际的设计工作中，设计者需要对房间的使用要求有较为深入的了解，之后确定房间的进深及开间，并根据不同的需要，确定不同房间的大小尺寸。在某些特殊的情况下，设计者也会以设计任务书提出的房间面积为依据，综合考虑各类房间的使用要求，再具体确定房间的进深和开间。除此之外，一些主要房间还需要依据国家主管部门规定的有关标准，来确定具体的房间尺寸。例如，国家对医院建筑、中小学校建筑中各类房间的具体尺寸进行了规定，这些规定在一定程度上具有强制性，它是根据使用要求、长期实践经验及国家经济条件决定的，设计者应遵照执行。而有的建筑，如住宅、大专院校等，国家仅规定了每户或每人应占有的平均建筑面积指标，房间面积的大小有一定的灵活性，设计者可以在控制总指标的前提下，根据实际需要对各类房间的大小，进行灵活处理。

（二）辅助房间平面的设计方法

辅助房间是建筑中不可缺少的一部分，如果设计不合理，往往会对整个房屋设计造成很大影响、所以辅助房间的设计也是建筑设计中不可忽视的一部分。辅助房间平面设计的原理、原则和方法与主要房间平面设计基本一致，其不同在于房间的空间大小和尺度受室内设备的影响很大。

1.卫生间的设计要求

卫生间的设计需要考虑卫生防疫、设备管道布置等要求。住宅和公共建筑内卫生间的设计要求各有侧重。住宅卫生间设计要求将在本书第十二章进行介绍，这里主要介绍公共卫生间的设计要求。

公共卫生间不应直接布置在餐厅、食品加工、变配电所等有严格的卫生要求或防潮要求的用房的上层，并且内设洗手盆，宜设置前室。此外，还应遵循以下要求。

第一，在满足设备布置及人体活动的前提下，力求布置紧凑、节约面积。

第二，公共建筑中的卫生间应该有天然采光和自然通风。

第三，为了节约管道，厕所和盥洗室宜左右相邻、上下相对。

第四，卫生间位置既要隐蔽又要易找。

第五，要妥善解决卫生间的防火、排水问题。

2.卫生设备的选择和组合设计

（1）卫生设备的种类及选择。常用卫生设备包括坐式大便器、蹲式大便器、洗手盆、小便槽、小便斗、污水池等。卫生间的选择因建筑用途、规模、标准、生活习惯的不同而有所差别。一般住宅和宾馆的标准间常选用坐式大便器、洗手盆、浴缸（或淋浴房）；公共卫生间常选用蹲式大便器、洗手盆、小便斗（小便槽）、污水池等；标准较低的集体宿舍的公共卫生间多采用小便槽，而标准较高的宾馆，其公共卫生间内会增设烘手机等设备；面积较大的住宅中，其卫生间设计也会考虑洗衣机的放置。

（2）卫生设备的数量标准。卫生设备的数量及小便池的长度根据使用人数、使用对象及使用特点确定，设计时要符合建筑规范的要求。

（3）卫生间的平面组合。不同器具、不同使用功能，会形成不同的平面组合，如单一厕所，带淋浴的厕所，结合了盥洗、淋浴功能的厕所。

卫生间一般空间狭小，在有限的空间内布置洁具时，必须考虑人体尺度。为了保护使用者的隐私，厕所内往往设置隔间。隔间的门分为内开和外开两种。门的开启方向的不同直接影响隔间的尺寸大小以及卫生间内交通走道的宽度。门外开的隔间，进深可以略小；门内开的隔间，需要更大的进深。门外开的隔间，隔间之间的通道宽度更宽；门内开的隔间，隔间之间的通道宽度可以略小。

小便斗和洗手盆之间也有间距要求，小便斗之间设置隔板的，其间距要加大。单边排列的洗手盆，其走道宽度略小。双边排列的洗手盆，其走道宽度要加大。

3.公用卫生间设计

公用卫生间包括盥洗室、淋浴室、更衣室及存衣设备。不同用途的建筑包括不同的组成，附有不同的卫生设备。

盥洗室的卫生设备主要是洗脸盆或盥洗槽（包括水龙头、水池），在设计时要先确定建筑标准，根据使用人数确定脸盆、水龙头的数量。盥洗室的开间尺寸决定于盥洗槽的布置及人们的使用、交通活动。当在房间两侧设置盥洗槽时，考虑到两人相背使用时，可从身后有两人方便通过，开间尺寸不宜小于3300mm。盥洗室进深决定于使用人数的多少。布置盥洗槽时，水龙头间距按600~700mm安排。

浴室主要设备是淋浴喷头，有的设置浴盆或大池，还需设置一定数量的存衣、更衣设备。

此外，公用卫生间的地面应低于公共走道，一般不小于20mm，以免走道湿潮。室内材料应便于清洗，地面要设地漏，楼层要用现浇楼板，并做防水层。墙面需做台度，高度不低于1200mm。前室内常装设烘手机及纸卷机，盥洗室前装镜子。

4.专用卫生间设计

较高标准的宾馆客房、医院、疗养院的病房以及高级办公室都设有专用卫生间。大多不沿外墙布置以免占去采光面，采用人工照明与拔风管道。有的也沿外墙布置，它可直接采光通风，省去拔风管道。专用卫生间一般设置洗脸盆、坐式便器及浴缸或淋浴。浴缸的布置应使管线集中，室内要有足够的活动面积，同时要维修方便。带有专用卫生间的客房、病房及办公室的开间应结合卫生设备的型号、布置、尺度及管道走向、检修一起加以考虑决定。

总的来说，辅助房间平面设计应注意以下几个方面的问题。

第一，不与主要房间争夺标准。在不影响使用的前提下，各方面的建筑标准可以降低。

第二，不干扰主要房间的使用。容易产生大量噪声或气味污染的辅助房间，其位置不宜与主要房间太近，或采取一定的技术措施，以保证主要房间的使用。

第三，主次联系方便。辅助房间与主要房间的联系一定要方便。

（三）建筑剖面设计方法

1.建筑层数的确定

建筑层数是方案设计初期就需要确定的问题之一，它所涉及的因素有很多方面。

（1）城市规划的要求。城市规划从宏观上控制城市的整体面貌。从改善城市面貌和节约用地的角度考虑，城市规划对城市内各个地段、沿街部分或城市广场的新建房屋都有明确的高度限定。位于城市主干道、广场、道路交叉口的建筑，对城市面貌影响较大，城市规划往往对其层数和总高度都有严格的要求。城市中重要的历史地段或历史建筑周围，为了尊重和保护历史风貌，新建建筑的高度也受到严格的控制，如巴黎老城区为了保护古城风貌，对城市建设进行了严格的控制，新建建筑的高度也受到严格的控制，以保持新建建筑与历史建筑的协调，整个巴黎老城区在今天看来所有建筑联系紧密、融洽共存。位于风景区的建筑，其造型对周围的景观有很大影响，为了保护风景区，使建筑与环境协调，一般不宜建造层数多的建筑物。另外，城市航空港附近的一定范围内，从飞行安全的角度考虑，对新建房屋也有限高要求；气象站、卫星地面站等周围的建筑，在各自所处的技术作业控制区范围内，应按照相关要求控制建筑高度。

（2）建筑的使用要求。由于建筑的用途不同、使用对象不同，往往对建筑层数也有不同的要求。对于幼儿园、疗养院、养老院等建筑，因为使用者活动能力有限，且要求与户外联系紧密，因此建筑层数不宜太多，一般以1～3层为宜、对于影剧院、体育馆、车站等建筑物，由于人流量大，为了使人流集散方便，也应以低层为主、对于公共餐饮设施，为了使顾客就餐方便，同时便于垃圾运出，单独建造时，以低层或多层为宜、对于中小学建筑，为了保证安全及保护青少年健康成长，小学建筑不宜超过三层，中学建筑不宜超过四层；对于大量建设的住宅、宿舍、办公楼等建筑，因使用中无特殊要求，一般可建成多层或高层；对于城市中心区域繁华地段的商务写字楼、酒店等，由于地价昂贵，常建成高层，以最大限度地创造效益。

（3）建筑结构的要求。建造房屋时所用的材料、结构体系、施工条件以及房屋造价等因素，对建筑层数的确定也有一定影响。建筑如果处在地震区，建筑允许建造的层数，根据结构形式和地震烈度的不同，会受到抗震规范的限制，如多层砌体房屋由于自重较大，强度较低，整体性较差，所以对允许建造的房屋总高度和层数有明确的限制。

对于要求较高的多层及高层建筑，由于自身的垂直荷载较大，还要考虑水平风荷载及地震荷载的影响，所以常采用钢筋混凝土框架结构，以保证足够的刚度和良好的稳定性。对于超高层建筑，当普通钢筋混凝土框架结构无法满足要求时，则需要采用强度更高的钢结构、框架剪力墙结构及筒体结构等。

（4）建筑防火的要求。各类建筑防火规范详细地规定了建筑的耐火等级、最多允许层数、防火间距以及细部构造等。《建筑设计防火规范》（GB 50016—2014）对建筑层数与高度有明确的限定。住宅建筑按层数划分，1～3层为低层，4～6层为多层，7～9层为中高层，10层以上为高层。公共建筑及综合性建筑总高度超过24m者为高层，不包括高度超过24m的单层主体建筑。建筑总高度超过100m时，不论是住宅建筑还是公共建筑，都为超高层。不同的耐火等级对建筑的层数有不同的要求，在《建筑设计防火规范》（GB 50016—2014）中有详细的规定。

（5）建筑经济的要求。建筑经济方面的要求，既包括建筑本身的造价，也包括征地、搬迁、街区建设、市政设施等方面的费用，需要进行多方面的综合评价。建筑层数会直接影响建筑的造价，建筑层数越多，在相同建筑面积的条件下，单位建筑面积的平均造价越低。但是建筑层数越多，结构上的要求也越高，结构成本也随之提高。另外，建筑层数越多，建筑设备要求也越高，如普通城市住宅，如果建造6层，可不设置电梯，而建造7层就必须按规范设置电梯，因此，许多城市住宅将层数控制在6层。

在限定建筑高度的情况下，每层的层高越低，则建筑层数就可以越多，所获得的建筑面积也就越大；在同样的层数条件下，每层的层高越低，建筑总高度就越低，结构方面也越有利。因此，建筑每层的层高在满足使用要求的前提下应尽量降低，一般多层住宅采用的层高为2.8～3m，高层建筑更应该合理控制层高，以达到良好的建筑经济效益。

2.建筑剖面的组合设计

建筑剖面的组合设计是在平面组合设计的基础上进行的，它进一步反映了建筑内部垂直方向上的空间关系。建筑剖面的组合形式主要是由建筑物中各类房间的高度和剖面形状、房屋的使用要求和结构布置特点等因素决定的。只有不断地对平面和剖面进行反复推敲和组合，才能保持整个空间构思的完整性。

（1）单层建筑的组合形式。建筑空间在剖面上没有进行水平划分则为单层建筑。单层建筑的空间比较简单，所有流线都只在水平面上展开，室内与室外直接联系，常用于面积较小的建筑、用地条件宽裕的建筑，以及大跨度且顶部需要采光和通风的建筑等。但单层建筑中不同空间的层高还是会有一些差异，通常采用以下几种处理方式。

①层高相同或相近的单层建筑。对于一个或多个空间层高相同的情况，自然应该采用等高处理。但通常也会出现层高有一些差异但不悬殊的情况，在这种情况下必须综合考虑。为了简化结构、便于施工，应尽可能做到层高一致，即按照主要房间的高度来确定建筑高度，其他房间的高度均与主要房间的高度保持一致，形成单一高度的单层建筑。

②层高有一定差异的单层建筑。有一定差异且无法统一高度的各个空间，在空间组合时，可按照各部分实际需要的高度形成不等高的剖面形式。

③层高相差较大的单层建筑。各部分层高相差较大的建筑主要有体育馆、影剧院、航站楼等，它们最主要的使用空间如大厅、观众厅、候机厅等，从结构上讲同属单层，而从功能上讲流线比较复杂。采用等高处理会造成空间浪费，所以应根据实际情况进行不同的空间组合，形成不等高的剖面形式。

（2）多层和高层建筑的组合形式。多层和高层建筑的空间相对比较复杂，其中包括许多用途、面积和高度各不相同的房间。如果把高度不同的房间简单地按使用要求组合起来，势必会造成屋面和楼板高低错落、流线过于混乱、结构布置不合理的后果。因此在建筑的竖向设计中应当对各种不同高度的房间进行合理的空间组合，以取得协调、统一的效果。实际上，在进行建筑平面空间组合设计和结构布置时，就应该对剖面空间的组合及建筑造型有所考虑。多层和高层建筑的剖面组合，首先是尽量使同一层中各房间的高度取得一致，或将平面分成几个部分，每个部分确定一个高度，然后进行叠加、错层或跃层组合。

①叠加组合。如果建筑同一层房间的高度都相同，不论每层层高是否相同，都可以采用直接叠加组合的方式，使上下房间、主要承重构件、楼梯、卫生间等尽量对齐布置，这种布置方式经济、合理。许多建筑，如住宅、办公楼、教学楼等，每层的平面与高度基本上一样，在设计图纸中可以标准层平面来代替中间各层，剖面只需要按要求确定层数，垂直叠加即可。这种剖面空间的组合有利于结构布置，也便于施工。

有些建筑因造型需要，或为了满足其他使用要求，建筑各层会采用错位叠加的方式。上下错位叠加既可以是上层逐渐向外挑出，也可以是上层逐渐向内收进。住宅建筑的顶层向内收进，或逐层向内收进，就形成了露台，可以满足人们对室外露天场地的需求。一些公共建筑采用上下错位叠加的方式进行造型处理，可以获得非常灵活的建筑外形。

②错层组合。当建筑受地形条件限制，或标准层平面面积较大，采用统一的层高不经

济时，可以分区分段调整层高，形成错层组合。错层组合的关键在于连接处的处理。对于错层间高差不大、层数较少的建筑，可以在错层间的走廊通道处设置少量台阶来解决高差的问题。当错层间高差达到一定高度且每层相同时，可以结合楼梯的设计，使楼梯的某一中间休息平台高度与错层高度相同，巧妙地利用楼梯来连接不同标高的错层。当建筑内部空间高度变化较大时，也应尽量综合考虑楼梯的设计，利用不同标高的楼梯平台连接不同高度的房间。

③跃层组合。跃层组合主要用于住宅建筑中。采用这种剖面组合方式，可以节约公共交通面积，各住户之间干扰较少，通风条件也较好。

（3）特殊高度空间的剖面处理。在建筑空间中，有时会出现一些特殊的空间，如面积较大的多功能厅，以及大部分建筑都具有的门厅。这些空间因为面积比较大、使用要求比较特殊，所以需要比其他空间更高的层高，在建筑设计时需要特别处理好这些空间与其他使用空间的剖面关系。

一般来说，为了满足这些空间的特殊高度要求，常采取以下几种方法。

①将有特殊高度要求的空间相对独立地设置，与主体建筑之间可以用连接体进行过渡和衔接，这样它们各自的高度要求都可以得到满足，互不干扰。

②将有特殊高度要求的空间所在层的层高提高，例如，为了满足门厅的高度要求，可以将底层的层高统一提高，底层其他使用空间的高度与门厅的高度保持一致。在高度要求相差不大的情况下可以使用这种方式，结构与构造的处理上比较容易，但如果高度要求相差过大时，则会造成较大的空间浪费。

③局部降低地坪，以满足特定空间的需要。这种方式如果能结合地形进行设计，则可以巧妙地将地形变化的不利因素转化为有利条件，解决建筑空间的多种需求，营造富于变化的建筑内部空间。

④在建筑剖面中，遇到有特殊高度要求的房间，还可以使一个空间占用多层高度。如在门厅的设计中，为了显示其空间的高大、宏伟，常常将门厅做到2～3层，在剖面设计中应充分考虑门厅高度与其他空间高度的关系，使其既可以满足各自不同的高度要求，又能充分利用建筑空间，避免出现空间浪费。

高层建筑中通常把高度较低的设备用房集中布置在同一层，称为设备层，同时兼作结构转换层，使得高度相差较大的不同性质的房间分别布置在建筑的上部和下部，采用不同的结构体系。

（四）建筑体量组合与外部体形设计

1.不同体形的特点与处理方法

（1）单一体形。单一体形的平面较完整、单一，平面形式有各方均对称的正方形、等边三角形等，此外还有简单的矩形或其他形式，体形上常采用等高的方式进行处理。

把多个不同用途的房间合理、有效地加以简化，是造型设计中一个极其重要的处理方法，在选择方案时应优先加以考虑。

（2）单元组合体形。单元组合体形是单一体形的进一步发展。为了满足更大规模空间的需要，可以把整体建筑分解成若干个相同的单元，这种处理方法有很多优点，如便于分段施工，需要时可任意拼接，因此在设计中得到了广泛的应用。体形上的连续、重复可创造出强烈的节奏感。这类建筑体形要求单元本身有良好的造型及一定的数量，宁长勿短，宁多勿少。

（3）复杂体形。由于各种原因，整个建筑可能是由不同大小和形状的体量所组成的较为复杂的体形，在不同体量之间存在着相互关系，如果处理不当，整个建筑就如同一盘散沙，成为杂乱无章的堆积物。因此，首先应从整体出发，做好综合分析工作，然后将不同的体量分为主要部分和从属部分，使之有重点、有中心、主次分明，形成有组织、有秩序、有规律的统一体，在处理不同体量之间的关系时一般应考虑对称关系、联系呼应关系、协调关系、均衡稳定关系等构图原则。

只有通过体量的大小、形状、方向、高低、色彩等方面的对比，才能突出主要部分，使之成为整个建筑的中心。在组合上可以利用不同大小、不同高低的体量的特点，采用纵横、穿插等方法，达到体形有起伏、轮廓丰富的效果。此外，还可以把建筑的主要部分布置在主轴线上，以突出建筑的中心。这样的处理手法，和我国传统建筑的布局方式非常接近。但是如果主要部分和从属部分之间仅考虑对比而没有在某些方面取得一定的联系，没有彼此协调、呼应，那么必定会造成两者之间相互脱节、矛盾，不能达到变化中有统一的效果。

在处理不同体量间的均衡稳定关系时，无论是对称式还是不对称式，一般都采取以主体为中心的多种多样的展开式布局方法，按照组合体量的多寡或简或繁，以达到平衡、稳定的效果。

（4）成对式体形。这类体形在构图中较为少见，因此也是容易被人们忽视的一种体形。它和第一类体形的不同点在于它是成对的，而不是单一的；它和第二类体形的不同点在于它是具有独立完整性的建筑；它和第三类体形的不同点在于它是等高的相同体形的组合。这类建筑造型符合对称、均衡、统一、协调、呼应的构图原则，重复而不枯燥，独立而不孤单，从而可以给人留下深刻的印象。

除此之外，还有其他的处理方法，例如，平面较为复杂，但体形上采用等高的方式进行处理等。这种处理方式也是有效的建筑造型设计手法之一。

2.体形的转折与转角处理

体形的转折与转角处理是在特定的地形、位置条件下，强调建筑的整体性、完整性的一种处理方法。例如，在十字路口和丁字路口的转角地段，以及地形发生变化的不规则地段，建筑应相应地做转角或转折处理，以保证建筑形象的完整、统一。顺应自然地形或折或曲的建筑转折体形实际上是矩形平面的一种简单变形和延伸，而且有可能保留有价值的树木，具有适应性强的优点，可以使建筑造型具有自然大方、简洁流畅、统一完整的艺术效果。因此，这种体形处理方式是转角地段常见的处理方式之一，适合于重要性相似的两条主要道路的交叉口。

在转角地段还有以主副体相结合的建筑体形处理方式和以局部升高的塔楼为重点的建筑体形处理方式。以主副体形式处理时，常使建筑主体面临主要街道，而副体则面临次要街道，起陪衬作用。这种体形处理方式适合于道路主次分明的交叉口。以局部升高的塔楼为重点进行处理，由于把建筑的中心移向转角处，使道路交叉口非常突出、醒目，可以形成建筑群布局的“高潮”。这种处理手法是城市中心、繁华街道，以及具有宽阔广场的交叉口处常采取的主要建筑造型手法之一，借以获得宏伟、壮观的城市面貌。

除此之外，还有许多其他的转折和转角处理方式。在地形高低起伏的山地，也有许多相应的特殊的处理手法，需要结合具体条件，灵活处理。

3.体形之间的联系与交接

由不同大小、高低、形状、方向的体量组合成的建筑都存在着体形之间的联系和交接，虽然属于体形的细部处理，但是会直接影响建筑体形的完善性。

不同方向的体形的交接以90°正交为宜，应尽量避免产生过小的锐角，因为产生锐角会在房间功能的使用上、室内外空间的观感上、施工操作上带来不利影响。因地形关系造成锐角时，应尽可能加以修正。

在连接的方式上可以采取不同的处理方法。除了直接连接外，还可利用空廊等形成过渡连接，特别是在进深大，采用直接连接容易在内部造成许多暗角时，常常采用过渡连接。直接连接常给人以联系紧密、整体性强的感觉，而过渡连接常给人以轻松、通透的感觉，并且可以保持被连接体量各自独立、完整的建筑造型。

体形上的局部升高，会造成面的不定形性和不完整性。一个完整、干净利落的体量组合，无论多么复杂，都应该能被分解成若干个独立、完整的几何形体，这样才能给人以体形分明、交接明确的感觉。

4.主从分明，有机结合

建筑无论体形多么复杂，都是由一些基本的几何形体组合而成的。只有在功能和结构合理的基础上，使这些要素巧妙地结合为一个有机的整体，才能具有完整统一的效果。

完整统一和杂乱无章是两个相对的概念。体量组合要达到完整统一，最起码的要求就是要建立起一种秩序感。如何建立这种秩序感呢？体量是空间的反映，而空间又是通过平面来表现的，要保证有良好的体量组合，首先必须使平面布局具有良好的条理性和秩序感。

传统的构图理论十分重视主从关系的处理，并认为一个完整统一的整体，首先意味着组成整体的要素必须主从分明。传统的建筑，特别是对称形式的建筑表现得最明显。对称形式的建筑，中央部分的地位比两翼部分突出得多，只要善于利用建筑的功能特点，以种种方法来突出中央部分，就可以使它成为整幢建筑的主体和重心，并使两翼部分处于它的控制之下而从属于主体。突出主体的方法有很多，在对称形式的体量组合中，一般都是使中央部分具有较大或较高的体量，少数建筑还可以借特殊形状的体量来达到削弱两翼、加强中央的目的。

不对称的体量组合也必须主从分明。所不同的是，在对称形式的体量组合中，主体、重点和中心都位于中轴线上；在不对称的体量组合中，组成整体的各要素是按不对称均衡的原则展开的，因此其重心总是偏于一侧。至于突出主体的方法，则和对称形式的体量组合一样，也是通过加大、提高主体部分的体量或改变主体部分的形状等方法以达到主从分明的效果。明确主从关系后，还必须使主从之间有良好的连接，特别是在一些复杂的体量组合中，还必须把所有的要素都巧妙地连接成一个有机的整体，也就是通常所说的有机结合。有机结合是指组成整体的各要素之间，必须排除任何偶然性和随意性，而表现出一种互相依存和互相制约的关系，从而体现出一种明确的秩序感。

建筑的整体是由若干个小体量集合在一起组成的。国外新建筑由于在空间组织上打破了传统六面体空间的概念，进而发展成为在一个大的空间内自由、灵活地分隔空间，反映在外部体量上便和传统的形式很不相同。传统的形式比较适合于用组合的概念去理解，但对于国外新建筑来讲，则比较适合用去除多余部分的概念去理解。组合包含相加的意思，去除则包含相减的意思。通过相加构成的整体，必然可以分解为若干个部分，于是各部分之间就可以呈现出主与从的差别，各部分之间也存在着连接是否巧妙的问题。用相减的方法形成的整体，便不能或不易分解为若干个部分，也就无所谓主，无所谓从，更谈不上有机结合。

用相减的方法形成整体，尽管所用的方法不同而不强求主从分明和有机结合，但必须保证体形的完整性和统一性。许多现代建筑尽管在体形组合上千变万化，和传统的形式大不相同，但万变不离其宗，都必须遵循完整、统一的原则。

5.体量组合中的对比与变化

体量是内部空间的反映，为了适应复杂的功能要求，内部空间必然具有各种各样的差异性，而这种差异性又不可避免地反映在外部体量的组合上，巧妙地利用这种差异性的对比作用，可以破除平淡，取得变化。

体量组合中的对比作用主要表现在三个方面：方向性的对比、形状的对比、直线与曲线的对比，其中最基本和最常见的是方向性的对比。方向性的对比是指组成建筑体量的各要素由于长、宽、高之间的比例关系不同，各自具有一定的方向性，交替地改变各要素的方向，从而可借对比来取得变化。

由不同形状的体量组合而成的建筑体形可以利用各要素在形状方面的差异性进行对比以取得变化。不同形状的对比可以引人注目，是因为人们比较习惯于方方正正的建筑体形，一旦发现特殊形状的体量，就会有几分新奇的感觉。但特殊形状的体量来自特殊形状的内部空间，而内部空间是否适合或允许采用特殊的形状则取决于功能，所以利用这种对比关系来进行体量组合必须考虑功能的合理性。由不同形状的体量组合而成的建筑体形虽然比较引人注目，但如果组织得不好，则可能会因为互相之间的关系不协调而破坏整体的统一性，对于这一类体量组合必须更加认真地推敲和研究各部分体量之间的连接关系。

通过直线与曲线之间的对比也可以取得变化。由平面围成的体量，其面与面相交形成的棱线为直线；由曲面围成的体量，其面与面相交形成的棱线为曲线。直线和曲线具有不同的性格特征：直线的特点是明确、肯定，能给人以刚劲、挺拔的感觉；曲线的特点是柔软、活泼，富有运动感。巧妙地运用直线与曲线的对比，可以丰富建筑体形的变化。巴西利亚国会大厦，以极强烈的横向和竖向的对比、形状的对比、直线与曲线的对比，使建筑具有极鲜明的性格特征。

6.稳定与均衡的考虑

建筑之所以笨重，是因为在当时的条件下，建筑基本上都是用巨大的石块堆砌起来的。在这种观念的支配下，建筑体形要想具有安全感，就必须遵循稳定与均衡的原则。

随着技术的发展，某些现代的建筑师把以往确认为不稳定的概念当作一种目标来追求。他们一反常态，或者运用底层架空的形式，以细细的柱子支撑巨大的体量；或者索性采用上大下小的形式。人的审美观念总是和一定的技术条件相联系的，在古代，由于采用砖石结构的方法来建造建筑，因此理所当然地应当遵循金字塔式的稳定原则，可是今天，由于技术的发展和进步，则没有必要再被传统的观念所羁绊，例如，采用底层架空的形式不仅不违反力学的规律性，也不会产生不安全或不稳定的感觉，对于这样的建筑体形，我们理应欣然地接受。美国达拉斯市政厅为了使人们能够从室内俯视广场及绿化设施，使建筑逐层向外延伸，并形成向外倾斜的斜面，这种处理从外部体形上与传统的稳定概念是相矛盾的，但是由于技术的发展和进步，人们对于这种形式的建筑已经司空见惯，因此并不会产生不安全的感觉。

由具有一定重量感的建筑材料建造而成的建筑体量，一旦失去了均衡，就可能产生轻重失调等不愉快的感觉。无论是传统的建筑还是近现代建筑，其体量组合都应当符合均衡的原则。对于传统建筑的体量组合，均衡可以分为两大类：一类是对称形式的均衡；另一类是不对称形式的均衡。前者较严谨，能给人以庄严的感觉；后者较灵活，给人以轻巧、活泼的感觉。建筑的体量组合究竟应该采取哪种形式的均衡，要根据建筑的功能要求，性格特征以及地形、环境等条件来综合考虑。

用对称和不对称均衡的道理，虽然可以解释许多传统的建筑，但是却不能解释某些近现代建筑。均衡有一个相对于什么而言的问题，传统的建筑，不论是对称的还是不对称的，一般都有一条比较明确的轴线，实际上就是均衡中心，均衡就是对它来讲的；近现代建筑，由于废弃了传统的组合概念，根本不存在什么轴线，因而均衡的问题几乎由于失去了中心而无从谈起。传统建筑的均衡主要是就立面处理而言的，实际上是一种静观条件下的均衡；近现代建筑，更多的是从各个角度，特别是从连续运动的过程中来看建筑的体量组合是否符合均衡的原则，由于这种差别，所以比较强调把立面和平面结合起来，并从整体上推敲、研究均衡问题，也就是说，近现代建筑所注重的是动观条件下的均衡。如果说均衡必须有一个中心的话，那么传统建筑的均衡中心只能在立面上，而近现代建筑的均衡中心则应当在空间内，后者比前者要复杂得多。在推敲建筑的体量组合时，单纯地从某个立面图出发来判断是否均衡，常常达不到预期的效果，而通过模型来研究则可以取得较好的效果。

7.外轮廓线的处理

外轮廓线是反映建筑体形的重要方面，给人的印象极为深刻。当人们从远处或在黄昏、雨天、雾天、逆光等情况下看建筑时，由于细部和内部的凹凸转折变得相对模糊，建筑的外轮廓线则显得更加突出。在考虑体量组合和立面处理时，应当力求具有优美的外轮廓线。

我国传统的建筑，屋顶形式多种多样。不同形式的屋顶各具不同的外轮廓线，加上又呈曲线的形式，在关键部位还设有兽吻、走兽等，从而极大地丰富了建筑外轮廓线的变化。

古希腊的神庙建筑，也在山花的正中和端部分别设置雕饰，雕饰和我国古建筑中的走兽所起的作用极为相似，也是出于外轮廓线变化的需要。

由于建筑形式日趋简洁，单靠细部装饰取得外轮廓线变化的可能性越来越小，因此还应当从大处着眼来考虑建筑的外轮廓线处理，也就是说，必须通过体量组合来研究建筑的整体轮廓变化，而不应沉溺在烦琐的细节变化上。

自从国外出现了国际式建筑风格之后，逐渐出现了一些由大大小小的方盒子组成的建筑，由此而形成的外轮廓线不可能像古代建筑那样有丰富的曲折起伏变化，但是并不意味着现代建筑可以无视外轮廓线的处理。同样是由方盒子组成的建筑体形，处理得不好，会使人感到单调乏味；处理得巧妙，则可以获得良好的效果。现代建筑尽管体形、轮廓比较简单，但在设计中必须通过体量组合求得外轮廓线的变化。

8.比例与尺度的处理

建筑的整体以及每一个局部，都应当根据功能的使用、材料的性能以及美学的法则赋予其合适的大小和尺寸。

在设计过程中首先应该处理好建筑整体的比例关系，也就是从体量组合入手来推敲各基本体量长、宽、高三者的比例关系，以及各体量之间的比例关系。然而，体量是内部空间的反映，而内部空间的大小和形状又和功能有密切的联系，因此，要想使建筑的基本体量具有良好的比例关系，就不能撇开功能而单纯地从形式去考虑，建筑基本体量的比例关系会受到功能的制约。

在推敲建筑基本体量长、宽、高三者的比例关系时，还应当考虑到内部分割的处理，不仅因为内部分割会使体量表现为局部与整体的关系，还因为分割的方法会影响整体比例的效果，例如长、宽、高完全相同的两个体量，一个采用竖向分割的方法，另一个采用横向分割的方法，那么前一个将会使人感到高一些、短一些，后一个将会使人感到低一些、长一些。建筑师应当善于利用墙面分割处理来调节建筑整体的比例关系。

考虑内部的分割比例时，应当先抓住较大部分的比例关系。建筑较大部分的比例关系对整体效果的影响很大，如果处理不当，即使整体比例很好也无济于事。只有从整体到每一个细部都具有良好的比例关系，才能够使整个建筑获得统一、和谐的效果。

整体建筑的尺度处理包含的要素很多，在各种要素中，窗台对于显示建筑的尺度所起的作用特别重要。因为一般的窗台都具有比较确定的高度（1m左右），它如同一把尺子，通过它可以量出整体的大小。窗的情况就大为不同了，随着层高的变化，它既可以大也可以小，是一种不确定的要素。有的建筑层高很低，有的建筑层高很高，如果窗处理得不恰当，就会使高大的建筑显得矮小，使矮小的建筑显得高大，出现这些问题，是因为窗处理得不恰当。只有按照实际大小分别选用不同形式的窗，才能正确地显示出建筑各自不同的尺度。

细部处理对整体尺度的影响也是很大的。在设计中切忌把各种要素按比例放大，尤其是一些传统的花饰、纹样，因为它们在人们的心中早已留下某种确定的大小概念，一旦放得过大，就不能正确地显示建筑的尺度。

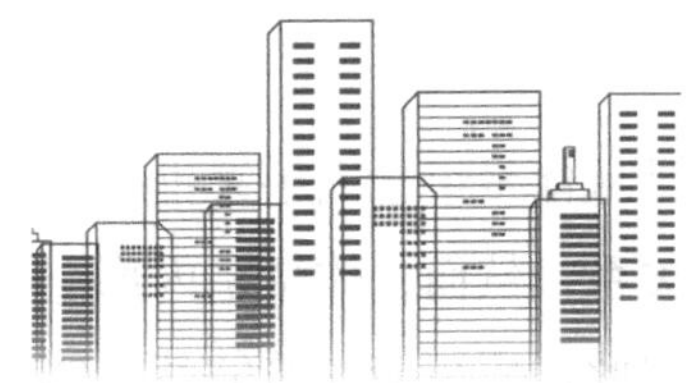

第二章　办公建筑的室内环境设计原理

第一节　办公空间的空间尺度定义与人的行为模式

一、办公空间尺度

办公空间尺度直接影响到空间给人的感受。空间为人所用，在可能的条件下（综合考虑材料、结构、技术、经济、社会、文化等问题后），在设计时应选择一个最合理的比例和尺度。这里所谓的“合理”是指人们生理与心理两方面的需要。我们可以将空间尺度分为两种类型：一种是整体尺度，即室内空间各要素之间的比例尺寸关系；另一种是人体尺度，即人体尺寸与空间的比例关系。需要说明的是“比例”与“尺度”的概念不完全一样。“比例”指的是空间各要素之间的数学关系，是整体和局部间存在的关系；而“尺度”是指人与室内空间的比例关系所产生的心理感受。因此，我们在进行室内空间设计时必须同时考虑“比例”和“尺度”两个因素。

人体尺度是建立在人体尺寸和比例的基础上的。由于人体的尺寸因人的种族、性别及年龄的差异，而不能当作一种绝对的度量标准。我们可以利用那些意义上和尺寸上与人体有关的要素帮助我们判断一个空间的尺寸，如桌子、椅子、沙发等家具，或者楼梯、门、窗等。这样会使空间具有合理的人体尺度和亲近感。

办公空间的尺度需要与使用功能的要求相一致，尽管这种功能是多方位的。办公空间只要能够保证功能的合理性，即可获得恰当的尺度感，但这样的空间尺度却不一定能适应公共活动的要求。对公共活动来讲，过小或过低的空间将会使人感到局限和压抑，这样的尺度感也会影响空间的公共性；过大的空间又难以营造亲切、宁静的氛围。在处理室内办公空间的尺度时，按照功能性质合理地确定空间高度具有特别重要的意义。

在空间的三个量度中，高度比长度对尺度具有更大的影响，房间的垂直维护面起着分隔作用，而顶上的顶棚高度却决定了房间的亲切性和遮护性。办公空间的高度可以从两个方面来看：一是绝对高度，即实际层高；另一个是相对高度，即不单纯着眼于绝对尺寸，而要联系到空间的平面面积来考虑。正确选择合适的尺寸无疑是很重要的，如高度定位过低会使人感觉不亲切。人们从经验中体会到，在绝对高度不变时，面积越大，空间显得越低矮，如果高度与面积保持一定的比例，则可以显示出一种相互吸引的关系，利用这种关系可以给人一种亲切的感觉。

尺度感不仅体现在空间的大小上，也体现在许多细部的处理上，如室内构件的大小、空间的色彩、图案、门窗开洞的形状与位置，以及房间里的家具、陈设的大小、光的强弱，甚至材料表面的肌理精细与否等都影响空间的尺度。

不同比例和尺度的空间给人的感觉不同，因此空间比例关系不但要合乎逻辑要求，同时还需要满足理性和视觉的要求。在室内空间中，当相对的墙之间很接近时，压迫感很大，形成一种空间的紧张度；而当这种压迫感是单向时形成空间的导向性，如一个窄窄的走廊。总之，合理有效地把握好空间的尺度以及比例关系对室内空间的造型处理是十分重要的。

二、人的行为模式

公共空间人的三种基本行为模式：必要性行为模式、自主性行为模式和社会性行为模式。行为之间具有共性，办公空间虽然也保障个人空间的存在，但更多的是属于公共空间范畴，故而，这三种行为模式的划分同样适用于办公空间。

（一）必要性行为模式

必要性行为模式是人的三种行为模式中最基本、最重要的存在。必要性是相对于选择性而言的，它比选择性更具有强迫性和存在感。在行为作用发生以前，行为目标已经相当明确和具体。必要性行为往往和日常性行为活动结合在一起，如在主要办公空间中处理日常的文案工作、专司打印工作的员工负责日常文件的打印与传送等。行为主体对行为的发生通常采取默认的态度，譬如工作，即使不是很喜欢，但迫于高收入，一般情况下仍会强迫自己进行周而复始的“工作”行为。在一定程度上我们可以把必要性行为称为自觉性行为。因为行为主体已经意识到必要性行为的重要性，在一种习惯性行为的驱使下，少了强迫感而多了一种自觉性。必要性行为模式在时间和空间上具有一定的规律性，行为活动往往会在相对固定的空间内发生，可循性比较强。

必要性行为是人之所以为人而不得不在时间和空间上进行的一系列重复性活动。如每天重复差不多的办公内容，不停地接待性格各异的客人，三天两头开不完的会议等。个体日常经历的一系列不同的场所，实际上形成了一个独特的区域，它可以将权力、制度、组织、习俗以及个体生物特征的各种作用反映在个体日常行动与感知统一起来的空间中，而且这些综合的作用特别呈现为某种时空节奏形式。换句话说，这些制约作用需要通过时间和空间上的循环形式表现出来。

在特定的时空中，每个个体从出生之时起，就自主地形成了一条延伸的生命轨迹。重复的轨迹形成了一种特定的形态，而这样特定的形态又是需要客观空间来容纳和承载的。必要性行为就是一个不断重复的过程，在时间和空间上的不断重复。重复是按照一定的节奏和秩序进行的。在时间上我们感知为某个时间段，即时间间隔，在空间上则是不断的往复。时间本身是无限和不可逆的，但是对时间的测量却是利用能够照原样重复的事件进行的。当符合必要性行为的事件不断地重复以至于近似某种规则时，我们便可以把它直观为时间。无穷延伸的时间轴被我们在感知的意义上分割成相等的、可以不断重复、可以不断使用的、可以“回到过去”的时间段。我们直观地认为空间是可逆的，今天可以“回到原地”，明天同样可以“回到原地”，好比每天都在“同一”个办公室内办公，每天都要八点钟开始上班，空调每天都要八点钟开始运作一样。必要性行为的发生就是每天不断地“回到过去”“回到原地”的周而复始不断循环的过程，久而久之，成为一种有节奏性、有秩序性的惯例，我们也可以把它称作一种日常性行为。

（二）自主性行为模式

与必要性行为模式相比，自主性行为模式选择性较强，行为具有自发性，没有特定的强加性意志存在，可以没有日复一日的循环往复，在时间和空间的限制和选择上更为灵活，而且更多的是一种追求“自我”的随意而为的行为。行为主体可以灵活、自愿、自由地开展行为活动，进行空间实践。例如，员工在就餐的过程中可以自由选择同伴、自由选择就餐食品。它并不是每天都必须存在的行为，自主性行为更多的是受一种内在心理因素的影响，但是并不否认外部环境会对其施加影响。行为的过程中随机性很强，例如开会时自己选择位置，办公时自主选择左右伙伴等，当然经理的位置员工不会“不小心”占用的。自主性行为模式可以当作一种调剂，缓解行为主体的压力，增强自我意识，对于促进人际和谐具有不可替代的作用。

（三）社会性行为模式

办公空间中社会性行为模式更多地体现在主要办公空间和接待空间中，是人们在社会性空间中进行交往、增加彼此之间联系的行为活动。广义而言，必要性行为模式和自主性行为模式都应该属于社会性行为模式的范畴，因为所有的行为都是在社会性空间里发生的。必要性行为模式和自主性行为模式是社会性行为模式中比较典型的存在，所以单独出列也是有一定的可考据性的。

在社会性行为模式中，行为活动大多在公共空间中展开。譬如接待空间、展示空间等。在主要办公空间中，组团式办公方式是社会性行为模式的典型代表。

员工聚集在一起讨论办公内容，提出解决方案，发表自己的创意和见解，都是进行沟通和交流的最直接的方式。研究表明，在这样的公共场所中，超过80%的创新想法来自员工之间最直接的交流，更确切地说是一种非正式的交流。在绝大多数情况下，非正式的谈话都发生在走廊或者其他交通区域内，员工之间不经意的“会议”占了公司沟通总量中相当大的比例，而且对员工在工作场合是否感到舒适自在起到重要作用。这种类型的非正式沟通促进了合作，化解了潜在的冲突，并且对关键的决策和评估来说非常重要，员工之间需要这种直接的、跨越所有组织层次的沟通机会。从工作位到交通区再到会议室、自助餐厅和走廊，在所有这些场所可以引发适应工作流程的正式的交流，同样也可以引发非正式的、“随意的”和无拘无束的交流。社会向心空间和社会离心空间的存在更多的是为交流的正式与非正式服务的。

办公空间形式必须能够保证员工在任何时间都可以随意地交流和分享信息，包括正式交流和非正式交流，以便能够优化工作流程，提升工作效率。这种通过人的行为而产生的“空间管理”促进了空间的优化，有利于提高空间的利用率和空间效益。另外，对办公空间形式产生影响的还有许多必要的客观因素，不容忽视。

三、空间尺度设计与人的心理

（一）领域感与人际距离对空间的影响

在办公空间中，人们最常见的两种行为状态是工作与交流。不同的行为状态要求有相应的生活和心理范围与环境，由此产生了领域感和人际距离的概念。

领域感是个人为满足某种需要而占有一个特定的“个人空间”范围，并对其加以人格化和防卫的行为模式。在开放式办公空间和景观式办公空间中，员工们在开敞的空间中一起工作，并没有单间办公室中由隔墙所形成的“实体边界”，这时个人空间的范围无形中形成了一个“虚体边界”，由此获得了个人领域感的最小范围。想获得更大范围领域感则是通过室内空间界面的装修形成实体边界而实现的，办公空间中常以虚实墙体、隔断、办公家具和绿化陈设来实现丰富的空间。同时这些实体边界不仅提供领域感和私密性，还表明了占有者的身份。如单间办公室则多为级别较高的领导所使用；通过墙体分隔的单间办公室其领域感和私密性就比隔断分隔要强，隔断本身的长度、高低也可以反映领域感和私密性的大小及强弱程度，随着个人需要层次的不同，领域的特征和范围也不同。特别是在公共场合或工作环境中，明确个人的范围，使人能看到个人控制或占有的范围十分重要，因此把握办公空间中各个领域的度便成为办公空间设计的关键。

人际距离感是个人空间领域自我保护的尺度界定。较之领域感关注的是个人空间的边界，人际距离感则更加强调人与人之间所形成的间距。人们总是根据亲疏程度的不同来调整人际交往中人与人之间的距离。1966年，人类学家霍尔在其著作《看不见的向量》中提出了“接近学”的概念。霍尔根据人们之间的心理体验，按照人与人交往的亲疏程度，将人与人之间的距离划分为密切距离、个人距离、社会距离和公众距离四种心理距离。在空间划分时应考虑在不同行为状态下，适当的人际距离所需要的空间尺度。

（二）私密性与尽端趋向

私密性的需求是人的一项基本心理需求，它在心理学上被定义为个人或人群可调整自己的交往空间，可控制自身与他人的关系，保持个人可支配的环境，表达自己和与人交往自由的需求，即个人有选择独处与共处的自由。在综合性的办公空间中，如休息室、茶水间、酒水吧等这类空间，是具有高情感、高凝聚力的办公空间所必需的，同时也是办公空间是否人性化的重要标志。空间的多种多样，使办公形态也呈现出灵活多变、丰富多彩的特点，而且同时满足人们对私密性及公共参与的需求。在开放办公区的工作单元的安排上，注意人们“尽端趋向”的心理要求，尽量把工作位设置在空间中的尽端区域，即空间的边、角部位，避免在入口或人流活动频繁的地点设置工作位。人们可以方便地选择独处与参与，这就涉及对办公空间中封闭与敞开的处理、创造多功能的可供选择的空间，因此办公空间中还应该保持私密空间与公共空间的有效过渡或柔性接触。设计者应充分考虑个人所需要的心理环境，给人以舒适、安定的氛围，避免干扰，提高工作效率。

（三）空间的归属感

对工作在同一个开放空间的人们来说，过于空旷和开放的工作环境会使人产生孤独和空疏的感觉。人们通常会借助空间中的依托物来增强归属感和安全感。

在设计时，设计者应合理利用文件柜、柱子、隔断、绿色植物等室内构件来界定空间的领域，或者利用地面颜色、照明、材质的变化对不同的空间进行界定和区分。这样可以使人的活动更加轻松自然。

很多创意办公空间更需要空间的归属感。狂奔于追寻灵感与梦想的路上的设计者，考虑应该在什么样的办公环境去寻觅、采撷。设计工作中很多灵感源自办公环境与氛围，一个真正属于创意工作形态的办公空间会给灵感带来更有利的条件与更好的价值感，例如LOFT式外露的天花板结构、极具质感的色彩趋势材质墙、让人感觉轻松的沟通分享空间、头脑风暴的专属区域、图书阅读以及休闲设施等。午后的暖暖阳光、蔓延的绿色植物、一杯热茶或咖啡、一个惬意的环境使设计师轻松地激荡出灵感、创意。放松与缓解早已替代传统办公的严谨与压抑，使员工对办公空间更有归属感。

（四）空间形态对心理的影响

员工工作时的精神状态是影响工作效率的重要因素。而由界面造型、色彩、灯光环境构成的空间形态，对工作人员的心理会产生很大的影响。对于空间形态的研究，首先要强调的是空间的尺度。空间的形状与空间的比例、尺度都是密切相关的，直接影响人对空间的感受。室内空间是为人所用的，是为适应人的行为和精神需求而建造的。因此，在可能的条件下，我们在设计时应选择一个最合理的比例和尺度。室内空间的塑造可以理解为在原有的固定空间中的创造，其基本的构成形式与建筑的构成形式基本相同，但是通过排列、组合、删减、遮盖等手法的处理后可给人造成不同的心理影响。例如，以水平、垂直线为主的空间会给人以沉稳、冷静的感受；而在以斜线、多角度的不规则空间内人们则会感受到动态和富于变化。因此，室内办公空间的形态需要符合人的工作方式和心理特征，同时，根据环境对人的心理暗示作用，利用环境对人的行为进行引导。

第二节　办公空间环境的空间语言

一、空间形态

（一）工作环境

开放办公区域作为群体工作的场所，根据现代办公空间的理念，强调打破传统的职能部门之间的隔阂，促进工作中人与人之间的相互认识和良好的互动，建立合作精神。但开放办公并不意味着整齐划一的简单工作单元的排放，如同20世纪早期的厂房式办公空间。而是在设计时，利用现代办公家具的灵活多变的组合功能，根据部门人员配置及配套设施的功能需求进行组合，根据现场环境情况，在空间中分为若干个工作区域。

同时，所有的空间布局都应当以增加空间利用率和家具使用率为原则。即使在一些不规则的、富于变化的平面布局中，实际上也是建立在有机的空间内使用标准化的办公家具单元组合而成的。

（二）交流区

随着竞争的日益激烈，人们停留在办公室的时间越来越长。处在长期的工作状态中，人们更加渴求与他人的沟通和了解，来缓解长时间工作造成的孤独感与精神压力。

在办公空间的设计中应体现以人为本的原则，一方面，在开放办公空间中可以设计小型的半开放的空间，配备小型的圆桌和座椅及网络电信设施。另一方面，茶水间、阅览室等传统概念中的附属空间在满足自身功能需求之外，也同样承担起这一职责。这些空间作为工作人员之间或与客户之间的“非正式”洽谈场所，有利于人与人之间的信息交流和相互了解。像这样的交流空间的概念来源于城市空间的场景，增强了交流环境的都市氛围，使人们的交谈更加轻松。

（三）交叉空间（界定空间区域）

传统的“密度效率”“空间效率”强调在有限的空间内，最大化地设置工作单元的数量。而现代的办公空间设计则以创造更舒适、轻松的工作空间来提高人们的工作热情和良好的机构形象为目标。交叉空间是“城市化”的室内空间，以内街或广场等建筑概念将空间划分出内外区域，这些相对独立的内部空间根据功能需求，可以被设置成展示、打印，或者人们临时聚集的空场等不同功能性区域。由此产生的空间形态不再是整齐密集的空间划分，而是通过灵活多样的空间分隔创造出独特的工作环境。

（四）流动空间

流动空间包括走廊、通道等非工作区域。为了促进人们的交流和协作，应尽量消除通道与办公区的界限，利用通道等附属空间与办公和交易地点的过程中，利用界面的艺术陈设等视觉装饰及色彩给人们形成一种“体验”，加强对室内环境的视觉感受。

二、办公空间环境的空间设计元素

一个建筑师在表现室内空间时，颜色、灯光、材料等在质感上都可以丰富空间，不需要刻意利用装饰物来表达空间。在办公空间当中，点、线、面、体、光、色、质等，都是构成办公室内形态的基本元素。

（一）点

在办公空间中，相对于周围背景而言，足够小的形体都可认为是点。如某些办公家具、灯具相对于足够大的空间都可以呈现点的特征。空间中既存在实点也存在虚点，如墙面的门窗孔洞及装饰物等均为虚点。

单一的点具有凝聚视线的效果，可处理为办公空间的视觉中心，也可处理为视觉对景，能起到中止、转折或导向的作用；两点之间产生相互牵引的作用力，被一条虚线暗示；三个点之间错开布置时，形成虚的三角形面的暗示，限定开放空间的区域；多个点的组合可以成为空间背景以及空间趣味中心。点的秩序排列具有规则、稳定感；点的无序排列则会产生复杂、运动感。通过点的大小、配置的疏密、构图的位置等因素，还能在平面造成运动感、深度感，并带来凹凸变化。点的形状不仅有圆点，还有其他形状的点，在办公空间不同的界面上形成丰富多彩的视觉效果。

（二）线

点的移动形成了线。线在视觉中可表明长度、方向、运动等概念，还有助于显示紧张、轻快、弹性等表情。在办公室内空间中作为线的视觉要素有很多，有实线如柱子、形体的线脚等，有的则为虚线如长凹槽、带形装饰等，在不同的空间中，线作为结构形式出现，给办公空间增添了一些设计的趣味性。

在办公空间设计中常见的线分类包括直线（水平线、垂直线、斜线）、几何曲线（圆、弧线、抛物线）、有机曲线（螺旋线、涡形线）、自由曲线（任意形）等。

线条的长短、粗细、曲直、方向的变化产生了不同个性的形式感：刚强有力或柔情似水，给人不同的心理感受。直线在方向上有垂直、水平和倾斜三种形态。垂直线意味着稳定与坚固；水平线代表了宁静与安定；斜线则产生运动和活跃感。曲线比直线更显自然、灵活，复杂的曲线如椭圆、抛物线、双曲线等则更显得多变和微妙。线的密集排列还会呈现半透明的面或体块特征，同时会带来韵律、节奏感。线可用来加强或削弱物体的形状特征，从而改变或影响它们的比例关系，在物体表面通过线条的重复组织还会形成种种图案和肌理效果。

（三）面

面属于二维形式，其长度和宽度远大于其厚度。室内空间中的面如墙面、地面及门窗等，既可能是本身呈片状的物体，也可能是存在于各种体块的表面。作为实体与空间的交界，面的表情、性格对环境影响很大。面在空间中起到阻隔视线、分隔空间虚实程度的作用，决定了空间的开敞或封闭。面有垂直面、水平面、斜面和曲面之分，常见的面分类如下。

1.平面

平面包括水平面、垂直面和斜面。水平面比较单调、平和，给人以安定感；垂直面有紧张感；斜面则呈现不安定的动态感。

2.几何曲面

几何曲面具有柔和、亲和力强的特点，有直纹曲面、非直纹曲面、自由曲面等。

曲面的主要特征是它的形状的特殊性。形状可分为几何形和非几何形两大类。长方形是最常见的几何形。圆是一个集中性的、内向性的形状。在所处的环境中，圆通常是稳定且以自我为中心的。圆形空间或大厅常用于纪念性建筑中。圆形空间给人强烈的围合和包容感，穹隆顶是圆形大厅常用的屋顶形式，更增加了包容感。屋顶也可以局部运用圆形的大型吊灯约束空间。三角形意味着稳定性。由于三角形的三个角是可变的，三角形空间比长方形更灵活多变。非几何形是指那些各组成部分在性质上不同且以不稳定的方式组合在一起的形状。不规则形一般是不对称的，富有动态。不规则的曲线形空间意味着自由和流动，善于表现形态的柔和、动作的流畅以及自然生长的特性。

（四）体

面的平移或线的旋转轨迹就形成了三维形式的体。体不仅由一个角度的外轮廓线所表现，而且也是对从不同角度看到的视觉印象的综合叠加。体具有充实感、空间感和体量感。在办公室内空间中既有实体，也有虚体。

实体厚重、沉稳，虚体则相对轻快、通透。正方体和长方体空间清晰、明确、严肃，而且由于其测量、制图与制作方便，在构造上容易紧密装配而在建筑空间中被广泛应用；球体或近似形状的曲线体浑圆、饱满，但与特定功能的结合较为困难；三角形体块可通过切削、变形等分解、组合手段衍生出其他形体，丰富视觉语言，满足各种复杂的使用要求。体常常与“量”“块”等概念相联系，体的体量感与其造型及各部分之间的比例、尺度、材质甚至色彩有关，如粗大的柱子，表面贴石材或者不锈钢板，体量感会大有不同。另外，体表的装饰处理也会使其视觉效果发生相应的改变。

用虚体构成的办公开放空间，被制作成分区隔断、存储空间和书架等家具陈设。运用同一种材料和相对简单的施工方法创造出一个多样化、多功能的空间，使得它的开放与封闭都具有更好的层次感。

（五）光

光可以形成空间、改变空间甚至破坏空间，它直接影响人对物体大小、形状、质地和色彩的感知。光的亮度与色彩是决定空间气氛的主要因素。光的亮度会对人的心理产生影响。理想中的办公空间是在节能环保、节约开支的前提下，可以让员工的工作效率更高；而员工工作起来不会感到累，反而觉得舒服和心情愉快……现在集前台、接待、会客及其他不同职能部门于一体的开敞式办公空间，照明不仅要满足办公照明的基本要求，还应该满足办公空间的个性化、节能、环保、高效等多方面需求，也就是要全面实现绿色办公的“三更”目标——更节能、更高效、更舒适。

1.更节能

办公空间内的照明方式应该严密结合天花板和地面场地摆放：不仅可以用传统的嵌入式灯具，还可以用大面积发光天花板、吊线或轨道式灯具，并且在灯具和光源的选择上，更应遵循高效节能的原则。如广泛应用于办公空间的新一代T5高效格栅灯盘系列，其水平照度提升了40%，整体灯具效率达到75%以上，远高于一般格栅灯盘，保证了良好的办公照明亮度。同时，又可以通过对眩光的控制，为使用者营造更舒适的办公空间。

2.更高效

现代开敞式办公空间中的人数较多，为方便工作位置的调整以及满足工作人员的视觉需求，不仅需要均匀、柔和的照明环境，更需要高效的照明空间。

具有针对性的照明空间设计方案是实现高效照明的重要途径之一。如针对有大型落地窗的办公室，可设置调控系统，将照度控制在300～800Lx，白天的照明以窗外的自然光为主，只需要在内部进行补光。随着天气或时间的变化，系统可根据感应到的外界光线变化进行智能调控，从而减轻过亮或过暗的照明环境对工作的影响。此外，灵活组合的照明方式，有助于提高照明空间的高效性。

3.更舒适

现代开敞式办公空间的照明设计的主张是既要照得亮，更要照得舒服。节能高效固然重要，但舒适的光感也是不可或缺的。能够让每一个置身于空间中的人都感到舒适，才是照明设计的初衷。

利用光的作用，可以加强空间的趣味中心，也可以削弱不希望被注意的次要地方，从而进一步完善和净化空间。光的形式可以是从尖利的小针点到漫无边际的无定形式，光与影本身就是一种特殊的艺术形式。当光透过遮挡物，在地面撇下一片光斑，光影交织，疏疏密密不时变换时，这种艺术魅力是难以言表的。我们可以通过照明设计，以生动的光影来丰富室内空间，使光与影相得益彰、交相辉映。

光既可以是无形的，也可以是有形的。大范围的照明，如天棚、支架照明，常常以其独特的组织形式来吸引观众。如办公空间连续的带状照明，使空间更舒展。明亮的顶棚还能增加空间的视觉高度。现代灯具都强调几何形体的构成，在基本的球体、立方体、圆柱体、锥体的基础上加以改造，演变成千姿百态的形式，同时运用对比、韵律等构图原则，达到新颖、独特的效果。但是在选用灯具时一定要和整个室内环境相统一，绝不能孤立地评定优劣。现代建筑为了充分利用空间，采用自然采光已变得奢侈，因此灯光效果成为设计中的一个重要表现手法。在进行办公空间设计时，经常用灯光创造出天然采光的效果。有时，用灯光让一面墙变成一个立体的发光体，使空间活泼而具有艺术感。如耐克上海办事处有一条走廊，完全利用背光营造出自然光线的效果。

（六）色

在办公空间设计中，办公空间色彩是接待客户、展示企业文化的重要部分。让客户进入办公室后就能感受到该企业的魅力，从而增加客户对该企业的好感度。因此，好的办公空间色彩的选择极其重要。色彩和形状是各式各样形态的视觉根本性质。光是色彩的根源，没有光，色彩也不复存在。色彩具有三种属性，即色相、明度和纯度，三者在任何一个物体上都是同时显示出来、不可分离的。实体色彩上的变化，可以由光照效果产生，也可以由环境色及背景色的并列效果产生。这些因素对室内空间设计十分重要，在设计时不但要考虑室内空间各部分的相互作用，还要考虑色彩在光照下的相互关系。

色彩最能引起人们心理上的共鸣，主要反映在以下四个方面：

（1）可以使人感觉到进退、凹凸、远近感觉的是色彩的距离感。暖色系和明度较高的色彩具有前进、凸出空间的效果，而冷色系和明度较低的色彩则具有后退、凹进的空间效果。在室内空间设计中常常利用色彩的这些特点去改变空间的大小和高低。

（2）色彩具有尺度感，主要由色相和明度两个因素决定。暖色和明度高的色彩具有扩散作用，因此显得物体大，而冷色和暗色的色彩则显得物体小。不同的明度和冷暖有时也通过对比作用显示出来，室内不同家具、物体的大小和整个室内空间的色彩处理之间有着密切的关系，因此可以利用色彩来改变物体的尺度、体积和空间感，使室内各部分之间关系更为协调。

（3）色彩的重量感主要取决于明度和纯度，明度和纯度高的色彩显得较轻，如桃红、浅黄色。在室内设计的构图中常以此达到平衡和稳定的需要。

（4）色彩的温度感是和人类长期的感觉经验一致的，如红色、黄色感觉热；青色、绿色感觉凉爽。色彩的冷暖还具有相对性，如绿色要暖于青色。通过色彩的重复、相互呼应、相互联系，可以加强色彩的韵律感和丰富感，使办公室内色彩达到多样统一而不单调，色彩之间有主有从，形成一个完整和谐的整体。

（七）质

所谓质感，即材料表面组织构造所产生的视觉感受，常用来形容实体表面的相对粗糙和平滑程度，也用来形容实体表面的特殊品质，如粗细、软硬、轻重等。每种材料都有不同的质感特征，这也有助于表现实体形态不同的表情。例如：木材、藤材、毛皮等材料松弛、组织粗糙，具有亲切、温暖、柔软等的特点；混凝土、毛石具有粗犷、刚劲、坚固的特点；抛光石材、玻璃、金属材料更具有细密、光亮、质地坚实、组织细腻的特点。

每种材料都存在触觉和视觉两种基本质感的类型，可通过触摸来感受的是触觉，如软硬、冷暖等。而在许多情况下，单凭视觉方式就可以感受物体表面的触觉特征，如凹凸感、光泽度等。

肌理与质感是紧密联系的设计要素。肌理既可由物体表面的介于立体与平面之间的起伏产生，也可以由物体表面无起伏的图案纹理而产生。图案是装饰性图样或者物体表面的装饰品，它几乎总是以图案母本的重复为基础的。当物体表面重复性图案很小，以至于失去其个性特征而混为一团时，其质感会胜过图案感。

肌理依附于材料而存在，能够丰富材料的表情。不同表面肌理会给人不同的质感印象。同一质感的材料可形成不同的肌理：材质本身的“固有肌理”和通过一定的加工手段获得的“二次肌理”。办公空间室内装饰材料一般会以材料本身内在特征或特定生产工艺形成的“固有肌理”展现，如木纹、织物的编织、砌砖形成的肌理，具有自然本色的外观；而结构层的表面进一步加工出新的球或纹饰，如雕刻、印刷、穿孔等手段，便又形成了另一种效果，即所谓的“二次肌理”。

肌理越大，质地会越粗，粗肌理会显得含蓄、稳重、朴实。同时被覆盖的物体会产生缩小感；反之会产生扩张感。即使特别粗糙的肌理，远看也会趋于平整光洁。细腻材料的肌理会显得柔美、华贵，会使空间显得开敞甚至空旷。粗大肌理或图案会使一个面看上去更近，虽然会减少它的空间距离，但同时也会加大它在视觉上的重量感。大空间中，肌理的合理运用可改善空间尺度，并能形成相对亲切的区域，而在小空间里使用任何肌理都应有所节制。运用不同的质感对比，可加强空间的视觉丰富性；无质感、肌理变化的空间，往往易产生单调乏味之感。

很多办公空间在材质上有特别精心的搭配，Soft Citizen是加拿大一家知名的电影制作公司，公司规模不大，但以创意取胜，设计最核心的内容就是对材料的混搭运用，特别是对一些建筑材料的原生态运用。设计师以突破传统的方式，把不同颜色和纹理的木块搭建成柱子，合理地分割空间；一些有着特殊纹理的建筑废料，有的甚至还带着铜绿，形成了美观别致的室内分隔效果。重视环保和再生材料的运用也是整个办公空间设计中的一个重点。室内环境中的材料“混搭”出现在很多地方，比如苍老的枝干和涂鸦风格的墙纸，这种糅合了怀旧风格、现代风格和当地特色家具的布置尽最大可能地满足每一个人的需求。办公室里到处可以看见破旧的木板、没有粉饰的水泥建筑构件、各式各样的线团、色彩鲜艳的波普图案、简洁实用的灯具和朴素的家具，体现了实用主义的理念。

我们常说，设计必须考虑到私密性、安全性和一致性。在这个混搭风格的办公室里，没有任何不协调的感觉，在实用至上理念的领导下，所有物体都可以共同存在。

第三节　办公空间环境的色彩语言

一、办公空间色彩元素

办公室的色彩在一定程度上会影响人们的工作情况，工作的满足感以及交往的舒适感和质量。办公空间的整体使用高亮度、暗色系时，员工的工作质量会更高。并能体会到广阔的空间环境，每种个颜色都有自己的情感表达。通过色彩的情感，将色彩转变成人格化的一种心理认知模式。以下的六种色彩表达，无论是从色彩的心理学还是人体工程学角度以及美学角度，都比较适合办公空间的运用。

（一）蓝色

在可见光谱中，蓝色波长较短，属于收缩的、内向的、消极的冷调区域颜色。蓝色是一种令人产生遐想的色彩，传统的蓝色常常成为现代装饰设计中热带风情的体现。清新淡雅的蓝色，十分符合办公空间的需要。

（二）灰色

灰色是黑和白对等的综合色，给予人的是深思熟虑、平和而非激情，灰色的刺激性不大，它的注目性及视觉性相对较弱。在办公空间中，灰色作为经典的中性颜色，多表达为谦逊、沉稳、含蓄、优雅、平凡等。人民在忙碌的工作状态中可向灰色讨回一份宁静。

（三）绿色

绿色是自然界中常见的颜色，绿色也是治愈的颜色，可以消除神经紧张、改善心脏功能，还可以解除眼睛的疲劳，给人一种宁静的感觉。在办公室用绿色进行装饰可以达到舒适、轻松感。

（四）红色

红色是光波中最长，属于积极的、扩张的、外向的暖调区域颜色类型。在办公室装修中适当地运用红色的占有面积，凸显办公室的积极、热情、上进的色彩搭配并不乏视觉的时尚感和设计感，能够使人产生共鸣。

（五）黄色

黄色的波长偏中，而光感却是所有色彩中最亮丽、最活跃的颜色。在办公室装修中，黄色拥有非常宽广的象征领域，特别是黄色置于最鲜艳色彩强度时，它的寓意是光明、纯真、活泼、智慧等。

（六）黑与白

黑与白的配色是很有现代感的。黑色是无光时让人产生的一种视觉反应，与白色在一起是属于彩色光谱两端发颜色。黑白的比例使用时一定要谨慎。白色代表着纯洁、洁白、朴素、光明、整洁等，黑色代表的是毅力、永恒、神秘、充实、高贵等，两个色彩掺杂在一起，同时兼具品位与趣味，让整个办公空间更加充满活力。

二、办公空间的色彩应用

（一）在办公空间设计的色彩应用的意义

1.效率高、舒适性的追求

由于办公空间属于精神工作场所，企业的创造性发展主要源于员工在空间上的创造性发挥。因此，办公空间的色彩设计过程，其目的是为空间工作人员创造一个舒适、高效、安全、便捷的工作环境，以最大限度地调动员工的积极性。

在办公空间的色彩设计中，需要了解办公空间的使用性质，所以使用的属性或功能的色彩差异会有所不同，但设计的中心思想是根据工作效率和舒适度而定。例如：一些装饰设计工作室，这就需要创意灵感的工作氛围，所以一般用于高纯度和更明亮的色彩设计，所以你可以创建一个开朗、活泼的办公氛围，从而激发工作的积极性和创造性灵感的员工；如需要维护办公空间设计清晰合理的色彩，基本运用的是低纯度的灰色，因为它可以营造一种舒适、安静平和的氛围，让人们能够始终保持清晰的思维来专心工作。反之，如果办公室的颜色暗，又暖又暗，很容易让人感到疲劳，不利于员工产生工作热情。

2.塑造良好的企业形象

一般企业办公环境的设计是根据企业VI系统设计的。它不仅需要反映企业的本质和文化，还需要营造一种积极的工作氛围。在办公空间色彩设计方面，与一些本土企业LOGO或企业色彩相呼应，视觉传达设计通过特定的界面色彩，让顾客感受到良好的企业形象。

3.调整员工的心理压力

在当今社会，生活节奏加快，加之社会竞争日益加剧，住房、工作的压力越来越大，现代城市白领的心理压力越来越大，并引起精神障碍。在办公室设计中，合理的色彩应用不仅可以美化内外环境，还可以有效缓解工作人员的视觉疲劳，从而缓解员工的心理压力，使员工感到无限的人文关怀。

（二）色彩在现代办公空间中的设计运用

1.设计理念

平面功能合理，体现现代办公理念；装饰风格简约，符合孵化器高速发展的特点；色调明亮而温暖，适合年轻人喜欢的科技创新。在木材和设计方面，体现了“少就是多”的设计理念。努力使公共空间适应各种需求，适应现代办公模式的快速发展和跨界需求。

2.重视色彩节奏特点的呼应相衬

在现代办公空间的色彩氛围营造，要注重对色彩创意的把握，力争保证在简单而又富有层次的水平内，同时对色彩节奏的重复运用及呼应相衬尤为重要，如何就色彩节奏进行处理是办公空间色彩设计的关键。设计者应把握将具有代表性的概念色彩，在空间的关键节点部位进行体现，以此使得整体空间色彩受此基调控制。例如，对于办公的家具及地毯、窗帘等物品，应力促其色彩的统一，使之在色彩的纯度与明度方面保证差异，以彰显色彩层次，摒弃单一色调，使得空间中其他色彩趋于从属的位置，这样办公空间的整体色相，即会形成多元统一又彼此关联的色彩效果。对于色彩的重复运用及呼应相衬，存在着诸多的优势，其能够使得办公环境使用人员产生视觉方面的运动感，增加色彩的动感，消除单调性。另外，在进行办公空间色彩的运用时，应当基于工作的性质及色彩受众群体的年龄、性别及性格、习惯进行选择，对于一个房地产行业的办公空间设计，则应选择较为稳重又不失大气，同时又符合现代室内空间设计理念的基色进行设计，以由内向外彰显企业优秀的文化内涵。

（三）办公空间设计中色彩搭配规律

1.色彩以单色为主，辅以彩色点缀

办公室的一般设计中，主色调一般都选择比较淡雅的单一色彩，这样可以创造一个宁静的空间，同时可以添加其他颜色进行装饰，这样形成对比，办公室的整体颜色是协调的，明亮但不花哨。但需要注意颜色与企业形象之间的衔接。例如，办公空间的主要化妆品，如果你选择深蓝色、黑色、紫色等颜色，就会使人对办公空间感到厌倦；主要的工业产品，如果选择淡绿色、浅粉色，会让人联想到你公司产品的不耐用等。因此，在办公空间的设计中，色彩的运用一般是选择与企业形象或环境相联系的色彩来搭配的。

2.配色以自然色为主

不同的纯度、亮度和色调的变化会引起人们不同的心理反应，也会对办公空间的色彩产生一定的影响。色彩设计和办公空间是以石头或木材的颜色为主色，如红木、柚木颜色较深，适合装饰比较传统的、严肃庄重的和经典的办公空间；像白橡木轻柔飘逸、淡黄色的枫叶，色彩的纯度很低，适用于现代和优雅的办公空间，可以显示强烈的时代感；石头是相同的规律。在办公空间的设计中，纯度和自然材料在色相和明度上都是中性的，而人造的色彩更为和谐，而许多办公环境则是采用黑白色或类似的颜色来搭配黑白颜色。

3.巧用中纯度、中明度色彩

低纯度、低亮度的色彩会给人一种压抑感，而高亮度或高纯度的色彩会给人一种刺激、温暖的感觉，这可以看出中性色是最优雅的颜色。在办公空间的色彩设计，中性色彩的设计充分利用了颜色，使整个办公环境更加和谐，达到既丰富和美丽，但也显示出企业温暖、优雅的气质，因此不仅规范了办公环境，也在不经意间体现企业特色。但就颜色、亮度、对比度而言，需要注意的是，如果不加处理，它看起来就是灰色的。

第四节　办公空间环境的光语言

光作为一种室内的设计语言，和材料、颜色等多重要素共同构成了室内环境的一种表达。本节通过介绍光在室内设计中的重要性，进一步分析了室内光设计的原则，以及运用自然光、人工光两种不同性质的光来营造合理的室内环境。

光与人的生活息息相关，无论是白天或晚上，均不能缺少光，我们生活在一个光的世界里，我们的生活因为有了光而变得丰富多彩。对于光的利用，人类时刻也没有停止过：从“凿户牖”到“外飘窗”，体现了人类对自然光的利用；从“烛光摇曳”到“灯火通明”，体现了人类对人工光利用的进步，光语言在不同的时代留下了不同的烙印。室内设计思维的发展促进了人们对光的认识，光的作用愈加从室外转向室内、从功能转向精神。美国建筑师路易斯·康就曾深刻地指出：“设计空间就是设计光。”光不但丰富了我们的造型语汇，而且赋予了我们更为丰富的情感。

一、光语言的重要作用

（一）感知事物的需要

光是建筑室内的灵魂，没有光，视觉无从谈起，室内形式元素中的形态、色彩、质感也都无从谈起。所以，光语言不仅是室内设计的重要语言，而且是先觉语言。依托光的能量，我们能够感知一个个的空间，进而感受空间。我们知道，这里的墙面是白色的，地面材质是大理石的，顶面是天花造型。

（二）正常生活的需要

无论白天和晚上，我们都在利用光。可以想见：光一旦消失，黑暗会使人陷入无所依托的失控状态；对周围事物的不知和对将要发生事件的不测，这是何等的恐怖!人对光具有本能的依赖，黑暗中的一道亮光使人增加生存的希望；冬季的阳光给人带来融融暖意。

（三）烘托气氛、传递情感的需要

不同的室内空间应该有不同的气氛要求，比如热烈的、温馨的、浪漫的、严肃的、冷峻的等，这是由人的生理与心理需要所决定的，光语言在这方面的作用可谓神奇。如高亮度的空间感觉明亮，使人兴奋；低亮度的空间使人感觉压抑甚至恐怖；明暗强对比的空间具有紧张、刺激感；明暗对比弱的空间则放松、舒适。我们可以利用光的强弱、光的冷暖，在不同的场合加以合理的选择，可以说，它开辟了空间性质的新领域。

综上所述，光语言作为室内设计的重要语言，不但满足了功能上的需要，也满足了人类情感上的需要，所以它是室内设计功能与情感双重需要的综合设计手段。

二、室内光设计的原则

（一）功能性原则

首先应保障良好的光的照度，尽量减轻人的视觉负担，也就是所谓的“照明”。灯光布置应该注意避免眩光，以利于消除眼睛的疲劳，保护视力，还要保持稳定的照明，光源不要时暗时明地闪烁，注意合理分布；此外，光还兼有组织、划分空间和指示方向等其他功能作用。

（二）美观性原则

光的数量、颜色、强弱以及照射的方向、角度、位置等因素都会有助于显现或改变空间的形象，灯具的造型、排列、布置方式、配光方式，也会创造出不同的氛围和效果，使人获得不同的视觉和心理感受。利用光可以强调室内界面、构件的体量、质感和色彩。当前的室内光设计已不再单纯地追求功能性的明亮，光已成为室内设计中的一种重要的表现手段。

（三）经济性原则

经济性包括设备的投资、安装、运行以及维护的费用，光源应尽可能地选择耐用和节能的灯具，还要考虑防潮、防尘，便于维修等。任何一个成功的光环境都应该是各种要素的有机结合，在室内光环境的设计原则上，应该具有针对性。比如办公室，就应该以功能性采光为主；像酒吧这样的娱乐场所，就应该以美观性原则为主，兼顾其他。

三、室内光语言的分类与应用

（一）自然光

“我们由光所生育，通过光我们感受到季节的变化。对于我而言，自然光是唯一的光，自然光是唯一能使建筑艺术成为建筑艺术的光。”（路易斯·康）简短的几句话，流露出了自然光赋予建筑内外的美与和谐。自然光从早晨到晚上，从春天到秋天，赋予了人类以不同的表情，使自然界充满了动人的色彩和亲切的质感。另外，还具有节能、绿色环保等多方面的意义。

人类对光有着特殊的偏好，这种偏好在心理学上称为“向光性”，试想一个阳光普照于一个阴暗的房间，他们给人的幸福指数是何等的天壤之别!

谈到光，自然就会想到影。物体在光的照射下产生微妙的、复杂的明暗变化，明与暗、虚与实的对比，随着光线的变化而变化，斜射下的光线与斑驳的影子交织成一种特殊的装饰艺术语言，丰富了空间的表现手段。中国古建筑的室内装饰中，运用花格、漏窗等方式，形成了“疏影横斜水清浅”“月移花影上栏杆”的独特意境，对我们的现代设计具有很大的启发性。

（二）人工光

自然光是我们首先要利用的，然而，当室内的照度不能满足要求时，人工光就会补充进来，并在其中扮演着重要的角色。另外，人工光还有着自己独有的特色，可冷可暖、可强可弱；而且灯具本身也有着很好的装饰性；在配光方式、布置形式上经过艺术化的处理，就可以既能满足功能的需要又能形成光环境的特殊效果。如歌舞厅的灯光会增加空间的动感；人工光还能调整空间感，如提高照度就会使空间显得大些，相反，降低照度就会使空间显得相对小些；人工光还可以借助不同的色彩、组织的图案，成为一种装饰性的元素；人们还可以借助人工光的组织，达到对空间的限定、组织和引导。

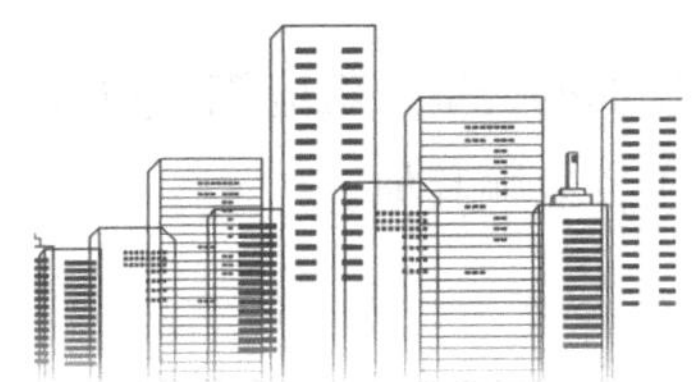

第三章　办公空间的设计与实施

第一节　办公空间的类型和功能分区配比

一、办公空间的类型

不同的工作类型对办公空间的属性要求是不同的，充分了解企业类型和企业特征，才能设计出能反映该企业风格与特征的办公空间，才能使设计具有高度的功能性来配合企业的管理机制，同时能够反映企业特点与个性。办公空间所要创造的不仅是某种色彩、形体或材料的组合，而且是一种令人激动的文化、思想和表达形式。

办公空间的风格定位应该是企业机构的经营理念、功能性质和企业文化的反映。因此，不同的企业形象对办公空间的风格起着决定性的作用。如金融机构希望给客户带来信赖感，因此其办公空间在设计上往往比较沉稳、庄重、自然；科技类企业由于代表技术的先进性和精密性，在设计风格上偏重现代、简洁，并对材料的视觉感要求更高；而从事设计类的创造型公司，则更注重视觉上的个性化表达。另外，即使是相同类型的企业，由于其服务对象的年龄、文化层次或消费能力不同，其办公空间所体现的风格特征也会根据客户的特点有所不同。

因此，充分了解企业类型和企业特征，才能设计出能反映该企业风格与特征的办公空间，才能使设计具有高度的功能性来配合企业的管理机制，并且能够反映企业特点与个性。从办公空间的业务性质来看，目前有四大类。

（一）行政办公空间

行政办公空间即党政机关、民众团体、事业单位等行政与职能部门使用的办公空间。其特点是部门多，分工具体；工作性质主要是行政管理和政策指导；单位形象特点是严肃、认真、稳重，却不呆板、保守；设计风格多以朴实、大方和实用为主，可适当体现时代感和改革开放的意念。

当然，现代行政办公空间有些也大胆地使用较活泼的环境形式来设计。空间的分隔上更为灵活，区域划分也是根据工作的实际需要，以方便工作人员的工作、提高工作效率来考虑。办公环境趋于人性化，色彩和个性化的设计也突破了传统的禁忌。

（二）商业办公空间

商业办公空间即企业和服务业单位的办公空间。对商业办公空间来讲，其设计的出发点是让公司体现出其品牌价值、彰显服务理念。因此，装饰风格往往带有行业性质，有时更作为企业的形象或窗口而与企业形象统一。因商业经营要给顾客信心，所以其办公空间装修都较讲究和注重能体现形象的风格。在设计中会运用较多的石材、深色木材和黑灰色调，穿插玻璃和木质感，中西合璧，给人以稳重、霸气、收敛、含蓄的感觉。

较大的商业办公空间一般设计成开放式办公室，办公模式强调人员流线、人员流线的规划。在人员流线设计上，把经常到达的目的地（如洗手间、楼梯间等公用场所）集中放在一起，放置于办公室中合适的不打扰别人工作的地方。

此类办公空间设计重在体现其所经营的商贸项目或产品，设计创意应与此有联想上的关联，与品牌的特点相契合。

（三）专业性办公空间

专业性办公空间即一些专业单位所使用的办公空间，使用这类办公空间的行业具有较强的专业性，涵盖了设计机构、科研部门及金融、保险等行业。

如设计师的办公空间，其装饰的整体把握应体现出一定的创新性，装饰格调、家具布置与设施配备都应有时代感和新意。设计不单是体现使用者自身的品位，还要能给顾客信心并充分体现公司的专业特点。此类专业性办公空间的装饰风格特点应是在实现专业功能的同时，体现特有的专业形象。

（四）综合性办公空间

综合性办公空间是指不能够明确、单一地划分类别的空间形式。例如，有些办公空间有常规的工作环境、办公用具，同时又包含了相关产品的销售区域，甚至可能包含酒店性质的接待空间等，这也是目前比较流行的多功能办公空间的设计做法。

这类办公空间由于不同的使用性质而导致其对办公空间的组织形式、室内布局划分及空间大小的要求也不尽相同。

我们从以上可以看出，随着社会的发展和各行各业分工的进一步细化，各种新概念的办公空间还会不断出现。

二、办公空间功能分区配比

办公空间的功能分区基本是按照对内和对外两种功能需求划分，两者所承载的人员性质及功能配置有所不同。对外职能包括前厅、接待、等候、客用会议室、客用茶水间（咖啡厅）、展示厅等。对内职能包括工作区、内部洽谈室、会议室、打印/复印室、卫生间、茶水间、员工餐厅、资料室等业务服务用房以及机房等技术服务用房。

无论是对内还是对外的功能需求，都要做到布局设计合理，相连的职能部门之间、办公桌之间的通道与空间不宜太小、太窄，也不宜过长、过大。

办公空间根据其空间使用性质、规模、标准的不同，分为主体工作空间、公共活动空间、配套服务空间以及附属设备空间等；按其布局形式可分为开放式、独立式和半开放半独立的随机式三种。合理地协调各个部门、各种职能的空间分配，协调好各功能区域的动线关系，做到不影响办公区的工作环境，同时满足办公人员的使用便利和自身功能要求，是进行办公环境设计的主要内容。

（一）以办公环境的空间使用性质分类

1.主体工作空间

主体工作空间可按照人员的职位等级划分为大小独立单间、公用开放式办公室等不同面积和私密状况的空间。在进行平面布置设计前，应对客户所提出的部门种类、人数要求、部门之间的协作关系充分了解。

（1）员工区。现代办公空间的员工区主要包括办公家具、光照、声环境、数字网络等主要内容。员工工作条件的优劣直接影响企业效益，其设计目标应该是实现该区域环境的最优化，使员工得到高性价比的适宜空间感受。在进行员工区布置设计时，应注重不同工作的使用要求，还应注意人和家具、设备、空间、通道的关系，做到方便、合理、安全。

（2）部门主管办公空间。部门主管办公空间一般应与其所管辖的部门临近，可设计成单独的办公空间，或者通过矮柜和玻璃间壁将空间隔开，并面向员工方向。空间内除了设有办公桌椅、文件柜之外，还设有接待谈话的座椅，在面积允许的条件下还可以增加沙发、茶几等设备。

（3）领导办公空间。领导办公空间应选择有较好通风采光且方便工作的位置，其空间要求相对较闭合、独立，这是出于管理便利和安全的考虑。

这类办公空间面积要宽敞，家具型号也较大。家具的布置一般包括办公桌、文件柜、座椅等，办公用椅后面可设饰柜或书柜，增强文化气氛和豪华感，还可增加带有沙发、茶几的谈话区和休息区。办公设备包括计算机、电话、传真等。办公桌最好面对、斜对或侧对入口，而不要背对入口。总体而言，设计此类办公空间时应保证有足够的空间去满足其办公功能，并注意结合空间使用者的审美情趣。

2.公共使用空间

公共使用空间是指用于办公楼内聚会、接待、会议等活动需求的共用空间。一方面，公共使用空间在功能需求上可以提供相同的设施服务，会议室就是一个公司日常会议及讨论使用最多的空间；另一方面，公共使用空间在工作方式上又可以根据工作者的不同需求来满足其生理及心理需求。

办公场所中的公共使用空间一般包括大、中、小接待室和大、中、小会议室以及各类大小不同的展示厅资料阅览室、多功能厅和报告厅等。

（1）前厅接待室。作为公共区最重要的组成部分，前厅接待室是最直接的向外来者展示机构文化形象和特征的场所，并为外来访客提供咨询、休息等候的服务。另外，其在平面规划上是连接对外交流、会议和内部办公的枢纽。前厅接待室基本组成有背景墙、服务台、等候区或接待区。

总之，前厅接待室的设计应注重人性化的空间氛围和功能设置，让来访者在短暂的等候停留过程中在一个舒适的环境里充分感受办公空间的文化特征。在面积允许的前提下，还可设计一些园林绿化小景和装饰品的陈列区。

接待室的主要功能是洽谈和客人等待的地方，是公司或企业对外交往、宣传的窗口。空间区域规划需根据企业公共关系活动的实际情况而设定其面积大小。对于区域的选择，尽可能设置在靠近楼梯或电梯的地方，避免影响工作区的员工。在装饰风格上，可根据公司的整体形象在墙面进行特定造型，顶面、地面以及家具的选择上需充分配合整体风格，接待室，可与门厅、陈列室结合起来设计，一方面可以很好地宣传公司的整体形象，另一方面也可以提高利用率。

（2）会议室。会议室在现代办公空间设计中具有举足轻重的地位。会议室的室内设计首先要从功能出发，满足人们的视觉、听觉及舒适度要求，其次也要在形式上适当地体现出一定的个性。

会议室按空间类型分为封闭式会议室和非封闭式会议室两种类型。封闭式会议室从空间的组织来看，组成会议室的各个界面完全围合，与其他空间隔绝，具有很强的领域感、安全感和私密感，与周围环境的流动性较差。非封闭式会议室主要是指一些小型的、非正规的会议室，它的各界面没有完全封闭起来，与其他空间有一定交流。

会议室按照空间尺寸及可容纳的人数分为大型会议室、中型会议室、小型会议室。通常情况下，以会议桌为核心的会议室人均额定面积为1.8平方米，无会议桌或者课堂式座位排列的会议空间中人均所占面积应为0.8平方米。小型会议室在空间营造时倾向于具有亲和力的氛围，空间各界面处理设计较简单，主要通过灯光及局部吊顶造型突出会谈区域、烘托气氛。

大型会议室应根据使用人数和桌椅设置情况确定使用面积，在功能上应保证人员的流线安排清晰、简单，便于快速聚集及疏散。同时，会议室的功能配置非常重要，其基本配置应该有投影屏幕、写字板、储藏柜、遮光设备。在强弱电设计上，地面及墙面应预留足够数量的插座、网线；灯光应分路控制为可调节光。同时应根据公司的需求考虑是否应设麦克风、视频会议系统等特殊功能。

（3）陈列展示区。陈列展示区往往与接待室设计在一起，它对外展示机构形象，以达到让客人多方位了解企业文化的目的；对内宣传企业文化、增强企业凝聚力的功能。作为独立的展示间，应避免阳光直射而尽量用灯光做照明。另外，也可以充分利用会议室、公共走廊等公共空间的剩余面积或墙面作为展示。

3.配套服务空间

配套服务空间是指为主要办公空间提供信息、资料的收集、整理存放需求的空间以及为员工提供生活、卫生服务和后勤管理的空间，主要包括为办公工作提供方便和服务的辅助性功能空间。

通常有资料室、档案室、文印室、计算机房、晒图室、员工餐厅、开水间以及卫生间、后勤办公室、管理办公室等。

（1）服务用房：档案室、资料室、图书室、打印/复印室、资料室、图书室应根据业主所提供的资料数量进行面积计算，应尽量布置在不太重要空间的剩余角落内。在设计房间尺寸时，应考虑未来存放资料或书籍的储藏家具的尺寸模数，确保以最合理有效的空间放置设施。此类型空间还应采取防火、防潮、防尘、防蛀、防紫外线等措施，地面应用不起尘、易清洁的材料装修。

由于噪声和墨粉对人体有伤害，打印/复印室主要考虑墙体的隔音以及良好通风。不同的机构性质会有不同的设计原则，某些机构会设立专门的打印/复印室，有些机构则根据工作需要将机器安置于开放办公区域或各部门内。

（2）卫生间、开水间。卫生间和开水间在很多项目中是作为建筑配套设施提供给使用者。但在一些设计项目中，业主会提出增加内部卫生间和开水间，或在高级领导办公室内单独设立卫生间。在设计时，不仅要考虑根据使用人员数量确定面积和配套设施以及动线上的使用便利，而且应了解现有建筑结构，考虑同原有建筑上下水位的关系，从而确定位置或及时与给排水设计人员沟通，充分考虑增设过程中可能会遇到的问题。

在办公空间中，公共卫生间距最远的工作点应不大于50米，并设有前室，前室内宜设置洗手盆以供盥洗。前室的设置可以使公共卫生间不直接暴露在外，阻挡视线，避免气味外溢。

（3）后勤区：厨房、咖啡/餐厅、休闲娱乐。后勤配套服务的目的在于为工作人员提供一个短暂休息、交流的场所。因而，在环境和设施上应做到卫生、健康和高效，在隔音方面应避免对其他部门造成影响。在设计平面布局时，需要注意与周围环境的关系，结构上要做吸音处理。排风系统的运转应保证良好的空气质量。室内墙面、地面以及台面等材料应易于清洁、保养。

4.附属设施空间

附属设施空间是保证办公大楼正常运行的附属空间。通常包括配电室、中央控制室、水泵房、空调机房、梯机房、锅炉房等。

根据设备的大小规模、功能和其服务区域以及附属设备用房的尺度、安置位置均会有所不同，大型或危险系数较高的附属设备通常会远离公共办公区域，小型设备则可就近安排在负责保管维修部门之中。

综上所述，办公功能区域的安排，必须符合工作和使用方便。从业务的角度考虑，通常的布置顺序是门厅—接待室—洽谈室—工作室—领导室—董事长室；如果是层楼，则从低层至高层顺排。除此之外，还应考虑每个工作程序所需要的相关辅助功能区，如接待和洽谈的区域，需要产品展示间和茶水间这样的空间；而领导办公室还应有秘书、财务、会议等部门为其服务，这些辅助部门应根据其工作性质放在合适的位置。

（二）以办公环境的空间布局分类

办公空间一般可分为固定空间和可变空间两大类。固定空间是指主体建筑工程完成时，由顶面、地面以及墙面所围成的空间。而可变空间一般是指在固定空间内用隔断、隔墙或家具等把空间再次划分成不同空间类型所形成的空间形态。因此，从办公空间布局形式来看，办公空间一般可分为开放式办公空间、独立式办公空间、半开放半独立式办公空间和景观办公空间四种类型。

1.开放式办公空间

开放式办公空间是将若干部门设置在一个大空间之内，而每个工作人员的工作位之间不加分隔，或利用不同高度的矮隔板进行分隔，或借助办公桌椅形成自己相对独立的办公区域。其基本原则是利用不同尺度规格的办公家具将这一区域内不同级别的单元空间进行集合化排列。

开放式办公空间不仅有利于管理者对员工进行监督，也有利于员工之间保持良好的沟通、交流状态，但由于每个人的工作都处于公众视线之内，工作的自律性较小，也会降低个人能动性和积极性的发挥。所以，开放式办公空间中家具、间隔的布置，既需要考虑个人的私密性和领域性要求，又要注意人员之间交往的合理距离，还要注意空间内人员的流线规划。

设定开放式办公区的面积时，首先应当了解所要使用的标准办公单元、主管级较大办公单元、标准文件柜的尺寸及数量等具体设施要求。一般办公状态下，普通级的文案处理人员的标准人均使用面积为3.5平方米，高级行政主管的标准面积至少为6.5平方米，专业设计绘图人员的标准面积则需要5平方米。

2.独立式办公空间

顾名思义，独立式办公空间就是相对于开放式办公空间的一种封闭工作环境。这种办公空间类型至今仍被许多企业采用，其良好的私密性为办公人员提供了一个安静的工作环境，办公区域之间互不干扰，办公室内的设施可以独立掌控。独立式办公空间形式缺乏灵活性，设计往往过于呆板，不利于部门之间的沟通与合作，但对个人或部门来说则具备了较好的私密性和领域性。

独立式办公空间按照工作人员的职位等级一般分为普通单间办公室和套间办公室。普通单间办公室的净面积不宜小于10平方米，套间办公室包含卧室、会议室、卫生间等。

独立式办公空间可根据需要使用不同的间隔材料，分为全封闭式、透明式和半透明式。封闭式单间办公室具有较高的保密性；透明式办公空间除了采光较好外，还便于领导和各部门之间相互监督及协作，透明式办公空间可通过加装窗帘等方式改为封闭式。

3.半开放半独立式办公空间

介于开放与独立之间的办公空间自然可以称为随机式办公空间，即半开放半独立式办公空间。这种空间布局随意性强、分隔灵活，多用于有一定特点的专业性工作空间的设计中，比如艺术家工作室、设计师工作室等。

4.景观办公空间

景观办公空间最早兴起于20世纪50年代末的德国，并于1967年在美国芝加哥举办了首次国际景观办公建筑会议。景观办公室的出现是对早期的现代主义办公空间忽视员工需求的一种反思，一定程度上体现了人本思想，适应了时代发展。

景观办公，顾名思义就是在一种景观中办公，是一种好的视觉环境，对公司的管理制度来说也是一种开放型的、宽松的办公环境。景观办公空间的设计在室内布局与空间规划上需要遵循一定的规划原则，以彰显景观办公的理念。例如，在布置办公家具与室内配套设施时，要以人与工作为前提；对于室内的柔化布置、景观小品等，需要使环境的布置体现出更多的人文关怀。

景观办公空间的环境氛围改变了过去的压抑感和紧张气氛，有利于员工个人与组团成员之间的沟通，易于创造感情和谐的人际与工作关系，提高工作效率。这类形式的办公空间通常被一些小型的个性公司所青睐，可以更为灵活、鲜明地体现出公司的风格与文化。

第二节　办公区设计实践

一、办公区设计实践方法

（一）开放式办公室设计

开放式办公室设计是一种现代化的办公室布局方式，它在空间和环境上营造了更加开放、自由、灵活的工作氛围。

（1）空间预留：开放式办公室的设计关键在于空间的规划和利用。在面积足够的前提下，应尽可能减少障碍物和固定家具的设置，给员工更多的活动空间。

（2）桌面部分：所有员工的桌面应处于机会方便、团队合作等因素考虑下，更不应固定使用一张桌子。

（3）更多功能区域：必须在开放式办公室中设置多个不同的功能区域，如快速开会区、电话私密呼叫区、交流开发区等，以满足员工在不同情境下的需求。

（二）自然光和绿色植物的运用

光线和植物的使用不仅可以提高员工的情绪和士气，也可以为办公室创造更加健康和生态的环境。

（1）充足阳光：在办公室中，自然光线可以为员工带来更加宽敞、舒适的环境氛围。因此设计师应当充分考虑窗户的位置和设置，亦可选择玻璃帘幕或透明淋浴墙，在促进自然光的同时，不影响办公室的整洁和私密性。

（2）绿色植物：绿色植物的使用不仅可以提高办公室的视觉效果，还可以为员工打造一个绿色、舒适的工作环境，并减轻员工的疲劳和压力。因此，在设计办公室布局时，应留出一定的空间为绿植或盆景设置合适的环境。

（三）家具的选择和设置

除了办公桌和椅子外，家具的选购还应与整体办公室的设计风格相搭配。

（1）设计风格：传统、现代、简约和复式是常见的办公室风格，家具的设计应与其相吻合。

（2）色彩：颜色在接收视觉信息时起到了重要的作用，颜色的选择应灵敏而优雅。

（3）务实性：考虑到员工的使用需求，家具的选择必须兼备时尚性和实用性，如文件柜、档案架、黑板和电视等。

（四）合理的空气和水利用

充足的空气和净化的水是保障健康和高效工作的重要保障。

（1）空气净化：空气中的花粉、尘埃和其他微小颗粒物会严重影响员工的舒适和效率，因此某些气浸和通风的方式需要相应考虑在内，辅以空气净化设施，将极大改善办公室的氛围和状态。

（2）恰当的水利用：在开头所说的办公室中，应预留足够的水池和植物盆并加入干燥的花朵、优雅的花瓶或小文具收纳盒，以满足员工需要，促进良好环境感受。

（五）技术和电子设备的应用

现代办公设备或者电脑软件的发展，已经成为办公室效率的关键因素。

（1）高速上网：稳定和快速的网络通信设施的设置必不可少。应该将人口多的区域配置为 Wi-Fi 覆盖率比较好的位置，以便所有员工能顺畅上网并交互数据。

（2）多屏幕显示或屏幕投影：在团队会议或讨论中，多屏幕显示或投影属于常见工作场景。因此在设计办公桌时，需要考虑增加员工的多屏幕操作空间或投影氛围。

二、办公空间人性化设计实践

社会的飞速发展，使得办公空间成为人们生活、工作的重要组成空间。办公空间是人为创造的一个空间环境，从而人的社会需求决定了办公空间的设计应该考虑人的重要性，因此办公空间的设计是不能忽略人的主体地位而孤立存在的。在紧张的工作环境中人们也在迫切追求着一份心理上的归属感和满足感。所以就办公空间而言，创造良好的办公环境可以满足人们生理和心理上的需求，做到以人为本，通过“人性化”的设计让人们在工作中找到属于自己的那份归属感。

（一）人本主义设计概念

人本主义强调重视人的价值，认为人生来平等，将人看作万物的尺度，以人性、自由和人的利益作为价值评判的重要准则。所以人本主义设计的思想是指在设计活动中将人的利益与使用需求作为处理一切问题的出发点，以人为中心，设计的产品必须符合人特有的生理与心理因素，并且将是否以“以人为本”作为评价设计活动的准绳。“办公交互空间”是一个较新的话题，其中两个主要概念就是“办公空间”和“交互空间”，所以从字面分析就是在办公空间具有交互功能的场所。办公交互空间是一个以办公空间为载体，体现在休息、接待、娱乐、餐饮、讨论及附属功能等方面，并遵循以人体工程学标准，打造以可持续发展为基础的新办公形态理念。国内对于办公交互空间这一理论研究较少，办公空间的设计还是受国外影响较大。早期照搬俄罗斯的办公空间模式，直到20世纪70年代末，才引进开放式办公空间模式，但仍是沿用国外人体比例尺度。之后，国外的办公空间模式不断被国内设计者引用并加以修改，才使得国内办公空间得到巨大改变。人才是企业的核心资源。随着社会的发展、生活水平的提高，人们对于办公环境的要求也越来越高。好的办公场所可以加强人们之间的沟通与交流，激发人们的创造力，也可以缓解人们紧张忙碌的神经。

（二）当今办公空间存在的问题

目前，国内办公空间环境的设计还是更专注于单一功能的空间表达，设计师或多或少地忽略了员工的工作需求、办公属性要求以及空间的艺术性。从而导致很多办公空间缺乏变化的设计形式，格局不合理，办公家具大同小异、色彩单调，还有固定的装修材料形成的固定的装修模式更加缺乏变化。在这样的环境中长时间办公可能会出现审美疲劳、效率低下的情况。设计师在设计办公空间时，大多按照同样的要求、方法和步骤，采用相同的空间形式进行设计。棚顶材料多以铝方板、矿棉板装饰。色彩处理上，大多墙面和顶面都是白色或是不同深浅的灰色，造型界面单一；地面的颜色大多为深浅不一的灰色，或是地毯和瓷砖，从而构成大多数办公室黑白灰为主基调的色彩形式。在办公家具的选用上，使用标准化生产的组合式隔断办公桌，其平面组织形式基本一样，造型上也都是简单的几何形体，色彩相对单调，运用的材料都是需要封边的刨花板。照明设计也是运用“模式化”的方法，最典型的灯具是格栅灯、筒灯和射灯，这些灯具的色温基本一致，格栅灯主要用作办公照明，在需要重点强调的部分则会运用到筒灯和射灯。另外，办公空间功能缺失。在办公空间的平面布置上，大多只是考虑到基本的办公需求，从而使空间在功能上无法满足员工的需要，造成休息、娱乐等空间功能的缺失。很多办公空间只包含与工作有关的功能区域，但是对于饮食、休息、娱乐所需要的空间没做任何考虑，使得员工每天办公、吃饭、午睡都在自己小小的办公桌上完成，这样的设计缺乏人性化的考虑，影响了员工的身心健康和对工作的积极性。

（三）办公空间人性化设计策略

1.基于绿色生态的交往空间组合模式

各个功能区间可以通过不同类型的交往空间连接建构成为一个系统的、有层次感的复合建筑。办公建筑内部交往空间的组织模式可以分为核心式、散点式、综合式等三种模式。核心式组合模式是指各个办公单元围绕中庭进行布置，形成核心的内部公共交往空间。中庭属于公共交往空间，具有很强的功能复合性。同时，中庭也较好地解决了建筑内部的采光和交通问题。建筑内部各功能单元通过围绕中庭空间进行集约布置，合理组织交通流线和功能，这也是办公建筑内部交往空间组织比较常见的一种形式。散点式组合模式是指建筑内部没有核心共享空间，交往空间与各功能单元并置出现。在散点式组合模式中，交往空间零散地分布于建筑内部的平面和剖面中，通过小范围的空间组织服务于临近的办公单元且通过不同形式的交通连接。散点式组合模式形成的空间较为灵活，且空间尺度适宜，容易拉近空间与人的距离。综合式组合模式是指办公建筑通过核心式和散点式相结合的方式组织内部交往空间。这种空间组合模式不仅能形成一个易于识别的公共中心，还能在不同部门和办公单元间形成便于内部交流的交往空间，体现了办公建筑内部的公共性和人性化。

2.空间布局的人性化

办公空间设计应处理好局部和总体空间的分配关系，办公设施在选择方面要符合人性化的需求。人性化设计应以员工的视觉、听觉和感受为设计的主要依据，通过室内设计的一些小技巧让员工在办公空间内保持良好的情绪，从而提高工作效率。第一，为了增强办公室的空间感，可以通过以低衬高的方式，在局部做一个吊顶，或是选择一些小巧的办公用品衬托高大的办公用品；为了使办公空间看起来更具空间感，可以结合办公环境的实际情况，把墙壁和顶棚之间的结合处设计成圆弧的形式。第二，由于办公室员工之间的工作类型不同，因此要对办公空间环境进行合理的功能性划分。同时，一个安静的小环境也可以确保员工的工作效率，可以做成一个个隔音的独立办公空间，以免员工之间互相打扰，在一个开放或是半开放的隔断之间，形成一个灵活的工作区域。

3.办公空间中色彩设计的人性化

单调的色彩会给人造成乏味疲劳之感，因此在办公空间色彩的设计上，要打破原来黑白灰的单调色彩，墙面和顶棚的色彩选取要和谐，吊顶与地板颜色相近和谐统一，那么墙面就要选取其中间色，使整体空间色彩在统一和谐中富有变化，墙面的色彩可以使用低饱和度、高明度的色彩去进行变化，并且在局部采用一些灵活的色彩，去打破整体色彩的单调，激发员工工作的激情和创造力。通过色彩的设计增加办公空间人性化的关怀，打破原有空间的沉闷感，为员工创造一个舒适愉快的工作环境。

4.办公室光线设计人性化

办公环境的光线强弱，主要依赖于照明灯的设计。通常情况，窗户开得越大进来的光线就越强，但强光会影响人的视力。因此，办公环境的灯光设计应满足人们的身体需求，以自然光线为主。并且通过软装设计，给办公室营造出舒适的感觉。由于人工光的设计空间较大，因此可在办公环境中添加一个适度的补充光源，达到自然光源与补充光源相结合的目的，在给员工营造一种轻松氛围的同时，还可以提高员工的工作效率。

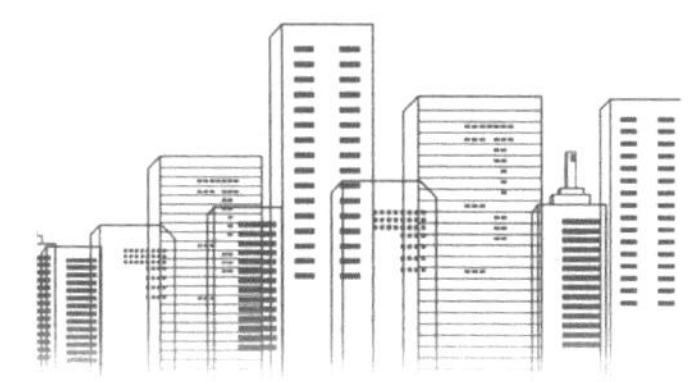

第四章　办公空间的可持续化设计实施

第一节　建筑的自然采光与可持续设计

一、可持续设计概述

（一）可持续建筑设计的概念和目标

可持续建筑设计的概念源于对环境问题和能源危机的关注。它的目标是创建具有高效能源利用、低碳排放和良好室内环境质量的建筑。可持续建筑设计是指在建筑设计和实践中融入可持续发展原则，最大限度地减少对环境的影响、提高资源利用效率、创造舒适、健康的室内环境，并促进社会经济发展的一种方法。可持续建筑设计的目标是通过整合环境、社会和经济因素，实现建筑的可持续性，以满足当前和未来时代的需求。

可持续建筑设计通过应用节能技术和利用可再生能源，减少建筑的能源消耗。它也着重降低温室气体排放，包括二氧化碳和其他污染物的排放。可持续建筑设计通过使用环保材料、降低建筑材料的消耗和浪费以及实施废物管理计划，最大限度地减少资源的消耗和浪费。可持续建筑设计关注水资源的有效利用和管理，包括收集和利用雨水、应用节水设备和技术以及实施水循环系统，减少对地下水和自然水源的需求。可持续建筑设计追求创造舒适、健康的室内环境，包括提供良好的自然光照、良好的通风系统、减少室内污染物和噪声的产生等。可持续建筑设计考虑到建筑对周边社区的影响，包括改善社区的环境质量、促进社会参与和健康的生活方式。可持续建筑设计涉及整个建筑的生命周期，包括设计、建造、使用和拆除阶段。人们通过综合考虑建筑的全部生命周期，努力减少资源的消耗和对环境的影响。

（二）可持续建筑设计的原则

1.能源效率

能源效率是可持续建筑设计的核心原则之一。通过采用节能建筑设计方法和使用高效能源设备，可以减少能源消耗和碳排放。被动设计策略利用建筑本身的形状、方位和材料等特性来最大限度地减少能源消耗。比如，在设计过程中考虑建筑的日照、通风和隔热等方面，以减少对供暖、冷却和人工照明的需求。在建筑的墙壁、屋顶和地板等部位使用高效隔热材料，减少能量的传导和损失。同时，确保建筑的密封性，以防止热量和冷气的泄漏。选择能效高的供暖、冷却和照明系统，如地源热泵、太阳能热水器、LED照明等，以减少能源的消耗。选择节能设备，并配备智能控制系统，可以根据使用需求自动调整能源的使用，提高能源利用效率。

2.环境友好材料使用

可持续建筑设计倡导使用环境友好材料，如可再生材料和循环利用材料，以减少对环境的负面影响。这种设计理念旨在通过选择材料来最大限度地减少建筑对自然资源的消耗和对环境的污染。可再生材料指的是能够快速自行再生的材料，如竹子、大麦秸秆等。这些材料不仅具有较低的碳排放量，还能很快再生，减少了对有限资源的依赖。

循环利用材料包括回收再利用材料和可分解材料。回收再利用材料是指从已使用的建筑或其他来源中回收并重新利用的材料，如回收木材、回收钢铁等。这种材料的使用不仅可以减少废弃物的产生，还可以节约能源和资源。可持续建筑设计也提倡使用低能耗材料，如高效绝缘材料和能源节约型设备。这些材料和设备可以减少建筑对能源的依赖，降低能源消耗。另外，可持续建筑设计还注重建筑的生命周期，包括建筑材料的采购、建筑施工、使用阶段和废弃处理。倡导使用环境友好材料可以减少建筑材料的采购成本，并降低工程施工过程对环境的影响。同时，在使用阶段，环境友好材料可以提供更好的室内环境质量，对居民的健康有益。在废弃处理阶段，环境友好材料可以更容易地进行回收和处理，减少了对自然环境的损害。

3.可再生能源利用

可再生能源是可持续建筑设计中的重要组成部分。通过使用太阳能、风能等可再生能源，可以减少对传统能源的依赖。它包括太阳能、风能、水能和生物能等能源形式。利用可再生能源的优点包括减少对传统能源的依赖、减少温室气体排放、降低能源成本以及提高能源供应的可持续性。安装太阳能光伏板可以将光能转化为电能，用于供电等。此外，利用太阳能热水系统可以通过太阳能集热器加热水供应。太阳能光伏板和太阳能热水系统通常需要考虑建筑的朝向和阴影问题。建筑设计可以考虑安装风力发电装置，如风力涡轮机，通过利用风能来产生电能。这可以通过在高楼顶部或沿着建筑物外墙安装风力发电设备来实现。如果建筑位置附近有河流或湖泊等水源，可以考虑利用水力发电来产生电力。这可以通过安装水轮机或涡轮机等设备来实现。此外，水能还可以用于建筑物内部的能源系统，如利用雨水收集系统来收集雨水用于灌溉和冲洗等。

（三）可持续建筑设计的技术

绿色建筑认证标准，绿色建筑认证标准是对建筑进行评估和认证的一种方法。例如，LEED和BREEAM等认证标准为建筑提供了可持续设计的指导和评价标准。节能技术是实现可持续建筑设计的重要手段，包括建筑外墙隔热、高效照明系统、太阳能系统等。环境质量控制是实现良好室内环境的关键。通过合理的通风、空气质量监测和噪声控制等手段，可以提高建筑的室内环境质量。可持续建筑设计包括利用高效能源系统、改善建筑外部绝缘和隔热材料、使用高效照明系统以及减少能源浪费等措施来提高建筑的能源效率。建筑设计考虑到水资源的可持续利用，采用节水设备和技术，如太阳能热水器、雨水收集系统和节水器具等，以减少对水资源的需求。

（四）可持续建筑设计的实施方法

整体性设计是可持续建筑设计的核心理念。通过充分考虑建筑的各个方面，如结构、能源、材料等，可以实现综合的可持续性提升。参与式设计强调建筑师、用户和决策者之间的广泛合作和参与。通过集思广益和多方参与，可以提高建筑的可持续性。

二、自然采光与可持续设计

（一）建筑采光节能设计重点

1.协调节能设计

在建筑采光设计中，阳光辐射是非常重要的一项因素，在对其进行具体设计时，需要对该因素进行较好的协调处理。首先，我国光气候共分为5个分区，在我国不同地区对建筑进行设计时，就需要能够以该光气候分布图为指导进行建筑的采光设计。在热能方面，我国以往所应用的建筑分布图也将我国分为了不同的热工分区，其中，光气候区以照度作为衡量指标，而在热分区中环境温度则为衡量指标。在地区不变的情况下，其在一年中的热工区域以及光气候区也会产生一定的变化，并因此对建筑的采光设计具有了不同的需求。在此种情况下，要想使建筑采光设计能够具有更为节能、可持续性的发展特点，就需要在实际设计当中对热、光这两项设计元素进行积极的协调，在对不同物理参数以及分布标准进行科学制定的基础上开展建筑设计。

另外，在对建筑进行采光设计时，需要运用良好的方式引入建筑外部光线，以此使建筑室内的采光程度能够达到设计要求，在减少室内日常照明用电量的同时起到节能减排的效果。而为了能够较好地实现该目标，在对建筑位置设计时就需要对建筑同建筑间的距离进行提升，以此加大建筑表面的阳光照射时间以及面积。而在热工设计方面，主要要求是在冬季能够将阳光较好地引入室内，使室内的温度能够得到提升，减少供暖设备的应用。而在夏季则正好相反，需要对外部热量进行避免、防止太阳的辐射，以此减少室内制冷设备的应用。在上述要求的情况下，就需要建筑设计人员在工作开展时能够根据建筑的地理位置情况对门、窗的位置、朝向以及面积进行合理的控制，在尽可能减少建筑体型变化的情况下满足设计要求。而在该种设计方式中，也很容易在采光以及热工间存在一定的矛盾，需要在实际设计当中对两者进行积极的平衡，以此使建筑具有更好的节能效果。

2.注重天然采光

天然采光是对建筑进行节能设计时非常重要的一项考虑因素，不能仅仅以人工光源进行设计：第一，人工光源在具体应用感受方面同自然光源具有较大的差别，无论是光线的照射方向还是温度都会让人具有不同的感受。而在不同的时刻、环境以及季节，通过对自然光的合理设计，无论是室内的照明还是居住者的感受都会获得截然不同的效果，以此使室内具有更为温馨、自然的氛围。第二，通过对天然光源的运用，也能够有效地降低人工光源应用所带来的能耗。而在现今建筑采光设计中，特别需要注意的是同空调节能型的配合。在我国很多地区，在夏季的太阳辐射强度以及日照时间都较长，这就需要在实际设计当中对窗帘、屋檐以及遮阳板等设备进行充分的应用，在减少室内能耗的同时更好地节约电力资源。

3.联系环境特点

我国是一个幅员辽阔的国家，在不同的地区，对于建筑设计以及光照等都具有不同的要求，且在不同地区的建筑形式以及建筑布置等方面也存在着较大的差别。对此，在实际建筑设计工作开展时，就需要在对周围环境因素进行积极考虑的情况下以全局的方式对建筑进行设计。在实际应用中，为了能够更加节约建筑耗能，也可以在建筑南向墙体设置镜面材料，以引入光线的方式对建筑北面房屋的光照情况进行改善。而为了保证建筑物日照时间，也需要考虑周围的植被等因素。

（二）室内采光节能设计

在建筑室内设计中，窗户可以说是决定室内采光性的重要因素。在实际设计当中，需要按照下述原则进行设计：第一，窗地比。当室内窗地比值越大时，采光则能够具有更好的均匀性。所谓窗地比，就是地面同窗体面积的比值，该比值的大小同室内自然采光的比例具有联系，当该值越大时，室内窗户的面积就越大，室内的采光水平也就相应提高。而当该值较小时，采光的效果以及窗体面积也就随之减少。而室内人工光源的应用情况，也同室内自然采光强度有直接的联系，即当室内具有更好采光条件时，室内生活过程中对于人工照明的需求就越小、人工光源产生的能耗也就越低。对此，在实际室内设计当中，就需要设计人员能够对窗地比进行良好的计算与分析，不仅需要考虑室内的自然照明情况，还需要充分地考虑室内的热功能情况，避免在冬季由于窗户面积过大而使室内的热量高速散发，在取得两者平衡的基础上获得更好的设计效果。第二，透光率。窗户的材料对于室内采光也具有重要的作用，当窗户材料透光率越大时，室内光线就会具有更高的均匀性及采光率。而当采光率越高时，室内居民在生活过程中也具有更低的人工照明率。根据此种要求，就需要在选择室内玻璃材质时尽可能选择具有高通透性的材质，以此起到降低能耗、节能的效果。第三，相对位置。当室内窗户相对位置越低时，其节能效果越好。在很多建筑中，都设有落地窗，该种方式不仅能够使建筑具有良好的美观性以及更为广阔的视野，对于节能也具有十分积极的作用。因为对自然光来说，其一般会以平行状态照射，当其位置越靠近地面时，所能够接受的自然光就越多，人工光源的资源消耗也就越低。对此，就需要设计人员在设计中能够联系建筑特点，将窗户相对位置设置在合理的区域。

第二节　建筑的绿化与可持续设计

一、建筑的绿化

（一）绿化的含义

绿化是一门新兴学科，既不同于建筑、土木工程学，又不同于造林、营林学，它与园林学、植物学、生态学、环境学、地貌学、美学等多种学科有着密切的联系。绿化分为广义绿化和狭义绿化，广义的绿化泛指起到增加植物、改善环境的种植栽培园林工程等行为；狭义的绿化，则是增加了人为的评判标准，如该植物的存在对环境的利弊分析，特别是有些外来植物，一切的基础以对人类社会的投入产品来评判，进而划分出园林、公园、景观、小区等绿化。下面所说的绿化是指栽种树木、花卉、草皮等绿色植物，以改善自然环境和人民生活条件的措施。

（二）建筑绿化分类

建筑绿化一般指建筑物绿化（广义的建筑绿化还包括建筑周边环境及室内环境绿化），是指对建筑物墙面、屋面的绿化。与建筑环境绿化相比，建筑物绿化对建筑节能的作用更直接，这主要表现在：夏季，通过植物冠盖、叶片的遮阳作用减少建筑物对太阳辐射热的吸收，通过蒸腾作用吸收建筑物围护结构的热量；冬季，绿化主要起屏蔽功能，可减小风压对建筑物的作用，从而减小冷风渗透和外表面对流换热损失，降低供热负荷，以达到节能目的。

1.建筑屋面绿化

普通刚性平面防水屋面保温隔热性能较差，顶层室内“冬凉夏暖”，是建筑节能的一个薄弱环节。屋面绿化是指在高出地面以上，周边不与自然土层相连接的各类建筑物、构筑物等的顶部以及天台、露台防水层上用培养基种植各种绿色植物，利用植物的蒸发和光合作用遮阳及吸收太阳辐射热，这样能减少太阳辐射热对屋面的影响。在国外，也称之为特殊空间绿化。屋面绿化植被可以根据地区气候特点，选择麦冬草、沿阶草、旱伞草和波士顿厥等耐旱、耐寒和浅根系的品种。屋面绿化最常用的培养基为人工级配土壤，为了降低屋面的荷载，近年来也有研究者采用某些轻质材料，如蛭石和锯末等作为介质代替土壤进行无土栽培，亦取得了良好的效果。

2.建筑墙面绿化

在建筑绿化中，我们常常只注重水平平面绿化，实际上垂直墙面绿化也是非常重要的。利用攀缘性藤本植物进行墙面绿化，也是建筑节能的一种有效措施。在选择攀缘性藤本植物的种类时，东、西、北三个朝向适宜种植常绿植物，而在南向适宜种植落叶植物。冬季常绿植物的叶片可以起到覆盖墙面的保护作用，减少室内的热损失；而在南向种植落叶植物，冬季叶落时，有利于南向墙面吸收较多的太阳辐射热能。常用的攀缘性藤本植物有爬墙虎、常春藤、紫藤、日本蔓榕、三叶地锦和五叶地锦等。

二、建筑绿化与可持续

（一）绿化可以提升空气品质

空气质量的好坏反映了空气被污染的程度，它是依据空气中污染物浓度的高低来判断的，污染物的浓度越高说明空气污染越严重。空气污染是一个复杂的现象，在特定时间和地点空气污染物浓度受到许多因素的影响，有自然因素，也有人为因素。合理地选择绿化所用花草树木品种可大幅提高室外空气质量。它们净化空气的原理主要是由于植物的光合作用和吸收作用。植物光合作用是地球上最普遍、规模最大的反应过程，在有机物合成、蓄积太阳能量和净化空气、保持大气中氧气含量和碳循环的稳定等方面起着很大作用，是农业生产的基础，在理论和实践上都具有重大意义。植物的光合作用，需要吸收大量的二氧化碳，同时会释放出与二氧化碳量相对应的一定量的氧气，调节了空气中氧气和二氧化碳的含量，保持空气清新。与此同时，植物通过光合作用还会吸收空气中一些其他有害气体，如一氧化碳、二氧化硫、碳氢化合物、氯气、氟化氢、氨气等，国内外有实测结果表明：成片的松林每天可以从每立方米的空气中吸收20mg的二氧化硫。同时，通过绿化建筑周围的环境，可以吸附空气中的尘埃和有害物质，并且可以防风固沙，净化空气。

（二）绿化可减少建筑能耗

建筑周围的温度和湿度是影响人体热舒适感的主要因素，如周围空气的温度较高，皮肤温度就会升高，体内与体表温度梯度就会减小，从而影响人体的热舒适感；相对湿度越高，空气中水蒸气分压力越大，人体的汗液蒸发量减少，从而增加空气对人体的热作用。众所周知，不同的地表状况会对建筑物周围的微气候（尤其是温度和湿度）产生很大的影响。以正确方式布置的植被在盛夏的烈日下可形成自然的阴凉，同时还能使室内靠窗部分的光强度降低，减少由于太阳辐射而进入室内的热量，减少夏季通过围护结构传入室内的热量，从而减少了夏季空调的冷负荷。国内外大量的实测表明：夏季，绿化水泥地面、草坪、裸地面，由于太阳辐射的作用，表面温度差异较大。这种差异的存在会影响建筑物所处微气候、建筑物室内环境、建筑物的热工状况等，进而影响到建筑物的能耗。影响建筑物能耗的绿化可以分成两种——建筑物绿化和环境绿化。

1.建筑物绿化

建筑物绿化是指对建筑物屋面、外立面的绿化。对建筑物屋面的绿化是指在各类建筑物的屋顶、露台、天台、阳台等上进行造园，种植树木、花卉的统称。夏季，通过植物冠盖，它们叶片的遮阳作用可以减少建筑物对太阳辐射热的吸收，减少通过围护进入室内的热量，释放水蒸气，改善建筑物外表面的热、湿环境，降低建筑空调夏季冷负荷，实现节能；冬季，绿化主要起屏蔽作用，减小风压对建筑物的作用，从而减小冷风渗透耗热量和外表面对流换热损失，减少了耗热量，降低了供热负荷，达到节能目的。日本学者的实验研究表明：如果在平屋顶上种植草坪，与在相同条件下种植草坪的平屋顶相比，可使室内温度降低约7℃。

国内有实测结果表明：当室外空气温度在38℃左右时，没有绿化的建筑物的外表面温度有时最高可达50℃，而有绿化的建筑物外墙面温度为27℃，有绿化建筑物室内温度较无绿化建筑物室内温度低3～5℃，降温效果明显。

2.环境绿化

环境绿化是指建筑物周围一定范围内的地表绿化。环境绿化基本上是大面积的草坪间以灌木为主，道路两侧及广场周边以乔木为主。这种绿化方式的优点在于道路两边的乔灌木可以有效地降低车辆行驶噪声对建筑的影响，草坪满足了人们在林立的楼群之间需要开阔场地的心理需求。绿色植物在光合作用过程中，会吸收和利用大量的太阳辐射能，减少了地面对太阳辐射的吸收，与此同时，绿色植物还会通过蒸腾作用吸收周围空气中的热量，降低了该区域的空气温度、增加空气湿度。有资料显示，相同时刻草坪地表面的温度低于水泥地表面的温度，该差值在2～10℃。裸地与草坪两者温度分布的差别与水泥地和草坪的分布差别类似。相同时刻草坪地表温度明显低于裸地地表的温度，最大时可达12℃左右。同时相关研究表明绿化地面与裸地面、水泥地面相比较，对峰值温度的出现有延迟作用。

（三）绿化可有效地降低噪声

对于声音强大而又嘈杂刺耳或者对某项工作来说不需要或者有妨碍的声音统称为噪声，噪声是声波的一种，它具有声波的一切物理特性。噪声的危害不可忽视，轻则干扰，影响人们的工作和休息，重则使人体健康受到损害。交通噪声是主要的环境噪声源，对于交通噪声的治理是通过声源防治、切断传播途径和受声点防护三个方面入手。从传播途径进行治理，常见的工程方法包括修建声屏障和种植防噪林，但是声屏障造价较高，在降噪目标量不大的情况下，发展绿化带来减小周围环境大气和噪声污染是公认的最经济的方法。随着我国社会主义建设的不断发展，城市中各类工业企业陆续兴建，交通运输日益频繁，城市的噪声强度也在逐渐增大。众所周知，突然的噪声在40dB时，可使10%的人惊醒，达到60dB时，可使70%的人惊醒。植物屏障可以一定程度地阻碍声音的传播，隔离噪声。树木枝叶粗糙不平，是阻挡和吸收噪声的理想物体。植物能够降低噪声主要是因为植物的叶片能将投影到其上面的噪声反射出去，同时，叶片的轻微震动可消耗和减弱很大一部分噪声的能量。有人测定阔叶乔木的树冠。能吸收26%的声波，10m宽的林带可以降低噪声10～20dB。因此，就好像装上了消声器。

（四）生态可持续

在建筑与城市、建筑与景观环境的关系方面，“可持续”性建筑设计所涵盖的领域已经涉及了建筑学、城市规划学、景观建筑等。而在城市发展和建设过程中，必须优先考虑生态问题，并将其置于与经济和社会发展同等重要的地位；同时，还要进一步高瞻远瞩，通盘考虑有限资源的合理利用问题，即我们今天的发展应该是“满足当前的需要又不削弱子孙后代满足其需要之能力的发展”。建筑及其建筑环境在人类对自然环境的影响方面扮演着重要角色，因此，符合可持续发展原理的设计需要在资源和能源的使用效率、对健康的影响、对材料的选择等方面进行综合思考，从而使其满足可持续发展原则的要求。

生态建筑所包含的生态观、有机结合观、地域与本土观、回归自然观等，都是可持续发展建筑的理论建构部分，也是环境价值观的重要组成部分，因此生态建筑其实也是绿色建筑，生态技术手段也属于绿色技术的范畴。

第三节　空间材质与可持续设计

不同的材料会有不同的特性，其质感、光泽、肌理是不一样的，会产生不同的视觉效果。这些材料的质感与其本身的结构是互相关联的。对各种材料色彩、触感、光泽等的正确运用，将在很大程度上影响整个办公空间环境的塑造。

目前，建筑装饰材料品种繁多，无论是天然材料还是人造材料，无论是饰面材料还是骨架材料，都应该对其有一个全面、系统的认识。只有掌握了各种装饰材料的特性，才能在进行办公空间设计时准确恰当地选择材料、合理地运用材料。

材质对于设计方案效果的体现是十分重要的。每个办公空间设计都有不同的主题风格。了解不同材料的特性，尝试采用不同的材料是做好办公空间设计的关键。例如，在同一个办公空间中使用不同的装饰材料，必然带来不同的视觉观感。即使采用同一种材料，如果改变了其组合比例、尺度和色彩的搭配，也会产生不同的室内设计效果。

一、办公空间常用装饰材料的分类

（一）按照使用位置分类

（1）墙面材料。办公空间常用墙面材料包括涂料、砂浆、清水混凝土、壁纸、墙布、木质板、天然石材、人工石材、瓷砖、马赛克、玻璃、织物、软包、金属板及合成材料等。

（2）地面材料。办公空间常用地面材料包括涂料、地毯、石材、陶瓷地砖、实木地板、复合地板、金属板、玻璃等。

（3）天花板材料。办公空间常用天花板材料包括涂料、石膏板、砂浆、清水混凝土、木质板、矿棉板、PVC板、铝合金吊顶板、金属穿孔吸声板、木丝板、纤维板、玻璃、壁纸等。

（二）按照装饰结构分类

（1）饰面材料。办公空间常用饰面材料包括板材、块材、卷材、涂料等。

（2）骨架材料。办公空间常用骨架材料包括基层、龙骨、垫层等。

（3）辅助材料。办公空间常用辅助材料包括黏合剂、防水剂、防火剂、保温材料、吸声材料等。

（三）按照材料的形态分类

办公空间装饰材料按其不同形态可以分为板材、卷材、块材、线材、涂料等。

二、办公空间常用装饰材料的特性

（一）颜色

颜色是每一种材料的基本属性，影响材料颜色的因素有以下三个：

（1）材料本身固有的色彩。

（2）照射在材料上的光的颜色。

（3）人眼睛对光谱的敏感性。

（二）光泽

光泽是材料表面的一种特征。在选择材料的外观时其重要性仅次于颜色。光线照射在物体上，一部分会被反射，另一部分会被吸收。根据材料表面的平整度和通透性的不同，反射分为透射、镜面反射和漫反射。漫反射与材料的表面颜色、肌理等因素有关，而镜面反射则是材料产生光泽的主要原因，光泽就是物体表面反射出来的亮光。物体表面的清晰程度以及光线的强弱对材料的光泽起着决定性作用。

（三）透明性

材料的透明性也是与光线有关的一种特性。既能透光又能透视的物体称为透明体。常见的玻璃大多是透明体，磨砂玻璃和压花玻璃的透明度要弱得多，有些石材也具有透光性，但不透明。

（四）肌理

肌理是由于材料的组成及加工工艺的不同，在材料表面形成的组织纹理结构，有的细致，有的粗糙，有的平整，有的凹凸，有的坚硬，有的疏松。在选择办公空间装饰材料时，要求材料具有一定的表面肌理，以达到特定的装饰效果。例如，不锈钢界面可以根据加工工艺的不同，产生镜面不锈钢、拉丝不锈钢、压花不锈钢、喷砂不锈钢、腐蚀图案不锈钢等不同的肌理效果。

（五）形状规格

办公空间装饰材料除了卷材可以在使用时按照需要剪裁和切割之外，大多数的板材和块材都具有一定的形状和规格，以便于拼装成各种图案和花纹。例如，常用的木板材形状多为矩形，规格多为1200mm × 2400mm；防滑地砖的形状多为正方形，规格多为300mm × 300mm。

（六）图案纹样

无论是天然材料还是人工材料，其表面都会呈现一定的图案和纹样。例如，天然石材的天然花纹、木材的木纹理、人造材料中壁纸的图案、釉面砖的图案、地毯的图案等。

（七）其他特性

装饰材料还具有一些其他性质，如强度、耐水性、抗火性、耐腐蚀性、环保性等，这些特性保证了材料在一些特殊条件下的正常使用。

三、办公空间不同界面材料的应用

（一）墙面常用装饰材料

墙面是办公空间中主要的视觉范围，也是办公空间中材料运用最多、最自由的界面。一般来讲，墙面常采用涂料、石材、墙纸等装饰材料。

1.涂料

与其他的墙面装饰材料相比，涂料具有重量轻、色彩鲜明、调配自由、附着力强、施工简便、省工省材、维修方便、价廉质好以及耐水、耐污染、耐老化等特点。

在应用过程中，可以利用染色石英砂、瓷粒、云母粉等做成彩砂浮雕涂料，还可使用喷涂、滚花、拉毛等工艺使墙面涂层产生不同质感和肌理的花纹。

2.石材

石材包括天然石材和人造石材两大类。石材作为墙面装饰材料，具有强度高、硬度好、耐磨等优良性能。办公空间墙面常用天然大理石、天然花岗岩、天然文化石和人造石材来进行装饰。

天然大理石颗粒细腻，硬度较低，呈弱碱性，花纹呈不规则分布。天然大理石在加工成各种板材后可以用于办公空间的墙面、地面、楼梯踏板和台面等部位。天然大理石自然的色彩和花纹，加上打磨和抛光后形成的光洁细腻的表面质感，使之具有极高的装饰性。在办公空间的重要位置，如门厅、大堂等公共活动空间中常被采用。

天然文化石包括板岩、砂岩和石英板等，是地壳运动中形成的天然艺术品。其具有硬度高、抗压好、耐磨性好、吸水率低、耐火耐寒的特点。由于天然文化石多是板状结构，片状纹理是其主要特点。天然文化石色彩丰富，加之独特的纹理和肌理，运用得当会给空间环境增加有趣的情调。在办公空间中，巧妙合理地运用天然文化石，不仅能彰显材质自身的独特魅力，还可以打造出与材质相对应的空间情调。例如，板岩清晰的纹理、细腻的质地、脱俗的气质，可以打造出一种返璞归真的室内风格，锈板绚烂的色彩、多变的图案，具有暖色调的亲和力，延续了大自然的情怀，可以营造出一种悠然自得、轻松的室内氛围；砂岩由于颗粒均匀、质地细腻、结构疏松、吸水率高，具有隔音吸潮、不褪色、防滑等特点，且砂岩不能抛光，从而可以避免反光引起的光污染，能够以一种暖色调打造出素雅、温馨而大气华丽的室内风格。

人造石材是在碎大理石、花岗石颗粒中加入人工黏合剂，经过高压成型、磨光、抛光而成。由于天然石材成本及加工费用较高，现在办公空间墙面装饰常采用人造石材。人造石材不仅具有天然石材自然的纹理和光泽，还具有质量轻、强度高、耐腐蚀、生产工艺简单、成本低、施工方便等优点。人造石材根据使用原料的不同又可分为水磨石、树脂型人造石、复合型人造石、烧结型人造石等。

3.墙纸和壁布

墙纸也是办公空间墙面中使用最广泛的装饰材料，其图案种类繁多、色彩丰富。墙纸通过压花、印花、发泡等工艺可以仿制出许多传统装饰材料的样式。墙纸还具有施工简单、造价低廉、易清洗等优点。

壁布是墙纸的另一种形式，其质感丰腴，在视觉上给人一种温和而亲近的感觉。壁布的表面层材料多为天然物质，质地柔软，对人体无刺激，无味、无毒、吸声、柔韧性能好，装饰效果典雅大方，是目前办公空间常用的一种新型墙面装饰材料。

（二）地面常用装饰材料

办公空间中的地面常采用木材、瓷砖、地毯、环氧自流平涂料等装饰材料。

1.木材

木材质轻强度高，有较强的弹性和韧性，易于加工和表面涂饰，特别是木材的天然木纹给人以自然温暖的视觉感受，这是其他工业材料无法比拟的。作为办公空间中的地面材料，木质地板一般分为实木地板、竹木地板和复合强化地板等。复合强化地板由于既具有实木地板天然的纹理又具有耐火、耐磨、耐虫、价格低廉、施工方便等优点，而成为办公空间中使用最为广泛的地面材料。

2.瓷砖

在办公空间中，作为地面材料的瓷砖正在向大尺寸、多功能、豪华型的趋势发展。已较少使用传统的无釉单色瓷砖，仿古型瓷砖和玻化瓷砖在办公空间中的应用日益广泛。瓷砖地面强度高、抗冲击性好、抗冻性好、耐腐蚀、抗污染、吸水率低、清洁不留痕迹，对于人员流动大而易脏的办公空间是不错的选择。随着加工工艺的提高，瓷砖表面的质感也有了丰富的变化：有亚光的，有粗质肌理的，有光面起伏的，可以根据不同办公空间设计的需求来选择。

3.地毯

地毯是用动物毛、植物麻、人工合成纤维等原料编织加工成的一种地面装饰材料。地毯具有质地柔软、脚感舒适、使用安全、隔热、吸音、防潮等优点。地毯在办公空间中无论是满铺还是局部装饰，都可以达到良好的装饰效果。

纯毛地毯柔软丰满、弹性和保暖性好、脚感非常舒适、图案优美、色彩鲜艳、抗静电、不老化、彰显高贵华美的风格，常用在管理层办公室、会议室等空间。由于纯毛地毯价格昂贵、抗菌性差、清洗不便，一般只用小块做局部装饰之用。

化纤地毯也称为合成纤维地毯，是以化学纤维为原料，用机织法加工成纤维层面再与底料缝合而成。其质地和视觉效果都近似纯毛地毯，又具有耐磨、防火、防污、易清洗等优点，化纤地毯经过特殊工艺处理，静电问题也得到了良好的解决，对需要安静环境的办公空间来说，化纤地毯是非常适合的一种地面装饰材料。

4.环氧自流平涂料

对室内空间清洁度要求高的办公空间来说，可以采用环氧自流平涂料装饰地面。环氧自流平涂料是采用环氧树脂为基础材料，通过添加固化剂而配置成的一种高性能的涂料。其固化后表面平滑无接缝，色彩典雅，不易玷污，可保持地面清洁卫生，并具有防水、耐磨、脚感舒适等优点；但施工时对基层的平整度要求很高，价格不菲。环氧自流平涂料还可以制作出亚光效果的地面，广泛应用于办公空间之中。

（三）天花板常用装饰材料

天花板采用的装饰材料往往与吊顶结构相结合，常采用质地轻、易成型加工、色彩淡雅的涂料、木材、壁纸等。

除了上述办公空间功能性的界面用材之外，办公空间的门、窗、栏杆、扶手及文化墙等设施也有相对应的材料。例如，石材中的卵石，木材中的防腐木，瓷砖中的马赛克，玻璃中的钢化玻璃和夹层玻璃，金属材料中的金属板、铝板、铝塑板等也是办公空间中经常选用的装饰材料。

四、装修材质与可持续设计

（一）可持续装饰材料应该实现传统基础上的材料置换与重组

这就是说一些生活材料方面的室内设计应用时，我们应该打破以往的常规运用，对这些材料进行功能置换与重组。那么，对室内环境设计来说，设计师就应该在进行方案设计的时候，充分考虑到装饰材料的功能效益、经济效益以及自身价值，要把较多的注意力放在生活材料方面，根据不同的材料肌理与特征来对它们进行合理的应用，从而使得这些千差万别的装饰材料能够营造出风格迥异的空间韵味。比如，室内设计师在进行墙面装饰时，就可以把一些纸质的材料运用上，创造出一片钢筋混凝土环境下的温暖特质。这些生活材料将给予原本冰冷的墙面以原创设计的亮点，还可以把一些生活材料进行错位性的功能设计，不仅可以开拓设计师的设计灵感，还可以开拓出装饰材料的新设计空间，通过这些材料的置换与重组，营造出不同凡响的室内氛围。

（二）可持续装饰材料应该对一些废弃木材进行重新拼贴或重构

这就是说室内设计师们可以采用一些软木或废旧的木材来进行单个形体的重复、拼贴或重构，可以按照这些材料在不同方向或长短方面的变化进行一定的规律组合，利用这些材料的视觉特性差异表达出一种不同的图形效果，可以感受到其中不同的形式美感。因此，室内设计师应该把一些废旧的木材块子进行深加工，让它们具有天然肌理和色彩等，并对它们进行独特的排列组合，从而形成一种丰富多彩的表面质感，营造出新颖的视觉体验。

（三）可持续装饰材料

可持续装饰材料还应该使用诸如石、砖、土、木等原生态材料来再现室内设计的自然形态。这就是说室内设计师应该把一些具有不同质感的原生态材料进行对比使用，让它们通过自身的表面肌理来形成一些复杂且奇特的自然纹样，从而使得室内设计过程中有着依托于这些原生态材质的表现手法，无论是细腻还是粗糙的可持续装饰材料，室内设计师都应该进行硬与软、冷与暖、光泽与透明的不同对比性设计，让室内空间环境里表现出可以模拟性的自然形态，并不断丰富室内空间的视觉感受，让处于其中的人们可以获得不同的室内空间精神享受。此外，室内设计师还可以对一些如植物、竹、木等可持续装饰材料进行空间置换重组与材料“运动”性体现，让这些材料在室内空间里产生一种强烈的动感，并使用枯枝等材料进行解构与转换，让人们形成一种不同的视觉感知，通过秸秆、甘蔗渣等进行可持续材料的创新设计，不仅可以对这些材料进行废物利用，还可以让室内设计体现出不同的氛围，做到了环境的绿色环保。

总之，可持续装饰材料在当前的室内设计中已经成为一种新的设计时尚和设计语言，室内设计师应该遵循这种新的设计发展趋势和设计理念，尽可能地采用可持续性的装饰材料进行室内设计，不仅可以要更好地保护好室内环境，还要最大限度地体现出室内设计的新颖性和创新性，让人居室内环境具有美感、功能与生态的高度统一性。

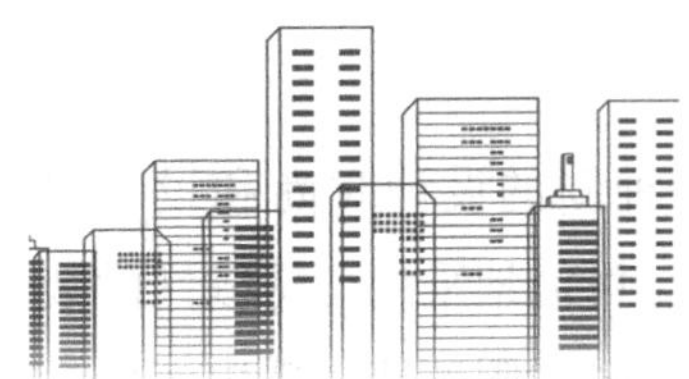

第五章　装配式钢结构体系

随着我国国民经济的发展，我国钢材的产量和产业规模近几十年来一直稳居世界前列，2015年我国年钢产量已突破8亿吨，钢结构产量已达到约5000万吨，也相继建成了一大批具有世界领先水平的钢结构标志性工程，如以国家体育场为代表的城市体育项目，以国家大剧院为代表的剧院文化项目，以北京银泰中心为代表的超高层建筑等。但从客观角度来看，我国钢结构的发展依然十分滞后，“十二五”期间钢结构用钢量占钢产量的比例不到6%，且钢结构建筑面积在总建筑面积中的比例不到5%，远远低于发达国家水平；从全球范围来看，绿色化、信息化和工业化是建筑产业发展的必然趋势，钢结构建筑具有绿色环保、可循环利用、抗震性能良好的独特优势，在其全寿命周期内具有绿色建筑和工业化建筑的显著特征，应该说在我国发展钢结构空间巨大。

2015年11月，李克强总理主持召开国务院常务工作会议，明确指出“结合棚改和抗震安居工程等，开展钢结构建筑试点，扩大绿色建材等的使用”；2016年3月，李克强总理在《政府工作报告》中提出，“大力发展钢结构和装配式建筑，提高建筑工程标准和质量”，推动产业结构的调整升级。推广应用钢结构，不仅可以提高建设效率、提升建筑品质、低碳节能、减少建筑垃圾的排放，符合可持续发展的要求，还能化解钢铁产能过剩，推动建筑产业化发展，促进建筑部品更新换代和提档升级，具有重大的现实意义。

从定义上来看，钢结构建筑是指建筑的结构系统由钢部（构）件构成的建筑；就结构体系而言钢结构天生具有装配式的特点，组成结构系统的梁、柱、支撑等构件均是在工厂加工制作，现场安装而成的；但仅仅因为结构体系的装配化就认为钢结构建筑是装配化建筑，这个观点是不充分的。因为建筑的装配化绝非单一结构构件装配的简单要求，而是对整体的构配件生产的配套体系和现场装配化程度的综合要求。与传统钢结构建筑相比，装配化钢结构建筑更加强调设计的模数化和工厂的预制化，不论是结构系统还是外围护系统、设备和管线系统和内装系统，整个建筑过程中的主要部分都应采用预制部品构件集成；更加强调部品件安装的整体化和集成化，如整体式厨房和整体式卫生间，以及设备管道的科学集成和模块化安装，以实现建筑过程的一体化；更加强调管理系统的信息化和建筑工人的技术化，通过信息化的科学管理和专业化技术操作，来保证装配式建筑的施工质量，从传统建筑粗犷化的生产模式转变为装配式建筑精细化的生产模式，促进建筑产业的优化和升级。

本章主要结合目前钢结构建筑常用的结构体系类型，考虑装配化建筑的特点，对钢框架结构体系、钢框架–支撑（延性墙板）结构体系以及钢束筒结构体系等进行拆分和研究，以推动装配式钢结构建筑在工程中的应用和推广。

第一节　装配式钢框架结构

钢框架结构的主要结构构件为钢梁和钢柱，钢梁和钢柱在工厂预制，在现场通过节点连接形成框架。一般情况下，框架结构的钢梁与钢柱采用栓焊连接或全焊接连接的刚性连接，以提高结构的整体抗侧刚度；为减少现场的焊接工作量，防止梁与柱连接焊缝脆断，加大结构的延性，在有可靠依据的情况下，也可采用全螺栓的半刚性连接。

装配式钢框架结构的部件，如钢梁、钢柱、外墙、内墙、楼梯等均为预制构件，楼板采用的是钢筋桁架楼承组合板，除了楼板面层需现浇外，现场再无大面积的湿作业施工，装配化程度高。

一、装配式钢框架的布置原则和适用范围

为方便框架梁柱的标准化设计以及提高建筑结构的抗震性能，同时综合考虑建筑使用的功能性、结构受力的合理性以及制作加工和施工安装的方便性等因素，装配式钢框架结构一般的布置原则如下。

（1）钢框架建筑的平面尽可能采用方形、矩形等对称简单的规则平面；考虑到外墙板设计应少规格多组合以减少墙板模具的费用，以及钢构件本身的通用性和互换性，建筑户型平面尺寸布置应尽量以统一的建筑模数为基础，形成标准的建筑模块。

（2）框架柱网的布置，应尽可能采用较大柱网，减少梁柱节点数量，在建筑空间增大、平面布置更加灵活的同时，实现安装节点少、施工速度快，有利于装配化的进程。多层钢结构的柱距一般宜控制在6~9m的范围。

（3）布置框架梁时应保证每根钢柱在纵横两个方向均有钢梁与之可靠连接，以减少柱的计算长度，保证柱的侧向稳定；并应有目的地将较多的楼盖自重传递至为抵抗倾覆力矩而需较大竖向荷载与之平衡的外围框架柱。

（4）次梁的布置，应考虑楼板的种类和经济跨度、建筑降板需求以及隔墙厚度和布置等因素，尽可能少布置次梁，次梁的间距一般宜控制在2.5~4.5m的范围。

以内廊式建筑的结构平面布置为例，说明钢结构的布置优势。一般情况下，若做成混凝土框架结构时，考虑梁柱的截面取值和房屋净高（特别是走廊处净高）要求，通常布置为三跨，以减小主梁跨度；若做成钢框架结构时，钢结构强度高，适用跨度大，梁柱截面可相应减小，结构布置可改为两跨布置，减少一排框架柱，既方便了构件加工又加快了现场梁柱装配进度，经济合理。

对于钢框架结构，由于钢材的强度高，钢结构框架能有效避免“粗梁笨柱”现象，但也会造成钢框架结构的侧向刚度有限，结构的最大适用高度受到一定的限制，如表5-1所示。

表5-1　钢框架结构房屋的最大高度

抗震设防烈度	6、7度	7度	8度		9度
	（0.10 g）	（0.15 g）	（0.20 g）	（0.30 g）	（0.40 g）
最大高度/m	110	90	90	70	50

实际工程中在抗震区以及风荷载较大的地区，当结构达到一定高度时，梁柱截面尺寸将由结构的刚度控制而不是强度控制，为控制构件的截面尺寸和用钢量，钢框架结构一般不超过18层。

二、装配式钢框架结构的构件拆分

钢结构的受力钢构件均是在钢构厂加工，现场通过螺栓连接或焊接连接成整体。钢构件在工厂的加工拆分原则主要考虑受力合理、运输条件、起重能力、加工制作简单、安装方便等因素；钢结构的楼板、外墙板及楼梯等构件的拆分则应根据构件的种类，遵循受力合理、连接简单、标准化生产、施工高效的原则，在方便加工和节省成本的基础上，确保工程质量。

装配式钢框架结构的钢框架柱、钢梁、楼板、外墙板、楼梯等构件的拆分详述如下。

（一）钢框架柱的拆分

钢框架柱一般按2~3层进行分段作为一个安装单元，在运输和吊装能力许可的情况下，对于层高不高的住宅建筑，也可按4层进行分段，分段位置通常设置在楼层梁顶标高以上1.2~1.3m，以方便现场工人进行柱的拼接。在设计时为避免梁柱在工地现场的节点连接，可在柱边设置悬臂梁段，悬臂梁段与柱之间采用工厂全焊接连接，则柱拆分时是带有短梁头的。这种拆分可将梁柱的节点连接转变为梁与梁的拼接，有效避免了强节点的验算，梁端内力传递性能较好且现场操作方便，设计和施工均相对简单，短悬臂梁段的长度一般为柱边外2倍梁高及梁跨度1/10的较小值。但由于带短梁头的柱运输、堆放、吊装和定位都比较困难，同时梁端的焊接性能也直接影响节点的抗震性能，1995年的阪神地震表明悬臂梁段式连接的梁端节点破坏率是梁腹板螺栓连接时的3倍，因此目前钢框架工程中以不带悬臂梁的柱拆分较为常见。

（二）钢梁的拆分

钢框架主梁一般按柱网拆分为单跨梁，钢次梁以主梁间距为单元划分为单跨梁。

（三）楼板的拆分

为满足工业化建造的要求，钢结构中楼板所用的类型主要有钢筋桁架楼承板组合楼板和桁架钢筋混凝土叠合板等。

钢筋桁架楼承板是将楼板中的钢筋在工厂加工成钢筋桁架，并将钢筋桁架与镀锌钢板在工厂焊接成一体的组合模板。施工中，可将钢筋桁架楼承板直接铺设在钢梁上，底部镀锌钢板可做模板使用，无须另外支模及架手架，同时也减少了现场钢筋绑扎工程量，既加快了施工进度，又保证了施工质量。但当钢筋桁架楼承板的底板采用镀锌钢板时，楼板板底的装修（抹灰粉刷）存在一定的困难，所以带镀锌底板的钢筋桁架楼承板一般多用在有吊顶的公建中；当用在住宅中时，可结合节能计算先在楼承板的板底敷设一层保温板，再进行粉刷。

钢筋桁架楼承板的宽度一般为576mm或600mm，长度可达12m，在设计时一般沿楼板短边受力方向连续铺设，将钢筋桁架楼承板支撑在长边方向的钢梁上，然后绑扎桁架连接钢筋，支座附加钢筋和板底分布钢筋，浇筑混凝土形成钢筋桁架楼承板组合楼板。

桁架钢筋混凝土叠合板是利用混凝土楼板的上下层纵向钢筋与弯折成形的钢筋焊接，组成能够承受荷载的桁架，结合预制混凝土底板，形成在施工阶段无须模板、板底不加支撑能够承受施工阶段荷载的楼板。桁架钢筋混凝土叠合板的预制底板厚度一般为 60mm，后浇的混凝土叠合层一般不小于 70mm，考虑到铺设管线的方便，一般不小于 80mm。在进行楼板拆分设计时，预制混凝土底板应等宽拆分，尽量拆分为标准板型。单向叠合板在拆分设计时，预制底板之间采用分离式接缝，拼缝位置可任意设置；双向叠合板在拆分设计时，预制底板之间采用整体式接缝，接缝位置宜设置在叠合板受力较小处。

（四）外墙板的拆分

目前，民用钢结构外墙板应用较多的主要为蒸压加气混凝土外条板和预制混凝土夹心保温外墙板。蒸压加气混凝土条板应用在居住建筑中通常的布置形式为竖板安装，采取分层承托方式，因此应分层进行排板，条板的宽度一般为600mm，为避免材料浪费，在建筑设计时，开间尺寸应尽量符合300mm模数要求，窗户与墙体的分割也宜考虑条板的布板模数。

预制混凝土夹心保温外墙板拆分时高度通常不超过一个层高，在每层范围内墙板尺寸的确定应综合考虑建筑立面、结构布置、制作工艺、运输能力以及施工吊装等多方面的因素，同时为节省工厂制作的钢模费用，墙板拆分时应尽量符合标准化要求，以少规格、多组合的方式实现建筑外围护体系。相对来说，预制混凝土夹心保温外墙板应用在钢结构上，存在自重偏大、与主体钢结构构件的构造连接不够成熟等问题，研发轻质的预制混凝土夹心保温外墙板以及合理的连接构造措施是大力推广预制混凝土夹心保温外墙板在钢结构工程中应用的前提和基础。

（五）楼梯的拆分

装配式钢结构的楼梯可采用预制钢楼梯或预制混凝土楼梯。预制钢楼梯一般为梁式楼梯，楼梯踏步上宜铺设预制混凝土面层；预制混凝土楼梯一般为板式楼梯。楼梯在设计时通常以一排楼梯作为一个单元进行拆分，钢楼梯自重轻，一般带平台板拆分；混凝土楼梯自重较大，拆分时是否带有平台板应根据吊装能力确定。为减少混凝土楼梯刚度对主体结构受力的影响，装配式混凝土楼梯与主体钢结构通常采用柔性连接，楼梯和主体结构之间不传递水平力，而钢楼梯由于其刚度较小与主体结构的连接通常采用固定式连接。

三、装配式钢框架结构的设计要点

装配式钢框架结构设计应满足现行国家标准《钢结构设计规范》《建筑抗震设计规范》《高层民用建筑钢结构技术规程》《装配式钢结构建筑技术标准》等要求。在设计中，为尽量减少工地现场的焊接工作量和湿作业，提高施工质量和装配程度，在规范的基础上结合最新的研究成果，提出一些需要注意的设计要点。

（一）梁柱节点的连接

为保证结构的抗侧移刚度，框架梁与钢柱通常做成刚接，满足强节点弱杆件的设计要求；梁柱连接节点的承载力设计值，不应小于相连构件的承载力设计值；梁柱连接节点的极限承载力应考虑连接系数大于构件的全塑性承载力，《高层民用建筑钢结构技术规程》

（JGJ99—2015）对钢框架抗侧力结构构件的连接系数要求如表5-2所示。与《建筑抗震设计规范》（GB50011—2010）相比，对构件采用Q345钢材的梁柱连接的连接系数值略高；对箱型柱和圆管柱的柱脚连接系数值略低。要求箱型柱的柱脚埋深不小于柱宽的2倍，圆管柱的埋深不小于柱外径的3倍。

表5-2　钢构件的连接系数

母材牌号	梁柱连接		支撑连接、构件拼接		柱脚	
	母材破坏	高强螺栓破坏	母材或连接板破坏	高强螺栓破坏		
Q235	1.40	1.45	1.25	1.30	埋入式	1.2（1.0）
Q345	1.35	1.40	1.20	1.25	外包式	1.2（1.0）
Q345GJ	1.25	1.30	1.10	1.15	外露式	1.0

注：括号内的数字用于箱型柱和圆管柱。

考虑建筑空间和使用要求，梁柱连接形式一般为内隔板式或贯通隔板式。内隔板式常用于焊接钢管柱，贯通隔板式用于成品钢管柱。对节点区设置有横隔板的梁柱连接计算时，弯矩由梁翼缘和腹板受弯区的连接承受，剪力由腹板受剪区的连接承受。工程中为满足节点计算的强连接要求，必要时梁柱可采用加强型连接或骨式连接，以达到大震作用下梁先产生塑性铰并控制梁端塑性铰的位置的目的，避免节点翼缘焊缝出现裂缝和脆性断裂。另外需要注意的是，与同一根柱相连的框架梁，在设计时应合理选择梁翼缘板的宽度和厚度，使节点四周的钢梁高度尽量统一或相差在150mm（＜150mm）范围内，满足节点区设置两块隔板的传力条件，否则需设置三块隔板，加大构件制作的工作量。

为减少现场的焊接工作量，避免焊接引起的热影响对构件的不利影响，当有可靠依据时，梁柱也可采用连接件加高强螺栓的全螺栓连接，如外套筒连接、外伸端板连接或短 T 型钢连接等，其中外套管连接首先要将四块钢板围焊、与柱壁塞焊接后，再将梁柱通过高强螺栓和连接件连接，在工程中已有应用；外伸端板加劲连接是《装配式钢结构建筑技术标准》推荐的全螺栓节点连接；而短 T 型钢加劲连接是刚度较大的全螺栓节点连接。这种全螺栓的连接方式由于连接本身不是连续的材料，在节点受力过程中，各单元之间会产生相互的滑移和错动，节点连接的刚度和连接件厚度、柱壁厚度、高强螺栓直径和节点的加劲措施等因素相关。美国 AISC-LRFD 规范认为完全约束的刚性节点应满足连接刚度与梁的刚度比值不小于 20 的条件，当节点连接的刚度不能满足刚性连接的刚度要求时，在设计时应对半刚性螺栓连接节点预先确定连接的弯矩 - 转角特性曲线，以便考虑连接变形的影响。同时由于钢管柱为封闭截面，为实现螺栓的安装，必须在节点区域柱壁上预先开设直径较大的安装孔，待螺栓安装完毕后再将安装孔补焊好；或采用具有单侧安装、单边拧紧功能的单边螺栓，现阶段工程中应用较多的单边螺栓主要产自美国、英国或澳大利亚等国家。

（二）主次梁的连接

次梁与主梁之间一般采用铰接连接，次梁与主梁仅通过腹板螺栓连接；当次梁跨度大、跨数较多或荷载较大时，为减少次梁的挠度，次梁与主梁可采用栓焊刚性连接；次梁与主梁也可采用全螺栓连接。当主次梁高度不同时，应采取措施保证次梁翼缘力的传递，如设置纵向加劲肋或设置变高度短牛腿；对于仅一侧设有刚接次梁的主梁，应增设一定的加劲肋来考虑次梁对主梁产生的扭转效应。对于两端铰接的钢次梁，在设计时可考虑楼板的组合作用，将次梁定义为组合梁，节省用钢量，按组合梁设计时应注意钢梁上翼缘栓钉的设计要求。

（三）楼板与钢梁的连接

为保证楼板的整体性以及楼板与钢结构连接的可靠性，楼板与钢结构之间可通过设置抗剪连接件连接。当梁两侧的楼板标高不一致需要降板处理时，可在降板一侧的梁腹板上焊角钢。较为典型的两种连接做法，分别为单向板铺板不到支座的构造做法，以及单向板非受力边和双向板搭接的构造做法，单向板受力方向的支座连接同双向板支座构造。

（四）外墙板与主体结构的连接

外墙板与主体结构的连接应构造合理、传力明确、连接可靠，并有一定的变形能力，能和主体结构的层间变形相协调，不应因层间变形而发生连接部位损坏失效的现象。

预制混凝土夹心保温外墙板与主体结构一般采用外挂柔性连接，常用的外挂柔性连接方式一般为四点支承连接（包括上承式和下承式），连接件的设计应综合考虑外墙板的形状、尺寸以及主体结构层间位移量等因素确定，具体的连接构造大都是预制混凝土夹心保温板生产企业自主研发的，现有的国家规范和图集还未给出统一的构造措施。

蒸压加气混凝土外墙板与主体结构的连接可采用内嵌式、外挂式和内嵌外挂组合式等形式。一般来说，分层外挂式传力明确，保温系统完整闭合；内嵌式能最大限度地减少钢框架露梁、露柱的缺点，但需要处理钢梁柱的冷（热）桥问题。

（五）钢柱与基础的连接

对抗震设防为6、7度地区的多层钢框架结构，采用独立基础时，结构柱脚的设计一般选择外包式刚接柱脚。当基础埋深较浅时，钢柱宜直接落在基础顶面，基础顶面至室外地面的高度应满足2.5倍钢柱截面高度的要求；当基础埋层较深时，为节省用钢量，可将基础做成高承台基础，抬高钢柱与承台的连接位置。外包式钢柱脚锚在基础承台上，基础承台的设计应满足刚度和平面尺寸要求，承台柱抗侧刚度不小于钢柱的2倍，钢柱底板边距承台边的距离不小于100mm。

（六）预制阳台板、空调板与主体结构的连接

鉴于钢结构构件装配连接的特点，可以很方便地实现悬挑次梁与主梁和钢柱的刚性连接，因此在钢结构建筑中，阳台板一般可与楼板同时铺设施工，无须预制。当采用预制阳台板时，与预制空调板类似，可首先通过预留钢筋与主体结构的楼板钢筋绑扎连接或焊接连接，然后浇筑混凝土与主体结构连为整体。

（七）其他需注意的设计要点

（1）考虑经济性和施工的方便性，钢框架结构的设计一般层数不多，对高度不超过50m的纯钢框架结构，多遇地震计算时，阻尼比可取0.04，风荷载作用下的承载力和位移分析，阻尼比可取0.01，有填充墙的钢结构可取0.02，舒填度分析计算时，阻尼比可取0.01~0.015。

（2）为防止框架梁下翼缘受压屈曲，《建筑抗震设计规范》要求梁柱构件受压翼缘应根据需要在塑性区段设置侧向支撑杆即隅撑，当钢筋混凝土楼板与主梁上翼缘有可靠连接时，只需在主梁下翼缘平面内距柱轴线1/8~1/10梁跨处设置侧向隅撑。

实际工程中，由于建筑使用以及室内美观的要求通常会限制侧向支撑（隅撑）的设置。对明确不能设置隅撑的框架梁，首先可对钢梁受压区的长细比以及受压翼缘的应力比进行验算，若长细比 $\lambda_y \leqslant 60\sqrt{235/f_y}$ ，或应力比$\sigma/f \leqslant 0.4$，则不设置侧向隅撑，否则可采用在梁柱节点框架梁塑性区范围内增设横向加劲肋的措施来代替隅撑。

（3）考虑P-Δ重力二阶效应，为保证钢框架的稳定性，钢框架结构的刚度应满足下式要求。

$$D_i \geqslant 5\sum_{j=i}^{n} G_j / h_i (i=1,2,\cdots,n) \qquad (5\text{-}1)$$

式中：D_i——第i楼层的抗侧刚度，kN/mm。可取该层剪力与层间位移的比值。

h_i——第i楼层层高。

G_j——第j楼层重力荷载设计值，kN。取1.2倍的永久荷载标准值与1.4倍的楼面可变荷载标准值的组合值。

对组合框架，考虑钢管内混凝土开裂而导致的刚度折减，建议在设计时组合框架的刚度满足$D_i \geqslant 7.5\sum_{j=i}^{n} G_j / h_i$的要求。

（4）对于结构框架梁的梁端弯矩一般不进行调幅设计，调幅系数取值1.0；但除却与支撑斜杆相连的节点、柱轴压比不超过0.4的节点以及柱所在楼层的受剪承载力比相邻上一层的受剪承载力高出25%的节点，钢框架节点处也应满足“强柱弱梁”原则。在工程设计中，应注意柱距的布置宜均匀，避免因柱距过大导致梁截面尺寸过高、在柱截面尽量统一的原则下，“强柱弱梁”难以实现的现象。

（5）当框架柱采用矩形钢管混凝土柱时，应注意需按空矩形钢管进行施工阶段的强度、稳定性和变形验算。施工阶段的荷载主要是混凝土的重力和实际可能作用的施工荷载。

第二节　装配式钢框架-支撑（延性墙板）结构体系

一、结构体系分类

钢框架–支撑（延性墙板）体系是指沿结构的纵横两个方向或者其他主轴方向，根据侧力的大小布置一定数量的竖向支撑（延性墙板）所形成的结构体系。

（一）钢框架–支撑结构体系

钢框架–支撑结构的支撑在设计中可采用中心支撑、屈曲约束支撑和偏心支撑。

1.中心支撑

中心支撑的布置方式主要有十字交叉斜杆、人字形斜杆、“V”字形斜杆或成对布置的单斜杆支撑等。“K”字形支撑在抗震区会使柱承受比较大的水平力，很少使用。

中心支撑体系刚度较大，但在水平地震作用下支撑斜杆会受压屈曲，导致结构的刚度和承载力降低，且支撑在反复荷载作用下，内力在受压和受拉两种状态下往复变化，耗能能力较差。因此，中心支撑一般适用于抗震等级为三、四级且高度不超过50m的建筑。

2.屈曲约束支撑

屈曲支撑的布置原则同中心支撑的布置原则类似，但能有效提高中心支撑的耗能能力。

屈曲约束支撑的构造主要由核心单元、无黏结约束层和约束单元三部分组成。核心单元是屈曲约束支撑中的主要受力构件，一般采用延性较好的低屈服点钢材制成，约束单元和无黏结约束层的设置可有效约束支撑核心单元的受压屈曲，使核心单元在受拉和受压下均能进入屈服状态。在多遇地震或风荷载作用下，屈曲约束支撑处于弹性工作阶段，能为结构提供较大的侧移刚度，在设防烈度与罕遇地震作用下，屈曲约束支撑处于弹塑性工作阶段，具有良好的变形能力和耗能能力，对主体结构的破坏起到保护作用。

3.偏心支撑

偏心支撑的布置方式主要有单斜杆式、“V”字形、人字形或门架式等。偏心支撑的支撑斜杆至少有一端与梁连接，并形成消能梁段，在地震作用下，采用偏心支撑能改变支撑斜杆与耗能梁段的屈服顺序，利用消能梁段的先行屈服和耗能来保护支撑斜杆不发生受压屈曲或者屈曲在后，从而使结构具有良好的抗震性能，对高度超过50m以及抗震等级为三级以上的建筑宜采用偏心支撑。

（二）钢框架–延性墙板结构体系

钢框架–延性墙板结构体系中的延性墙板主要指钢板剪力墙和内藏钢板支撑的剪力墙等。

1.钢板剪力墙

钢板剪力墙是以钢板为材料填充于框架中承受水平剪力的墙体，根据其构造分为非加劲钢板剪力墙、加劲钢板剪力墙、防屈曲钢板剪力墙以及双钢板组合剪力墙等形式。非加劲钢板剪力墙在设计时，可利用钢板屈曲后的强度来承担剪力，但钢板的屈曲会造成钢板墙的鼓曲变形，且在反复荷载作用下鼓曲变形的发生及变形方向的转换将伴随着明显的响声，影响建筑的使用功能，因此非加劲钢板剪力墙主要应用在非抗震及抗震等级为四级的高层民用建筑中。对设防烈度为7度及以上的抗震建筑，通常在钢板的两侧采取一定的防屈曲措施，来增加钢板的稳定性和刚度，如在钢板的两侧设置纵向或横向的加劲肋形成加劲钢板剪力墙，或在钢板的两侧设置预制混凝土板形成防屈曲钢板剪力墙。

在加劲钢板剪力墙中，加劲肋的布置方式主要取决于荷载的作用方式，其中水平和竖向加劲肋混合布置，使剪力墙的钢板区格宽高比接近于1的方式较为常见；当有多道竖向加劲肋或水平向和竖向加劲肋混合布置时，考虑到竖向加劲肋需要为拉力带提供锚固刚度，宜将竖向加劲肋通长布置。防屈曲钢板剪力墙中的预制混凝土板的设置除了能向钢板提供面外约束外，还可以消除纯钢板墙在水平荷载作用下产生的噪声。在设计时预制混凝土板与钢板剪力墙之间按无黏结作用考虑，且不考虑其对钢板抗侧力刚度和承载力的贡献。为了避免混凝土板过早地发生挤压破坏，提高防屈曲钢板剪力墙的变形耗能能力，混凝土板与外围框架之间应预留一定的空隙，预制混凝土板与内嵌钢板之间一般通过对拉螺栓连接，连接螺栓的最大间距和混凝土板的最小厚度是确定防屈曲钢板剪力墙承载性能的主要参数。在设计时相邻螺栓中心距离与内嵌钢板厚度的比值不宜超过100；单侧混凝土盖板的厚度不宜小于100mm，以确保有足够的刚度向钢板提供持续的面外约束。

双钢板混凝土组合剪力墙是由两侧外包钢板、中间内填混凝土和连接件组合成整体，共同承担水平及竖向荷载的双钢板组合墙，钢板内混凝土的填充和连接件的拉结能有效约束钢板的屈曲，同时钢板和连接件对内填混凝土的约束又能增强混凝土的强度和延性，使得双钢板组合剪力墙具有承载力高、刚度大、延性好、抗震性能良好等优点。双钢板混凝土组合墙中连接件的设置对保证外包钢板与内填混凝土的协同工作和组合墙的受力性能具有至关重要的作用。目前依据国内外研究成果，《钢板剪力墙技术规程》（JGJ/T380—2015）针对双钢板混凝土组合剪力墙，推荐的连接件构造主要有对拉螺栓、栓钉、“T”形加劲肋、缀板以及几种连接件混用的方式等。

为保证连接件的工程可行性，如栓钉的可焊性和螺栓的可紧固性，《钢板剪力墙技术规程》（JGJ/T380—2015）要求外包钢板厚度不宜小于10mm。

2.内藏钢板支撑的剪力墙

内藏钢板支撑的剪力墙是以钢板支撑为主要抗侧力构件，外包钢筋混凝土墙板的构件。混凝土墙板的设置主要用来约束内藏的钢板支撑，提高内藏钢板支撑的屈曲能力，从而提高钢板支撑抵抗水平荷载作用的能力，改善结构体系的抗震性能，在设计时支撑钢板与墙板间应留置适宜的间隙，沿支撑轴向在钢板和墙板壁之间的间隙内均匀地设置无黏结材料；同时混凝土墙板在设计时不考虑其承担竖向荷载，因此其与周边框架仅在钢板支撑的上下端节点处与钢框架梁相连，其他部位与钢框架梁柱均不相连，且与周边框架梁柱间均留有空隙，由于空隙的存在，小震作用下混凝土板不参与受力，只有钢板支撑承担水平荷载，混凝土板只起抑制钢板支撑面外屈曲的作用，在大震作用下结构发生较大变形，混凝土板开始与外围框架接触，随着接触面的加大，混凝土板逐渐参与承担水平荷载作用，起到抗震耗能的作用，从而提高整体结构的抗震安全储备。在设计时墙板与框架间的间隙量应综合墙板的连接构造和施工等因素确定，最小的间隙应满足层间位移角达1/50时，墙板与框架在平面内不发生碰撞，且墙板四周与框架之间的间隙，宜用隔音的弹性绝缘材料填充，并用轻型金属架及耐火板材覆盖。

二、装配式钢框架–支撑（延性墙板）结构的布置原则和适用范围

装配式钢框架–支撑（延性墙板）结构体系中钢框架的布置原则同钢框架体系，根据支撑（延性墙板）类型和受力特点，装配式钢框架–支撑（延性墙板）结构体系中支撑（延性墙板）的布置原则如下。

（1）钢框架–支撑（延性墙板）结构体系中支撑（延性墙板）的平面布置宜规则、对称，使两个主轴方向结构的动力特性接近；同一楼层内同方向抗侧力构件宜采用同类型支撑（延性墙板）。对于支撑结构，若支撑桁架布置在一个柱间的高宽比过大，为增加支

撑桁架的宽度，也可将支撑布置在几个柱间。

（2）钢框架–支撑（延性墙板）结构体系中支撑（延性墙板）的竖向宜沿建筑高度连续布置，并应延伸至计算嵌固端或地下室。当延伸至地下室时，地下部分的支撑可结合钢柱外包混凝土用剪力墙代替。同时支撑的承载力与刚度宜自下而上逐渐减小，设计中可将支撑杆件（延性墙板）的截面尺寸从下到上分段减小。

（3）为考虑室内美观和空间使用要求，支撑（延性墙板）在结构的平面布置上，通常应尽量结合房间分割布置在永久性的墙体内。

（4）对于居住建筑，由于建筑立面处理以及门窗洞口布置等建筑功能的要求，存在设置中心支撑相对比较困难的情况，此时可将支撑斜杆与摇摆柱结合布置，利用摇摆柱来平衡支撑斜杆的竖向不平衡力，避免框架横梁承受过大的附加内力。

（5）屈曲约束支撑的布置方式总体可参照中心支撑的布置，鉴于屈曲约束支撑的构造特点，宜选用单斜杆形、人字形和“V”字形等布置形式，不应选用“X”形交叉布置形式，支撑与柱的夹角宜为30°~60°。

（6）钢板剪力墙与周边框架的连接有四边连接和两边连接两种形式。两边连接能实现钢板剪力墙在一跨内分段布置，便于刚度调整以及门窗洞口的开设，但其承载力和刚度均小于四边连接的形式。

（7）延性墙板为内藏钢板支撑的剪力墙时，内藏钢板支撑的形式宜采用人字支撑、“V”形支撑或单斜杆支撑，且应设置成中心支撑；当采用单斜杆支撑时，应在相应柱间成对称布置。

钢框架–支撑（延性墙板）结构体系中，由于支撑或延性墙板的设置，既能有效增强结构的抗侧移刚度，又在结构体系中承担大部分水平剪力，使房屋的建筑适用高度增大，钢框架–支撑（延性墙板）结构的最大适用高度如表5–3所示。

表5-3　钢框架-支撑结构房屋的最大适用高度/m

结构类型	抗震设防烈度				
	6、7度	7度	8度		9度
	（0.10 g）	（0.15 g）	（0.20 g）	（0.30 g）	（0.4 g）
框架–中心支撑	220	200	180	150	120
框架–偏心支撑（延性墙板）	240	220	200	180	160

三、装配式钢框架–支撑（延性墙板）结构的构件拆分

装配式钢框架–支撑（延性墙板）结构的构件拆分包括钢框架柱、钢框架梁以及支撑和延性墙板的拆分。其他构件的拆分与装配式钢框架结构相同。

（一）钢框架柱的拆分

钢框架柱一般取2~3层为一个安装单元，分段位置在楼层梁顶标高以上1.2~1.3m处。与支撑相连的框架柱拆分时，应带有连接板以及短梁头。

（二）钢框架梁的拆分

钢框架主梁一般是按柱网拆分为单跨梁，只是与支撑相连的框架梁拆分时根据支撑的设置在相应部位应带有连接板。

（三）支撑和延性墙板的拆分

支撑和延性墙板一般按层拆分。单斜杆、人字形、“V”字形的支撑拆分为单个斜杆，交叉形支撑一个方向拆分为单斜杆，另一个方向拆分为两个单斜杆。

四、装配式钢框架–支撑（延性墙板）结构的设计要点

与装配式钢框架结构相比，装配式钢框架–支撑（延性墙板）结构的设计在于支撑与框架结构的连接、延性墙板与框架结构的连接。

（一）支撑与框架结构的连接

钢框架–支撑结构的支撑一般宜采用双轴对称截面，从受力角度支撑与梁柱节点宜设计为铰接连接，但由于铰接连接的精度控制不易实现，工程中支撑与梁柱节点刚接连接较为常见。支撑与框架结构常用的连接方式为焊接或螺栓连接，螺栓连接的现场焊接工作量少，但连接板和螺栓用量偏多，且对构件的加工精度要求高，因此支撑与框架结构的连接采用焊接连接居多。

（二）延性墙板与框架结构的连接

一般情况下，除了双钢板组合剪力墙，钢板剪力墙以及内藏钢板支撑的剪力墙在设计时通常只考虑其承担水平荷载，不承担竖向荷载，因此其与周边框架的连接宜在主体结构封顶后进行；钢板剪力墙与边缘构件（框架梁、框架柱）可采用鱼尾板过渡连接方式。鱼尾板与边缘构件宜采用焊接连接，鱼尾板厚度应大于钢板厚度，钢板剪力墙与鱼尾板可采

用螺栓连接或焊接。对于加劲钢板剪力墙，为避免加劲肋直接承受边缘构件的不利作用，加劲肋与边缘构件不宜直接连接。当非加劲钢板剪力墙与边缘构件采用两边连接时，两侧自由边在受力过程中容易过早出现平面屈曲变形，设计时宜在钢板两自由边设置加劲肋，加劲肋厚度不宜小于剪力墙钢板厚度。

（三）其他设计要点

（1）钢框架–支撑结构在设计时，框架柱采用钢管混凝土柱可节省用钢量以及提高柱防火性能，组合框架–支撑结构多遇地震计算时，高度不大于50m时阻尼比可取0.04，高度大于50m且小于200m时阻尼比可取0.035；罕遇地震下阻尼比可取0.05，风荷载作用下的承载力和位移分析，阻尼比可取0.025，舒适度分析计算时，阻尼比可取0.015。当偏心支撑框架部分承担的地震倾覆力矩大于结构总地震倾覆力矩的50%时，多遇地震的阻尼比可相应增加0.005。当采用屈曲耗能支撑时，阻尼比应为结构阻尼比和耗能部件附加有效阻尼比的总和。

（2）钢框架–支撑（延性墙板）结构体系中，在风荷载和多遇地震作用下，钢支撑、非加劲钢板剪力墙、加劲钢板剪力墙、防屈曲钢板剪力墙的弹性层间位移角不宜大于1/250，采用钢管混凝土柱时不宜大于1/300；双钢板组合剪力墙弹性层间位移角不宜大于1/400。在罕遇地震作用下，钢支撑、非加劲钢板剪力墙、加劲钢板剪力墙、防屈曲钢板剪力墙的弹塑性层间位移角不宜大于1/50；双钢板组合剪力墙弹塑性层间位移角不宜大于1/80。

（3）高度超过60m的钢结构属于对风荷载比较敏感的高层民用建筑，承载力在设计时应采用基本风压的1.1倍；当多栋或群集的高层民用建筑相互间距较近时，还宜考虑风力相互干扰的群体效应，再乘以相应的群风放大系数。

（4）钢结构的抗震等级主要依据抗震设防分类、设防烈度和房屋高度确定，与结构类型无关，所以钢框架–支撑（延性墙板）结构体系中构件的抗震等级一般与结构相同，无须考虑框架和支撑所分担的地震倾覆力矩比例。但为了实现多道防线的概念设计，框架–支撑结构中框架部分按刚度分配计算得到的地震层剪力应乘以调整系数，达到不小于结构总地震剪力的25%和框架部分计算最大层剪力的1.8倍。

（5）框架–支撑结构体系中，可按《钢结构规范》（GB50017—2003）第5.3.3条，根据侧移刚度的大小来判断该框架–支撑结构是否为强支撑框架。若结构该方向为强支撑，那么在该方向框架–支撑结构可按无侧移框架考虑。

（6）考虑P–Δ重力二阶效应，为保证框架–支撑体系中框架部分的稳定性，钢框架结构的刚度应满足下式要求。

$$EJ_d \geqslant 0.7H^2\sum_{i=i}^{n}G_i \qquad (5\text{–}2)$$

式中：EJ_d——结构一个主轴方向的弹性等效侧向刚度。

H——房屋高度。

G_i——第i楼层重力荷载设计值，kN。取1.2倍永久荷载标准值与1.4倍的楼面可变荷载标准值的组合值。

对于组合框架，考虑钢管内混凝土开裂而导致的刚度折减，建议在设计时组合框架的刚度满足$EJ_d \geqslant 1.0H^2\sum_{i=i}^{n}G_i$的要求。

（7）采用人字形和“V”形支撑的框架，框架梁在设计时应考虑跨中节点处两根支撑分别受拉屈服和受压屈曲所引起的不平衡竖向力和水平分力的作用，支撑的受压屈曲承载力和受拉屈服承载力应分别按0.3ϕAf_y和Af_y计算。对于普通支撑，为减少竖向不平衡力引起的梁截面过大，可采用跨层的“X”形支撑或采用拉链柱。但对于屈曲约束支撑，由于约束支撑的构造特点，“X”形支撑难以实现。

（8）防屈曲钢板剪力墙在设计时，混凝土盖板与外围框架预留间隙的大小应根据大震作用下结构的弹塑性位移角限值确定，即：

$$\Delta = H_e\left[\theta_p\right] \qquad (5\text{–}3)$$

式中：$\left[\theta_p\right]$——弹塑性层间位移角限值，可取1/50。

单侧混凝土盖板的厚度不宜小于100mm，且应双层双向配筋，每个方向的单侧配筋率均不应小于0.2%，且钢筋最大间距不宜大于200mm。

（9）双钢板组合剪力墙的墙体两端和洞口两侧应设置边缘构件，边缘构件包括暗柱、端柱或翼墙，边缘构件宜采用矩形钢管混凝土构件。同时在设计时为满足位移角达到1/80时，墙体钢板不发生局部屈曲的目标，双钢板内连接件采用栓钉或对拉螺栓连接件时，距厚比（栓钉或对拉螺栓的间距与外包钢板厚度的比值）限值取$40\sqrt{235/f_y}$；采用“T”形加劲肋时，距厚比限值取$60\sqrt{235/f_y}$。

（10）框架–支撑（延性墙板）结构体系中结构柱脚的设计应结合地下室的布置以及嵌固端的位置确定。无地下室时，对于抗震设防烈度为6、7度地区的房屋，一般结合钢柱的保护优先选择外包式刚接柱脚，以简化设计与施工；当有地下室且上部结构的嵌固端在地下室顶面时，上部结构的钢柱在地下室应至少过渡一层为型钢混凝土柱，地下室地面处的柱脚可不按刚接柱脚进行设计，应根据工程的具体情况采用外包柱脚或钢筋混凝土柱脚。

第三节 装配式钢束筒结构

装配式钢束筒结构是装配式钢筒体结构体系的一种，多用于高层和超高层建筑中。1973年建成的美国西尔斯大厦（Sears Tower）采用了钢束筒结构。

西尔斯大厦总建筑面积约为370000m²，建筑高度443m，共110层，于1974年建成，是当时世界第一高楼。建筑平面由9个尺寸相同的筒体构成，从下而上筒体逐渐由9个减至2个。

束筒的各个筒体在不同高度处截断，形成了一组阶梯形的体量，在使用上满足了较小楼面租赁客户的需要，在外观上从不同角度都能看到变化的景观和天际线，给人以活泼感，在高度上给人以立体感。各筒体用不同组合形式满足了空间和美学两方面不同的需要。

在该建筑中，钢柱每节两层高，并带两侧半跨的裙梁，在工厂制作后运到现场，在半层高度采用高强度摩擦螺栓拼接；钢梁在跨中采用高强度摩擦螺栓拼接；楼板采用压型钢板上浇筑轻质混凝土，压型钢板高度为76mm，上部混凝土厚为63mm。

该建筑结构体系第一周期约8 s，总用钢量约为6.9万吨，单位用钢量约为165 kg/m²。

一、装配式钢束筒结构的特点及适用范围

装配式钢束筒结构是钢筒体结构的一种。通常，钢筒体结构包括框筒、筒中筒、桁架筒、束筒等结构形式，从平面布置来看，筒体结构的共同特点是通过密柱深梁形成翼缘框架或腹板框架，从而成为刚度较大的抗侧力体系。桁架筒的柱距可以稍大一些，通过桁架加强其抗侧刚度。

随着建筑高度的增长，框筒结构、筒中筒结构抗侧刚度很难满足超高层建筑结构的要求，为提高筒体的抗侧刚度，可以将由两个或两个以上的钢框筒紧靠在一起呈束状排列，即形成钢束筒结构。与装配式钢框筒结构、筒中筒结构相比，装配式钢束筒结构的腹板框架数量要多，翼缘框架与腹板框架相交的角柱增多，具有更大的刚度，能够大大减小筒体的剪力滞后效应，且可以组成较复杂的建筑平面形状。

钢束筒结构的布置原则如下：

（1）平面外形宜选用对称图形，如圆形、正多边形、矩形等。

（2）竖向刚度变化宜均匀。

（3）柱距不宜过大。钢束筒的柱距一般不宜超过5m，且钢柱强轴方向应沿筒壁方向

布置。可通过减小筒体柱距提高筒体的抗侧刚度。

（4）筒体裙梁的截面高度不宜过小。一般地，筒体裙梁的截面高度可取柱距的1/4。可通过增大筒体裙梁的截面高度提高筒体的抗侧刚度。

（5）角柱截面面积可取中柱的1~2倍。

由于钢束筒结构的侧向刚度较大，多用于高层和超高层建筑中，最大适用高度如表5-4所示。

表5-4　装配式钢束筒结构的最大适用高度/m

非抗震设计	抗震设防烈度					
	6度	7度（0.1g）	7度（0.15g）	8度（0.2g）	8度（0.3g）	9度（0.4g）
360	300	300	280	260	240	180

高宽比不宜大于表5-5所示。

表5-5　装配式钢束筒结构的最大高宽比

抗震设防烈度	6度	7度	8度	9度
最大高宽比	6.5	6.5	6.0	5.5

二、装配式钢束筒结构的构件拆分

采用装配式钢束筒结构的建筑，一般柱网种类较少，柱距较小，单筒体尺寸一致或种类较少，相比而言，构件拆分设计较简单。构件拆分设计包括对整体建筑设计进行单元构件拆分、构件安装的连接节点设计等。

在装配式钢束筒结构设计中，需要对钢柱、钢梁、楼板、外墙板、楼梯等进行单元拆分，以满足工业化建造的要求。在保证结构安全、受力合理的前提下，构件安装的连接节点设计应遵循施工方便、规格少的原则。

（一）钢柱的拆分

钢束筒结构中钢柱一般是小筒体的竖向构件，拆分一般考虑到加工运输方便、减少连接节点等因素，两层或三层为一节柱。钢柱分为带悬臂梁段和不带悬臂梁段两种，由于钢束筒结构的柱距一般不超过5m，为减少连接节点，在钢柱单元拆分时，以带悬臂梁段的情况居多。

（二）钢梁的拆分

钢束筒结构中的钢梁包括两种：一种是筒体的裙梁，即与筒体钢柱连接的钢梁；另一种是筒体内的楼层梁，这两种钢梁差别较大。筒体裙梁一般跨度较小，不超过5m，且梁高较高，跨高比可达到4或更大，裙梁与钢柱均采用刚接节点。在这种情况下，筒体裙梁一般作为钢柱单元的悬臂梁段，钢柱与钢梁连接部分在工厂加工制作，现场悬臂梁段拼接。

筒体内的楼层梁分为楼层主梁和楼层次梁两种，在一些情况下，仅布置楼层主梁。楼层主梁跨度一般较大，超过10m，与筒体钢柱连接，可以为刚接节点，也可以做成铰接，在超高层结构中，楼层主梁与钢柱连接一般为铰接，以减小钢柱的弱轴向弯矩。楼层次梁与筒体裙梁、楼层主梁连接一般为铰接。拆分时，楼层的主梁一般拆为单跨梁，次梁以主梁间距为单元拆分为单跨梁。

（三）钢支撑的拆分

装配式钢束筒结构中钢支撑较少，一般布置在加强层、腰桁架等位置处。钢支撑可分为柱间支撑、梁间支撑等，柱间支撑一般可按柱间距拆分为单跨支撑，梁间支撑按钢梁间距拆分为单跨支撑，支撑长度要考虑方便加工与运输。

（四）楼板的拆分

装配式钢束筒结构可采用工业化程度高的压型钢板组合楼板、钢筋桁架楼承板组合楼板、预制混凝土组合楼板及预制预应力空心楼板等形式。楼板一般按单向板进行拆分，可采用叠合板、后浇筑、结构胶等方式进行预制楼板的拼装。

（五）围护系统的拆分

装配式钢束筒结构的围护系统分为外墙板和内墙板。

常见的用于装配式钢结构的外墙板有预制混凝土外墙板、轻钢龙骨外墙板、条板、夹心板、建筑幕墙等。预制混凝土外墙板是在预制厂加工制成的加筋混凝土板型构件，自重较大，用于高层和超高层装配式钢束筒结构较少；轻钢龙骨外墙板有TCK“快立墙”墙板、汉德邦CCA系列板、埃特板和金邦板等，一般以轻钢龙骨、水泥、纤维硅酸盐板材等为骨架，以防火板、有机高分子材料、填充岩棉等组成轻质、高强、防火、保温、隔音的复合外墙体，由于其自重轻，常用于高层、超高层钢结构外墙板。常用的条板包括蒸压轻质加气混凝土板、粉煤灰发泡板、轻质复合墙板等，自重较预制混凝土外墙板轻，隔热、隔音、防火性能较好；夹心板包括金属面板夹芯外墙板、钢丝网架水泥夹心板等，自重较轻，抗弯、抗腐蚀、隔热，防火性能好；建筑幕墙以玻璃幕墙、石材幕墙以及两者结合的情况居多，自重轻，在高层和超高层钢结构建筑中应用较多。

外墙板与结构构件连接分为内嵌、外挂或嵌挂组合。外墙板的拆分尺寸应根据建筑立面和钢结构的特点确定，将构件接缝位置与建筑立面划分相对应，既满足了构件的尺寸控制要求，又将接缝构造与立面要求结合起来。受施工和运输条件的限制，外墙板的拆分一般仅限于一个层高和开间，当构件尺寸过长、过高时，结构层间位移对外墙板的内力影响较大。

常见的用于装配式钢结构的内墙板有预制混凝土内墙板、轻钢龙骨隔墙、条板等。预制混凝土内墙板自重较大，隔音和防火性能较好，有实心和空心两种；轻钢龙骨隔墙主要采用木料或轻钢钢材构成骨架，再在两侧做面层，当隔音、隔热要求较高时，在龙骨中间填充岩棉、聚苯板等轻质隔热保温材料，轻钢龙骨隔墙具有重量轻、强度较高、耐火性好、通用性强和施工简便等优点，应用较广；常用的条板包括GRC轻质隔墙板、硅镁隔墙板（GM）、石膏水泥空心板（SGK）、轻质水泥发泡隔墙板、陶粒混凝土墙板（LCP），自重较轻，隔音、防火等性能较好，也得到了广泛应用。

内墙板的拆分一般仅限于一个层高和开间，并应避免构件尺寸过长、过高，否则结构层间位移对内墙板的内力影响较大。

（六）楼梯的拆分

装配式钢束筒结构可采用装配式混凝土楼梯或钢楼梯，楼梯与主体结构采用长圆孔螺栓、设置四氟乙烯板等不传递水平作用的连接形式。

三、装配式钢束筒结构的设计要点

装配式钢束筒结构的设计要点主要包括钢柱的拼接、钢梁的拼接、梁柱连接、主次梁连接、支撑与梁柱连接、楼板连接等。

（一）钢柱的拼接

钢柱现场拼接分为焊接、栓焊连接及螺栓连接三种。一般来说，箱型钢柱采用全熔透焊接，工型钢柱可采用翼缘焊接、腹板螺栓连接的栓焊连接以及翼缘、腹板均采用螺栓连接方式。

（二）钢梁的拼接

装配式钢束筒结构的钢梁拼接是指筒体裙梁的拼接。由于筒体裙梁跨度不超过5m，跨高比较大，一般将筒体裙梁作为悬臂梁段放在钢柱预制单元中，裙梁在跨中现场拼接。当裙梁跨度较大时，裙梁也可分为三段，两端作为悬臂梁段放在钢柱预制单元中，中间拆分为单独梁段，在现场拼接。

裙梁现场拼接一般采用栓焊连接、螺栓连接两种。对于多层结构，一般以螺栓连接居多，高层和超高层建筑结构中，栓焊连接比较常用。拼接位置按裙梁拆分单元一般取悬臂梁段或者跨中。

（三）梁柱连接

梁柱连接分为两种情况：一种是筒体裙梁和钢柱的连接，另一种是楼层梁与钢柱的连接。

筒体裙梁与钢柱的连接视钢柱单元情况而异。当钢柱单元附带悬臂梁段时，梁柱连接在工厂加工制作，一般为焊接，现场为裙梁拼接；当钢柱单元无悬臂梁段时，一般以栓焊为主。

楼层梁与钢柱的连接，一般采用铰接，在现场采用螺栓连接。

（四）主次梁连接

装配式钢束筒结构的主次梁连接，也就是楼层次梁与楼层主梁的连接。主次梁现场连接一般以螺栓连接为主，仅在某些特殊情况下采用栓焊连接。

（五）支撑与梁、柱连接

装配式钢束筒结构很少采用支撑，一般仅用于加强层、腰桁架等位置。现场支撑与梁、柱连接一般以螺栓连接为主，在某些特殊情况下也可采用栓焊连接。

（六）楼板连接

装配式束筒结构可以采用压型钢板组合楼板、钢筋桁架楼承板组合楼板、预制混凝土叠合楼板、预制预应力空心楼板等。一般采用预制薄板上现场浇筑混凝土形成叠合楼板。其中，压型钢板组合楼板、钢筋桁架楼承板组合楼板可采用混凝土现浇，也可采用预制薄板、现场浇筑混凝土的形式；预制混凝土叠合楼板是在钢梁上预制薄板，现场浇筑混凝土形成叠合楼板；预制预应力空心楼板一般也作为预制薄板，现场在预制薄板上浇筑一定厚度的混凝土形成叠合楼板。

预制薄板一般为单向板，单块预制板之间预留胡子筋，以便钢筋搭接，在预制板上现浇混凝土形成叠合楼板。当有可靠措施和依据时，也可采用结构胶对预制板进行接缝处理。

（七）其他设计要点

钢束筒结构梁、柱、支撑可按国家现行相关规范进行设计。需要注意的是，在《高层民用建筑钢结构技术规程》（JGJ99—2015）中，对框筒结构柱轴压比增加了新的要求。

抗震等级为一、二、三级的框筒结构柱，在地震作用组合下的最大轴压比不超过0.75；抗震等级为四级的框筒结构柱，在地震作用组合下的最大轴压比不超过0.80。

第四节　钢结构的防火及防腐措施

一、钢结构防腐措施

钢结构的防腐方法，根据其抗腐蚀原理主要分为使用耐候钢、金属镀层保护、非金属涂层保护、阴极保护以及采取一些如避免出现易于检查、清刷和油漆之处等构造措施。在一般的多高层钢结构建筑中，普遍采用的是涂装非金属保护层。在涂装之前，为改善涂层与基体间的结合力和防腐蚀效果，需采取措施用机械方法或化学方法对基体表面进行处理，以达到涂装的要求。

（一）钢材表面处理

钢材的表面处理是涂装工程的重要环节，其质量好坏直接影响涂装的整体质量，是影响涂层破坏的主要因素，钢结构在涂装前必须进行表面处理。钢材表面处理的主要环节是除锈，钢材除锈处理前，应清除焊渣、毛刺和飞溅等附着物，并应清除基体表面可见的油脂和其他污物。现行国家标准《涂装前钢材表面锈蚀等级和除锈等级》（GB8923）对涂装前钢结构的表面锈蚀程度和除锈质量等给出了明确的评定等级。

未涂装过的钢材表面原始锈蚀程度可分为A、B、C、D四个“锈蚀等级”。

A级：全面覆盖着氧化皮而几乎没有铁锈的钢材表面。

B级：已发生锈蚀，并且部分氧化皮已经剥落的钢材表面。

C级：氧化皮已因锈蚀而剥落，或者可以刮除，并且有少量点蚀的钢材表面。

D级：氧化皮已因锈蚀而全面剥离，并且已普遍发生点蚀的钢材表面。

将未涂装过的钢材表面及全面清除过原有涂层的钢材表面除锈后的质量分为若干个“除锈等级”，用代表除锈方法的字母“Sa”（喷射或抛射除锈）或“St”（手工和动力工具除锈）表示，字母后面的阿拉伯数字表示清除氧化皮、铁锈和油漆涂层等附着物的程度等级，主要分为St2、St3、Sa1、Sa2、Sa2.5、Sa3等六个除锈等级。具体除锈标准如下：St2表示除锈后钢材表面应无可见的油脂与污垢，并且没有附着不牢的氧化皮、铁锈及油漆涂层等附着物；St3表示除锈比St2更为彻底，金属底材显露部分的表面应有金属光泽；Sa1的除锈标准基本同St2；Sa2表示钢材表面无可见的油脂与污垢，并且氧化皮、铁锈及油漆涂层等附着物已基本清除，至少有2/3的面积无任何可见残留物；Sa2.5表示轧制的氧化皮、锈和附着物残留在钢材表面的痕迹应仅是点状或条状的轻微污痕，至少有95%的面积无任何可见残留物；Sa3是使钢材表观洁净的除锈，处理后钢材表面应具有均匀的金属光泽。

钢材表面除锈等级的确定，是涂装设计的重要一环。确定的等级过高会造成人力及财力的浪费，等级过低则会降低涂装质量，起不到应有的防护作用。因此，设计前应综合考虑钢材表面的原始状态、选用的底漆、可能采用的除锈方法、工程造价及要求的涂装维护周期等诸多因素。一般情况下，承重结构不应采用手工除锈的方法，因其质量和均匀度均难以保证，若必须采用时则应严格要求其除锈等级达到St3的要求；工程中对于有抗滑移系数要求的以及采用特殊涂装品种的钢构件应按照Sa2.5等级处理；普通轻钢类普通防锈涂装的钢构件可按照Sa2等级处理。在多高层钢结构中，常选用的除锈等级为Sa2.5级。

（二）防腐涂料的选用

选用防腐涂料时应视结构所处环境、有无侵蚀介质及建筑物的重要性而定。防腐材料一般有底漆、中间漆和面漆之分。底漆是涂装配套的第一层，直接和底材接触，需成膜粗糙，应与底材有良好的附着力和长效防锈性能，附着力的好坏直接影响防腐涂料的使用质量。因此，底漆应选用防锈性能好、附着力强的品种。中间漆主要起阻隔作用，应具有优异的屏蔽功能，增加腐蚀介质到达底材的难度，中间漆涂刷在底漆之上，隔绝底材与水汽和空气接触，起到保护底材不发生氧化反应的作用，同时延长底漆的老化时间，延长底漆寿命，增加中间漆厚度可加强防腐效果且降低成本（中间漆价格相对底漆和面漆较低），涂层整体的厚度主要依赖底漆和中间漆提供。面漆是涂装配套的最后一道涂层，主要起保护和装饰作用，面漆成膜有光泽，能保护底漆不受大气腐蚀，具有良好的耐候、防腐、耐老化和装饰作用，因此，工程中面漆应选用色泽性好、耐久性优良、施工性能好的品种。根据高层钢结构防火要求高的特点，应选用与防火涂料相配套的底漆，大多选用溶剂基无机富锌底漆，因为此种底漆防锈寿命长，且其本身可耐500℃高温。

此外，用于钢结构防腐蚀涂装工程的材料，其质量和材料性能不得低于现行国家标准《建筑防腐蚀工程施工规范》（GB50212）或其他相关标准的规定；涂料的质量、性能和检验要求，应符合现行行业标准《建筑用钢结构防腐涂料》（JG/T224）的规定。同一涂层体系中的各层涂料的材料性能应能匹配互补，并相互兼容结合良好。

（三）防腐涂装设计要点

（1）钢材的表面处理会对钢材表面造成一定的微观不平整度，即表面粗糙度，其对漆膜的附着力、防腐蚀性能和保护寿命有很大的影响，为保证漆膜有效的附着力以及漆膜厚度分布的均匀性，避免由于在不平整波峰处的漆膜厚度不足而引起的早期锈蚀，采用防腐蚀涂料涂装时，构件钢材除锈后表面粗糙度宜为30~75μm，且不应大于涂层厚度的1/3，最大粗糙度不宜超过100μm。

（2）涂层系统应选择合理配套的复合涂层方案，涂层设计时应综合考虑底涂层与基材的适应性，涂料各层之间的相容性和适应性，涂料品种和施工方法的适应性；防腐蚀涂装同一配套中的底漆、中间漆和面漆宜选用同一厂家的产品；涂装工序应满足涂层配套产品的工艺要求，涂装层干漆膜总厚度一般在125~280μm，通常室外涂层干漆膜总厚度不应小于150mm，室内涂层干漆膜总厚度不应小于125μm，允许偏差为−25~0μm。每遍涂层干漆膜厚度的允许偏差为−5~0μm。

（3）钢结构节点构造和连接具有多构（板）件交会、夹角与间隙小和开孔开槽等特点，易积尘、积潮且不易维护，是锈蚀起始的源头，设计时应选择合理的连接构造，提高结构的防护能力。设计时钢结构杆件与节点的构造应便于涂装作业及检查维护；组合构件中零件之间需维护涂装的空隙不宜小于120mm；构件设有加劲肋处，其肋板应切角；构件节点的缝隙、外包混凝土与钢构件的接缝处以及塞焊、槽焊等部位均应以耐腐蚀型密封胶封堵。

（4）工地焊接部位的焊缝两侧宜采用坡口涂料临时保护，坡口涂料是一类含有较高锌粉、具有可焊性能的特种防腐蚀涂料；若采用其他防腐蚀涂料时，宜在焊缝两侧留出暂不涂装区，其宽度为焊缝两侧各100mm，待工地拼装焊接后，对预留部分按构件涂装的技术要求重新进行表面清理和涂装施工。

（5）对于设计使用年限不小于25年、环境腐蚀性等级大于Ⅳ级且其使用期间不能重新涂装的钢结构部位，结构在设计时可根据计算留有适当的腐蚀余量。

二、钢结构防火措施

火灾产生的高温对钢材性能特别是力学性能具有显著的影响。随着温度的升高，钢材的屈服点、弹性模量和承载能力等将会降低，且屈服台阶变得越来越小，在温度超过300 ℃后，已无明显的屈服极限和屈服平台；当温度超过400 ℃后，钢材的屈服强度和弹性模量急剧下降；当温度达到500 ℃时，钢材开始逐渐丧失承载能力。建筑物的火灾温度可达900~1000 ℃，因此，必须采取防火保护措施，才能使建筑钢结构及构件达到规定的耐火极限。

（一）耐火极限

在不同的耐火等级下，我国规范对建筑物各构件的耐火极限做出规定，如表5-6

所示。

表5-6 构件的设计耐火极限（h）

<table>
<tr><th rowspan="3">构件名称</th><th colspan="8">耐火等级</th></tr>
<tr><th colspan="6">单、多层建筑</th><th colspan="2">高层建筑</th></tr>
<tr><th>一级</th><th>二级</th><th colspan="2">三级</th><th colspan="2">四级</th><th>一级</th><th>二级</th></tr>
<tr><td>承重墙</td><td>3.00</td><td>2.50</td><td colspan="2">2.00</td><td colspan="2">0.50</td><td>2.00</td><td>2.00</td></tr>
<tr><td>柱柱间支撑</td><td>3.00</td><td>2.50</td><td colspan="2">2.00</td><td colspan="2">0.50</td><td>3.00</td><td>2.50</td></tr>
<tr><td>梁桁架</td><td>2.00</td><td>1.50</td><td colspan="2">1.00</td><td colspan="2">0.50</td><td>2.00</td><td>1.50</td></tr>
<tr><td rowspan="2">楼板
楼面支撑</td><td rowspan="2">1.50</td><td rowspan="2">1.00</td><td>厂、库房</td><td>民用房</td><td>厂、库房</td><td>民用房</td><td rowspan="6">1.50</td><td rowspan="6">1.00</td></tr>
<tr><td>0.75</td><td>0.50</td><td>0.50</td><td>无要求</td></tr>
<tr><td rowspan="2">屋盖承重构件
屋面支撑、系杆</td><td rowspan="2">1.50</td><td rowspan="2">0.50</td><td>厂、库房</td><td>民用房</td><td colspan="2" rowspan="2">无要求</td></tr>
<tr><td>0.50</td><td>无要求</td></tr>
<tr><td rowspan="2">疏散楼梯</td><td rowspan="2">1.50</td><td rowspan="2">1.00</td><td>厂、库房</td><td>民用房</td><td colspan="2" rowspan="2">无要求</td></tr>
<tr><td>0.75</td><td>0.50</td></tr>
</table>

当单、多层一般公共建筑和居住建筑中设有自动喷水灭火系统全保护时，各类构件的耐火极限可按表中相应的规定降低0.5 h；当多、高层建筑中设有自动喷水灭火系统保护（包括封闭楼梯间、防烟楼梯间），且高层建筑的防烟楼梯间及其前室设有正压送风系统时，楼梯间中的钢构件可不采取其他防火保护措施。

（二）防火措施和防火材料

钢结构构件的防火保护措施主要有喷涂防火涂料和包敷不燃材料两种。包敷不燃材料包括在钢结构外包敷防火板、外包混凝土保护层、金属网抹砂浆或砌筑砌体等措施来达到相应的耐火极限。目前在工程建设中，对于有较高装饰要求的梁柱等主要承重构件，建议采用包敷不燃材料或采用非膨胀型（即厚型）防火涂料，也可以采用复合防火保护，即在钢结构表面涂敷防火涂料或采用柔性毡状隔热材料包覆，再用轻质防火板作饰面板，这种措施既能保护钢结构构件的防火安全性，又能保证建筑使用的美观。

钢结构防火涂料是指施涂于钢结构表面，能形成耐火隔热保护层以提高钢结构耐火性能的一类防火材料，根据高温下钢结构防火涂层遇火变化的情况可分为膨胀型和非膨胀型两大类。膨胀型防火涂料又称薄型防火涂料，这种涂料具有较好的装饰性，涂层厚度一般小于7mm，其基料为有机树脂，配方中还包含发泡剂、阻燃剂和成炭剂等成分。当温度达到150~350 ℃时，涂层会迅速膨胀5~10倍形成多孔碳质层，从而阻挡外部热源对基材的传热，形成绝热屏障，耐火极限可达0.5~1.5 h。非膨胀型防火涂料又称为厚型防火涂料、隔热型防火涂料，涂层厚度为10~50mm，其主要成分为无机绝热材料（如膨胀蛭石、矿物纤维等），遇火不膨胀，自身有良好的隔热性，耐久性好，耐火极限可达0.5~3 h。工程中选用的防火涂料必须是通过国家检测机关检测合格、消防部门认可的产品，所选用防火涂料的性能、涂层厚度、质量要求应符合现行国家标准《钢结构防火涂料》（GB14907）和现行国家标准《钢结构防火涂料应用技术规范》（CECS24）的规定。

防火板的防火性能和外观装饰性好，且施工为干作业，具有抗碰撞、耐冲击、耐磨损的优点，尤其适用于钢柱的防火保护。防火板根据其使用厚度主要分防火薄板和防火厚板两类。防火薄板主要包括纸面石膏板、纤维增强水泥压力板、纤维增强普通硅酸钙防火板和各种玻璃布增强的无机板等品种，使用厚度一般为6~15mm，这类板材的使用温度不大于600℃，不能单独作为钢结构的防火保护板，通常和防火涂料配合用作复合防火保护的装饰面板。防火厚板主要包括硅酸钙防火板和膨胀蛭石防火板两种，使用厚度为10~50mm，使用温度可在1000℃以上，其本身具有优良的耐火隔热性，可直接用于钢结构的防火，延长钢结构的耐火时间。

外包混凝土、砂浆或砌筑砌体这种防火方法虽然具有强度高、耐冲击、耐久性好的优点，但由于其占用的空间大，现场有湿作业，施工较为麻烦，特别是用在钢梁或斜撑等部位时，施工更是困难，所以目前在钢结构防火应用上具有一定的局限性。

（三）防火措施注意要点

（1）高层建筑钢结构和单、多层钢结构的室内隐蔽构件，当规定其耐火极限在1.5h以上时，应选用非膨胀型钢结构防火涂料。

（2）室内裸露钢结构、轻钢屋盖钢结构以及有装饰要求的钢结构，当规定其耐火极限在1.5h以下时，可选用膨胀型钢结构防火涂料；当钢结构耐火极限要求在1.5h及以上时，以及室外的钢结构工程，不宜选用膨胀型钢结构防火涂料。

（3）当钢结构采用非膨胀型防火涂料进行防火保护时，对于承受冲击、振动荷载的构件，涂层厚度不小于30mm的构件，腹板高度超过500mm的构件，涂层幅面较大且长期暴露在室外的构件，以及采用的防火涂料黏结强度不大于0.05MPa的构件等，在防火涂层内应设置钢构件相连接的钢丝网。

（4）装饰要求较高的室内裸露钢结构，特别是钢结构住宅、设备的承重钢框架、支架、底座易被碰撞的部位，规定其耐火极限在1.5h以上时，宜选用钢结构防火板材。

（5）钢结构采用包敷防火板材进行防护时，除了防火板本身为不燃材料，固定防火板的龙骨及黏结剂亦应为不燃材料。龙骨应便于与构件及防火板连接，黏结剂在高温下应能保持一定的强度，保证防火结构的稳定和包敷完整。

（6）钢结构采用外包混凝土、金属网抹砂浆或砌筑砌体保护时，外包混凝土的强度等级不宜低于C20，且混凝土内宜配置构造钢筋；砂浆的强度等级不宜低于M5，金属丝网的网格不宜大于20mm，丝径不宜小于0.6mm，砂浆的最小厚度不宜小于25mm；砌筑砌体时，砌块的强度等级不宜低于MU10。

（7）对于钢管混凝土柱构件，为保证发生火灾时钢管柱内核心混凝土中水蒸气的排放，每个楼层的柱均应设置直径为20mm的排气孔，其位置宜在柱与楼板相交处的上方和下方各100mm处，并沿柱身反对称布置。

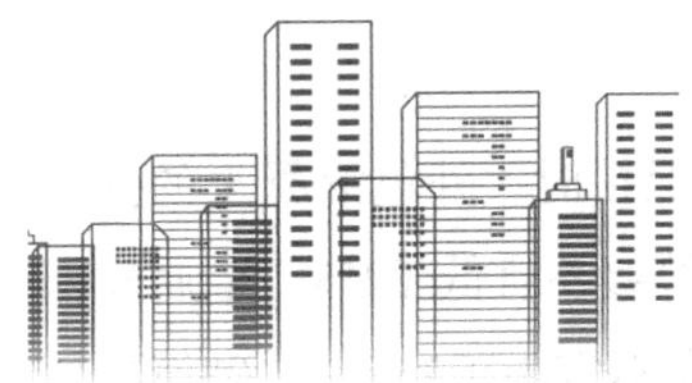

第六章　装配式混凝土结构体系

我国装配式混凝土结构体系的研究和应用始于20世纪50年代，直到20世纪80年代，在工业与民用建筑中一直有着比较广泛的应用。在20世纪90年代以后，由于种种原因，装配式混凝土结构的应用尤其是在民用建筑中的应用逐渐减少。随着国民经济的持续快速发展、节能环保要求的提高、劳动力成本的不断增长，近十年来我国对装配式混凝土结构的研究逐渐升温。一是试点城市、示范项目的带动效果越来越明显，自2006年设立国家住宅产业化基地以来，全国先后批准了6个住宅产业化试点城市、3个国家住宅产业现代化示范城市和46个住宅开发和部品部件生产企业。二是相关技术标准越来越完善，《装配式混凝土建筑技术标准》（GB/T51231—2016）、《装配式混凝土结构技术规程》（JGJ1—2014）、《预制预应力混凝土装配整体式框架结构技术规程》（JGJ224—2016）均是近年编制的有关技术规程。三是产业的聚集效应越来越凸显，万科、中建、宇辉等一大批企业积极主动地开展研发和工程实践，建筑业的大型企业集团热烈响应。

目前，装配式混凝土结构设计最大的特点是等同于现浇。装配式混凝土结构的设计是在选用可靠的预制构件受力钢筋连接技术的基础上，采用预制构件与后浇混凝土相结合的方法，通过合理可靠的连接节点，将预制构件连接成一个整体，保证其具有与现浇混凝土结构等同的延性、承载力和耐久性能，达到与现浇混凝土结构性能基本等同的效果。

因此，对装配式混凝土结构应采取有效措施加强其结构的整体性。装配式混凝土结构的整体性主要体现在预制构件之间、预制构件与后浇混凝土之间的连接节点上，包括接缝混凝土粗糙面及键槽的处理、钢筋连接锚固技术、设置的各类连接钢筋、构造钢筋等。

第一节　装配式混凝土框架结构

装配式混凝土框架建筑在欧美、日本的发展已经比较成熟，在我国台湾地区的发展也十分迅速，工程实例较多。台湾大学土木楼即为装配式混凝土框架结构，地下1层，地上9层，屋面局部突出2层，总建筑面积约为10000m²，结构高度为35.7m。采用了装配式结构后，施工速度很快，该建筑从2008年1月开始挖土，6月通过验收投入使用。其中，地上主体结构5天组装一层，工期共58天。该建筑还采用了隔震技术，在2层的柱下设置了19个铅芯橡胶隔震支座。

我国大陆装配式混凝土框架结构主要参考了日本和我国台湾地区的技术。梁、柱均进行预制，框架柱竖向受力钢筋采用套筒灌浆技术进行连接，节点区域装配现浇，采用这种装配做法的预制构件比较规整，易于运输。装配式框架结构设计的重点在于预制构件之间的连接、节点区钢筋的布置等。

一、装配式混凝土框架结构的特点及适用范围

混凝土框架结构计算理论比较成熟，布置灵活，容易满足不同的建筑功能需求，在多层、高层结构中应用较广。框架结构的构件比较容易实现规模化和标准化，连接节点较简单，种类较少，构件连接的可靠性容易得到保证。因此，相比较而言，装配式框架结构的等同现浇设计理念容易实现。

装配式框架结构的单个构件重量较小，吊装方便，对现场起重设备的起重量要求较低，可以根据具体情况确定预制方案。结合外墙板、内墙板、预制楼板或预制叠合楼板的应用，装配式框架结构可以实现较高的预制率。

目前，国内研究和应用的装配式混凝土框架结构，根据构件的预制率及连接形式，可以大致分为以下几种做法。

（1）竖向构件（框架柱）现浇，水平构件（梁、板、楼梯等）采用预制构件或预制叠合构件，这种构件预制及连接形式是早期装配式混凝土框架结构的常用做法。

（2）竖向构件及水平构件均采用预制，通过梁柱后浇节点区进行整体连接，这种构件预制及连接形式已纳入了《装配式混凝土结构技术规程》（JGJ1—2014）中，是目前装配式混凝土框架结构设计的常用做法。

（3）竖向构件及水平构件均采用预制，梁、柱内预埋型钢通过螺栓连接或焊接，并

结合节点区后浇筑混凝土，形成整体结构。

（4）采用钢支撑或耗能减震装置替代部分剪力墙，实现高层框架结构构件的全部预制装配化。这种装配式混凝土框架–钢支撑结构体系，提高了结构的抗震性能和装配式框架结构的适用高度。国内首次在南京万科上坊保障房项目中采用了装配式混凝土框架–钢支撑结构体系，该项目已于2012年12月通过竣工验收。该项目整体装配率为81.31%，是当时国内预制装配率最高的项目。

（5）梁柱节点区域和周边部分构件整体预制，在梁柱构件应力较小处连接。这种做法的优点是将框架结构施工中最为复杂的节点部分在工厂预制，避免了节点区各个方向钢筋交叉避让的问题，但其对预制构件精度要求高，运输和吊装较为困难。

上述各类装配式混凝土框架结构的外围护结构通常采用预制混凝土外挂墙板，梁、板为叠合构件，楼梯、空调板、女儿墙为预制构件。

日本及我国台湾地区等地的装配式框架结构大量应用于包括居住建筑在内的高层、超高层民用建筑中，而我国装配式框架结构的适用高度较低，仅适用于多层、小高层建筑中（表6–1），其最大适用高度低于剪力墙结构或框架–剪力墙结构。因此，我国装配式混凝土框架结构主要应用于厂房、仓库、商场、停车场、办公楼、教学楼、医务楼、商务楼以及住宅等建筑，这些建筑一般要求开敞的大空间和相对灵活的室内布局，同时建筑总高度不高。

表6–1　装配式混凝土框架结构房屋的最大适用高度/m

非抗震设计	抗震设防烈度			
	6度	7度	8度（0.2g）	8度（0.3g）
70	60	50	40	30

二、装配式混凝土框架结构的构件拆分

与传统的现浇混凝土结构设计相比，在装配式混凝土结构设计中需增加一道设计流程：构件的深化设计。构件的深化设计是装配式建筑设计的关键环节，包括了构件的拆分设计、构件的拼装连接设计及构件的加工深化设计。

装配式混凝土框架结构的构件拆分设计主要针对柱、梁、楼板、外墙板及楼梯等构件。构件的拆分设计需要确定预制构件的使用范围及预制构件的拆分形式。为满足工业化建造的要求，预制构件的拆分应充分考虑预制构件的制作、运输、安装各环节对预制构件拆分设计的限制，遵循受力合理、连接简单、施工方便、少规格、多组合的原则，选择适宜的预制构件尺寸和重量，尽可能减少构件规格和连接节点种类，使预制构件易于加工、堆放、运输及安装，保证工程质量，控制建造成本。

（一）柱的拆分

柱一般按层高进行拆分。根据《预制预应力混凝土装配式整体式框架结构技术规程》（JGJ224—2010）中的相关规定，柱也可以拆分为多节柱。由于多节柱的脱膜、运输、吊装、支撑都比较困难，且吊装过程中钢筋连接部位易变形，从而使构件的垂直度难以控制。设计中柱多按层高拆分为单节柱，以保证柱垂直度的控制调节，简化预制柱的制作、运输及吊装，保证质量。

（二）梁的拆分

装配式框架结构中的梁包括主梁、次梁。主梁一般按柱网拆分为单跨梁，当跨距较小时可拆分为双跨梁；次梁以主梁间距为单元拆分为单跨梁。

（三）楼板的拆分

楼板按单向叠合板和双向叠合板进行拆分。

拆分为单向叠合板时，楼板沿非受力方向划分，预制底板采用分离式接缝，可在任意位置拼接；拆分为双向叠合板时，预制底板之间采用整体式接缝，接缝位置宜设置在叠合板的次要受力方向上且该处受力较小，预制底板间宜设置300mm宽后浇带用于预制板底钢筋连接。

为方便卡车运输，预制底板宽度一般不超过3m，跨度一般不超过5m。在一个房间内，预制底板应尽量选择等宽拆分，以减少预制底板的类型。当楼板跨度不大时，板缝可设置在有内隔墙的部位，这样板缝在内隔墙施工完成后可不用再处理。预制底板的拆分还需考虑房间照明位置，一般来说，板缝要避开灯具位置。卫生间、强弱电管线密集处的楼板一般采用现浇混凝土楼板的方式。

预制底板的厚度，根据预制过程、吊装过程以及现场浇筑过程的荷载确定。一般来说，预制底板厚度不小于60mm，现浇混凝土厚度不小于70mm。

（四）外挂墙板的拆分

外挂墙板是装配式混凝土框架结构上的非承重外围护挂板，其拆分仅限于一个层高和一个开间。外挂墙板的几何尺寸要考虑到施工、运输条件等，当构件尺寸过长、过高时，如跨越两个层高后，主体结构层间位移对其外挂墙板内力的影响较大。

外挂墙板拆分的尺寸应根据建筑立面的特点，将墙板接缝位置与建筑立面相对应，既要满足墙板的尺寸控制要求，又要将接缝构造与立面要求结合起来。

（五）楼梯的拆分

剪刀楼梯宜以一跑楼梯为单元进行拆分。为减少预制混凝土楼梯板的重量，可考虑将剪刀楼梯设计成梁式楼梯。不建议为减少预制混凝土楼梯板的重量而在楼梯梯板中部设置梯梁，采用这种拆分方式时，楼梯安装速度慢，连接构造复杂。

双跑楼梯半层处的休息平台板可以现浇，也可以与楼梯板一起预制，或者做成60mm+60mm的叠合板。

预制楼梯板宜采用一端固定铰，另一端滑动铰的方式连接，其转动及滑动变形能力要满足结构层间变形的要求，且预制楼梯端部在支承构件上的最小搁置长度应符合表6-2的要求。

表6-2　预制楼梯板在支承构件上的最小搁置长度

抗震设防烈度	7度	8度
最小搁置长度/mm	100	100

三、装配式混凝土框架结构的设计要点

装配式混凝土框架结构的设计要点主要包括预制柱的连接、梁柱的连接、主次梁的连接、预制板与梁的连接、预制板与预制板的连接及其他连接等。

（一）预制柱的连接

1.预制柱的结合面

预制柱的底部应设置键槽且宜设置粗糙面。键槽应均匀布置，键槽深度不宜小于30mm，键槽端部斜面倾角不宜大于30° 。柱顶应设置粗糙面，粗糙面的面积不宜小于结合面的80%，预制柱端的粗糙面凹凸深度不应小于6mm。

2.预制柱的钢筋连接与锚固

预制柱纵向钢筋宜采用套筒灌浆连接。套筒灌浆连接技术成熟，是装配式混凝土框架结构的关键、核心的技术之一。

套筒灌浆连接接头要求灌浆料有较高的抗压强度，套筒具有较大的刚度和较小的变形能力。根据行业标准《钢筋套筒灌浆连接应用技术规程》（JGJ355—2015）的有关规定，套筒主要有全灌浆套筒和半灌浆套筒两种。全灌浆套筒的两端均采用套筒灌浆连接，半灌浆套筒的一端采用套筒灌浆连接，另一端采用机械连接。其中，套筒灌浆连接端用于钢筋锚固的深度（L0）不宜小于钢筋直径8倍的要求。

为便于预制柱纵向受力钢筋的连接及节点区钢筋的布置，应采用较大直径钢筋及较大的柱截面，以减少钢筋根数，增大钢筋间距。预制柱的纵向受力钢筋直径不宜小

于20mm，矩形柱截面宽度或圆柱直径不宜小于400mm，且不宜小于同方向框架梁宽的1.5倍。

当预制柱纵向受力钢筋在柱底采用套筒灌浆连接时，套筒连接区域柱截面刚度及承载力较大，柱的塑性铰可能会上移到套筒连接区域以上。因此，在套筒连接区域以上500mm高度范围内将柱箍筋加密，套筒上端第一道箍筋距离套筒顶部不应大于50mm。

在预制柱叠合梁框架中，柱底接缝宜设置在楼面标高处，厚度取20mm并采用灌浆料填实。柱底接缝灌浆与套筒灌浆可同时进行，柱底键槽的形式应便于灌浆料填缝时气体的排出。后浇节点区混凝土上表面应设置粗糙面，增加与灌浆层的黏结力及摩擦系数，柱纵向受力钢筋应贯穿后浇节点区连接。

（二）梁柱的连接

在预制柱叠合梁框架节点中，梁钢筋在节点中锚固及连接的方式是决定施工可行性以及节点受力性能的关键。

在设计时，应充分考虑施工装配的可行性，合理确定梁、柱的截面尺寸，梁、柱构件应尽量采用较粗直径、较大间距的钢筋布置方式，避免梁柱钢筋在节点区内锚固时位置发生冲突。另外，当节点区的主梁钢筋较少时，有利于节点的装配施工，保证施工质量。

节点区施工时，应注意合理安排节点区箍筋，控制节点区钢筋的位置。

采用预制柱及叠合梁的框架节点，梁纵向受力钢筋可伸入后浇节点区内锚固或连接，也可伸至节点区外后浇段内连接。

1.框架中间层中节点

在框架中间层的中节点，节点两侧的梁下部纵向受力钢筋宜锚固在后浇节点区内，也可采用机械连接或焊接的方式直接连接，梁的上部纵向受力钢筋应贯穿后浇节点区。对框架中间层端节点，当柱截面尺寸不满足梁纵向受力钢筋的直线锚固要求时，宜采用锚固板锚固，也可以采用90°弯折锚固。

2.框架顶层中节点

对于框架顶层的中节点，梁纵向受力钢筋的构造同框架中间层中节点。柱纵向受力钢筋宜采用直线锚固，当梁截面尺寸不满足直线锚固要求时，可采用锚固板锚固。对框架顶层端节点，梁下部纵向受力钢筋应锚固在后浇节点区内，且宜采用锚固板的锚固方式。梁、柱及其他纵向受力钢筋的锚固应符合下列规定。

（1）柱宜伸出屋面并将柱纵向受力钢筋锚固在伸出段内，伸出段长度不宜小于500mm，伸出段内箍筋间距不应大于柱纵向受力钢筋直径的5倍，且不应大于100mm。柱纵向钢筋宜采用锚固板锚固，锚固长度不应小于40倍的纵向受力钢筋直径，梁上部纵向受力钢筋宜采用锚固板锚固。

（2）柱外侧纵向受力钢筋也可与梁上部纵向受力钢筋在后浇节点区搭接，其构造要求应符合现行国家标准《混凝土结构设计规范》（GB50010）中的规定，柱内侧纵向受力钢筋宜采用锚固板锚固。

3.预制柱叠合梁框架节点区

当柱截面较小，梁下部纵向钢筋在节点区内连接困难时，叠合梁下部纵向受力钢筋也可伸至节点区外的后浇段内连接。为保证梁端塑性铰区的性能，钢筋连接接头与节点区的距离不应小于框架梁截面有效高度的1.5倍。

（三）主次梁的连接

1.后浇段连接

主梁与次梁可采用后浇段连接，在主梁上预留后浇段，混凝土断开而钢筋连续，以便穿过和锚固次梁钢筋。

次梁下部纵向钢筋伸入主梁后，浇段内的长度不应小于纵向钢筋直径的12倍，次梁上部纵向钢筋应在主梁后浇段内锚固。当锚固直段长度小于L时，可采用弯折锚固或锚固板；若充分利用钢筋强度，则锚固直段长度不应小于0.6lab；若按铰接设计，则锚固直段长度不应小于0.35lab；弯折锚固的弯折后直段长度不应小于纵向钢筋直径的12倍。

2.挑耳连接

当主梁截面较高且次梁截面较小时，主梁预制混凝土可不完全断开，采用预留凹槽的形式与次梁连接，同时次梁端做成挑耳搭搁置于主梁的凹槽上。在完成主、次梁的负筋绑扎后，与楼层的后浇层一起施工，从而形成主梁、次梁的整体式连接。

（四）预制板与梁的连接

1.预制板与边梁的连接

预制板内的纵向受力钢筋宜从板端伸出并锚入支承梁的后浇混凝土中，锚固长度不应小于5倍的纵向受力钢筋直径，且宜伸过支座中心线。

当采用桁架钢筋混凝土叠合板时，若桁架钢筋混凝土叠合板满足后浇混凝土叠合层厚度不小于100mm且不小于预制板厚度的1.5倍时，预制板板底受力钢筋可采用分离式搭接锚固，预制板底受力钢筋可不伸出板端，但需在现浇层内设置附加钢筋伸入支座梁锚固，同时满足以下要求。

（1）附加钢筋面积不应少于受力方向跨中板底钢筋面积的1/3。

（2）附加钢筋直径不宜小于8mm，间距不宜大于250mm。

（3）当附加钢筋为构造钢筋时，伸入楼板的长度不应小于与板底钢筋的受压搭接长度，伸入支座梁的长度不应小于附加钢筋直径的15倍，且宜过梁中心线；当附加钢筋承受拉力时，伸入楼板的长度不应小于与板底钢筋的受拉搭接长度，伸入支座梁的长度不应小于受拉钢筋锚固长度。

（4）垂直于附加钢筋的方向应布置横向分布附加钢筋，在搭接范围内不宜少于3根，且钢筋直径不宜小于6mm，间距不宜大于250mm。

单向叠合板内的分布钢筋若伸入支承梁的后浇混凝土中，应符合上述要求。当叠合板底分布钢筋不伸入支承梁的后浇混凝土中时，宜在紧邻预制板顶面的后浇混凝土叠合层中设置板底连接纵筋，其截面面积不宜小于预制板内的同向分布钢筋面积，间距不宜大于600mm，在板的后浇混凝土叠合层内锚固长度不应小于附加钢筋直径的15倍，在支承梁内的锚固长度不应小于附加钢筋直径的15倍，且宜伸过支承梁中心线。

2.预制板与中梁的连接

预制板与中梁的连接应遵循以下几个原则。

（1）上部负弯矩钢筋与另一侧板的负弯矩钢筋共用一根钢筋。

（2）底部伸入中梁的钢筋与端部边梁或侧边梁一样伸入即可。

（3）如果中梁两边的板都是单向板侧边，连接钢筋合为一根，如果有一个板不是单向板侧边，则与板侧边梁一样，伸到中心线位置。

（五）预制板与预制板的连接

1.单向预制板

单向预制板板侧的分离式接缝宜配置附加钢筋，并应符合下列规定。

（1）接缝处紧邻预制板顶面宜设置垂直于板缝的附加钢筋，附加钢筋伸入两侧后浇混凝土叠合层的锚固长度不应小于附加钢筋直径的15倍。

（2）附加钢筋截面面积不宜小于预制板中该方向钢筋面积，钢筋直径不宜小于6mm，间距不宜大于250mm。

2.双向预制板

双向预制板板侧的整体式接缝宜设置在叠合板的次要受力方向上，且宜避开最大弯矩截面，可设置在距离支座0.2~0.3L尺寸的位置（L为双向板次要受力方向净跨度）。接缝可采用后浇带形式，并应符合下列规定。

（1）后浇带宽度不宜小于200mm。

（2）后浇带两侧板底纵向受力钢筋可在后浇带中焊接、搭接连接、弯折锚固。

（3）后浇带两侧板底纵向受力钢筋在后浇带中弯折锚固时，叠合板厚度不应小于10*d*（*d*为弯折钢筋直径的较大值），且不应小于120mm；接缝处预制板侧伸出的纵向受力钢筋应在后浇混凝土叠合层内锚固，且锚固长度不应小于la；两侧钢筋在接缝处重叠的长度不应小于10*d*，钢筋弯折角度不应大于30°，弯折处沿接缝方向应配置不少于2根通长的构造钢筋，且直径不应小于该方向预制板内钢筋直径。

（六）其他连接

1.叠合阳台板

与叠合楼板类似，叠合阳台板在装配式混凝土结构中占有很大的应用比例。叠合阳台板由预制阳台板和叠合部分组成，主要通过预制阳台板的预留钢筋和叠合层的钢筋搭接或焊接与主体结构连为整体。

2.预制混凝土空调板

在预制混凝土空调板内，预留弯矩钢筋伸入主体结构后浇层，与主体结构梁板钢筋可靠绑扎，浇筑成整体。负弯矩钢筋伸入主体结构水平长度不应小于1.1la。

第二节　装配式混凝土剪力墙结构

工程中常用的装配式混凝土剪力墙结构根据竖向构件的预制化程度可分为三种：全部或部分预制剪力墙结构、装配整体式双面叠合混凝土剪力墙结构、内浇外挂剪力墙结构。

（1）全部或部分预制剪力墙结构。全部或部分预制剪力墙结构通过竖缝节点区后浇混凝土和水平缝节点区后浇混凝土带或圈梁实现结构的整体连接。这种剪力墙结构工业化程度高，预制内外墙均参与抗震计算，但对外墙板的防水、防火、保温的构造要求较高，是《装配式混凝土结构技术规程》（JGJ1—2014）中推荐的主要做法。

（2）装配整体式双面叠合混凝土剪力墙结构。装配整体式双面叠合混凝土剪力墙结构将剪力墙从厚度方向划分为三层，内外两侧预制，通过桁架钢筋连接，中间现浇混凝土，墙板竖向分布钢筋和水平部分钢筋通过附加钢筋实现间接连接。

装配整体式双面叠合混凝土剪力墙结构的竖向受力钢筋布置于预制双面叠合墙内，在楼层接缝处布置上下搭接受力钢筋，并在预制双面间隙内浇筑混凝土形成双面叠合剪力墙。国家标准《装配式混凝土建筑技术标准》（GB/T51231—2016）中明确该结构适用于抗震设防烈度8度及以下地区、建筑高度不超过90m的装配式房屋。

（3）内浇外挂剪力墙结构。通过预制的混凝土外墙板和现浇部分形成内浇外挂剪力墙结构的剪力墙外墙。剪力墙内墙均为现浇混凝土剪力墙。这种结构体系被纳入上海市地方标准《装配整体式混凝土住宅体系设计规程》（DG/TJ08—2071—2010），技术较成熟，抗震性能较好，现场施工方便。

一、装配式混凝土剪力墙结构的特点及适用范围

国外对装配式混凝土剪力墙建筑的研究、试验和经验不多，工程应用较少。在国内，装配式混凝土剪力墙结构具有无梁柱外露、楼板可直接支承在墙上、房间墙面及天花板平整等优点，深受国人认可。近几年装配式混凝土剪力墙结构被广泛应用于住宅、宾馆等建筑中，成为我国应用最多的一种装配式结构体系。

由于对装配式混凝土剪力墙建筑的研究、试验和经验较少，国内对装配式混凝土剪力墙结构的规定比较慎重。考虑到预制墙中竖向接缝对剪力墙刚度有一定影响，行业标准《装配式混凝土结构技术规程》（JGJ1—2014）规定的适用高度低于现浇剪力墙结构：在8度及以下抗震设防烈度地区，对比同级别抗震设防烈度的现浇剪力墙结构最大适用高度通常降低10m，当预制剪力墙底部承担总剪力超过80%时，建筑适用高度降低20m。

与装配式框架结构构件较简单、采用较少数量的高强度大直径钢筋的连接方式相比较而言，装配式剪力墙结构的剪力墙连接面积大、钢筋直径小、钢筋间距小，连接复杂，施工过程中很难做到对连接节点灌浆作业的全过程质量监控。因此，在装配式剪力墙结构设计中，建议部分剪力墙预制、部分剪力墙现浇，现浇剪力墙作为装配式剪力墙结构的“第二道防线”。

装配式混凝土剪力墙结构的关键技术在于预制剪力墙之间的拼缝连接。预制墙体的竖向接缝多采用后浇混凝土连接，其水平钢筋在后浇段内锚固或者搭接。具体有以下连接做法。

（1）竖向钢筋采用套筒灌浆连接，拼缝采用灌浆料填实。

（2）竖向钢筋采用螺旋箍筋约束浆锚搭接连接，拼缝采用灌浆料填实。

（3）竖向钢筋采用金属波纹管浆锚搭接连接，拼缝采用灌浆料填实。

（4）边缘构件竖向钢筋采用套筒灌浆连接，非边缘构件部分结合预留后浇区搭接连接。

钢筋套筒灌浆连接技术成熟，但由于其成本相对较高且对施工要求也较高，因此目前工程中常采用竖向分布钢筋等效连接技术，例如，螺旋箍筋约束浆锚搭接连接技术、金属波纹管浆锚搭接连接技术等。值得注意的是，直接承受动力荷载构件的纵向钢筋不应采用浆锚搭接连接；对于结构重要部位，如抗震等级为一级的剪力墙以及抗震等级为二、三级底部加强部位的剪力墙，剪力墙的边缘构件不宜采用浆锚搭接连接；直径大于18mm的纵向钢筋宜采用浆锚搭接连接。

约束浆锚搭接连接是在竖向构件下段范围内预留出竖向孔洞，下部预留钢筋插入预留孔道后，在孔道内注入微膨胀高强灌浆料而成的连接方式。构件制作时通过在墙板内插入预埋专用螺旋棒，待混凝土初凝后旋转取出，使预留孔道内侧留有螺纹状粗糙面，并在孔

道周围设置附加横向约束螺旋箍筋，形成构件竖向孔洞。其中螺旋箍筋的保护层厚度不应小于15mm，螺旋箍筋之间净距不宜小于25mm，螺旋箍筋下端距预制混凝土底面之间净距不宜大于25mm，且螺旋箍筋开始与结束位置应有水平段，长度不小于一圈半。

由于螺旋箍的存在，约束浆锚搭接连接有效降低了钢筋的搭接长度，且连接部位钢筋强度没有增加，不会影响塑性铰。缺点是由于预埋螺旋棒必须在混凝土初凝后取出，其取出时间及操作难以掌控，构件的成孔质量难以保证，若孔壁出现局部混凝土损伤，将对连接的质量造成影响。

金属波纹管浆锚搭接连接是在混凝土墙板内预留金属波纹管，下部预留钢筋插入金属波纹管后在孔道内注入微膨胀高强灌浆料形成的连接方式。金属波纹管混凝土保护层厚度一般不小于50mm，预埋金属波纹管的直线段长度应大于浆锚钢筋长度30mm，预埋金属波纹管的内径应大于浆锚钢筋直径，不少于15mm。

二、装配式混凝土剪力墙结构的构件拆分

装配式混凝土剪力墙结构与装配式混凝土框架结构的构件拆分有许多相同之处，本小节重点分析剪力墙构件的拆分方式。剪力墙构件主要采用边缘构件现浇、非边缘构件预制的方式。采用这种拆分方式时，边缘构件内纵向钢筋连接可靠，剪力墙结构的整体抗震性能可以得到保证。

（一）对建筑平面的要求

为配合装配式混凝土剪力墙结构的构件拆分，建筑设计需做到平面简单、规则、对称，质量、刚度分布均匀，长宽比、高宽比、局部突出或凹入部分的尺度均不宜过大，尽量避免出现短小墙体。南北侧墙体、东西山墙应尽可能采用一字形墙体，北侧楼梯间及电梯间、局部凹凸处采用现浇墙体。户型设计时宜做突出墙面设计，不宜将阳台、厨房、卫生间等凹入主体结构范围内（表6–3）。

表6–3　平面尺寸限值

装配整体式剪力墙结构	非抗震地区	抗震设防烈度		
		6度	7度	8度
长宽比	≤6.0	≤6.0	≤6.0	≤5.0
高宽比	≤6.0	≤6.0	≤6.0	≤5.0

对于平面不规则、凹凸感较强的建筑，剪力墙易出现较难拆分的转角短墙，即使勉强进行短墙拆分，也将降低装配式建筑的施工效率。因此，应尽量避免平面不规则、凹凸感

较强的建筑布置形式。

（二）对结构布置的要求

装配式混凝土剪力墙结构的布置应规则、连续，避免层间侧向刚度突变。在厨房、卫生间等开关插座、管线集中的地方应尽量布置填充墙，以利于管线施工。若管线不能避开混凝土墙体，宜将管线布置在混凝土墙体现浇部位，并避开墙体的边缘构件位置。

剪力墙门窗洞口宜上下对齐、成列布置，形成明确的墙肢和连梁。预制混凝土剪力墙拆分时考虑到带洞口单体构件的整体性，避免出现悬臂窗上梁或窗下墙，预制混凝土剪力墙宜按剪力墙洞口居中布置的原则拆分剪力墙，且洞口两侧的墙肢宽度不应小于200mm，洞口上方连梁高度不宜小于250mm。

（三）对构件拆分的要求

预制混凝土剪力墙拆分的尺寸需要根据实际情况对生产、运输、吊装成本权衡考虑。剪力墙整体预制可以提高生产与组装效率，但是大构件的运输以及塔吊的选型会增加额外的成本；同样，拆分为多块小构件时，对运输以及塔吊型号选择上的要求有所降低，但会增加生产费用、增加构件间的连接处理工作、降低组装效率。

从工程实践来看，预制混凝土剪力墙宜拆分为一字形构件，以利于简化模具，降低制作成本，保证构件质量。单个剪力墙重量宜控制在5 t以内，即预制长度不超过4m，以便于构件的生产、运输与安装。剪力墙拆分时应考虑塔吊的位置，避免较重构件出现在塔吊最大回转半径处。

三、装配式混凝土剪力墙结构的设计要点

装配式混凝土剪力墙结构的设计要点主要包括预制剪力墙、预制剪力墙的连接以及预制剪力墙与连梁的连接等。

（一）预制剪力墙

（1）预制剪力墙截面厚度不小于140mm时，应配置双排双向分布钢筋网，剪力墙水平及竖向分布筋的最小配筋率不应小于0.15%。

（2）预制剪力墙的连梁不宜开洞。当需要开洞时，洞口宜预埋套管，洞口上下截面的有效高度不应小于梁高的1/3，且不宜小于200mm；被洞口削弱的连梁截面应进行承载力验算，洞口处应配置补强纵向钢筋和箍筋，补强纵向钢筋的直径不应小于12mm。

（3）预制剪力墙开有边长小于800mm的洞口且在结构整体计算中不考虑其影响时，应沿洞口周边配置补强钢筋。补强钢筋的直径不应小于12mm，截面面积不应小于同方向

被洞口截断的钢筋面积。

（4）预制剪力墙的顶部和底部与后浇混凝土的结合面应设置粗糙面；侧面与后浇混凝土的结合面应优先做成粗糙面，也可设置键槽。键槽深度不宜小于20mm，宽度不宜小于深度的3倍且不宜大于深度的10倍，键槽可贯通截面，当不贯通时，槽口距离截面边缘不宜小于20mm。键槽间距宜等于键槽宽度，键槽端部斜面倾角不宜大于30°。结合面设置粗糙面时，粗糙面的面积不宜小于结合面的80%，预制剪力墙端的底面、顶面及侧面粗糙面凹凸深度不应小于6mm。

（5）当采用套筒灌浆连接时，自套筒底部至套筒顶部并向上延伸300mm范围内，预制剪力墙的水平分布筋应加密，加密区水平分布筋的最大间距及最小直径应符合规定，套筒上端第一道水平分布钢筋距离套筒顶部不应大于50mm。

（6）对预制剪力墙边缘配筋应适当加强，形成边框，保证墙板在形成整体结构之前的刚度、延性及承载力。对端部无边缘构件的预制剪力墙，宜在端部配置2根直径不小于12mm的竖向构造钢筋，沿该钢筋竖向应配置拉筋，拉筋直径不宜小于6mm、间距不宜大于250mm。

（7）当外墙采用预制夹心墙板时，外叶墙板的厚度不应小于50mm，夹层的厚度不宜大于120mm，且外叶墙板应与内叶墙板有可靠连接。预制夹心外墙板作为承重墙板时，一般外叶墙板仅作为荷载，通过拉结件作用在内叶墙板上，内叶墙板按剪力墙进行设计。

内外叶墙板拉结件的性能十分重要，涉及建筑的安全和正常使用，必须满足安全性、稳定性、耐久性、热共性等要求。具体来说需具备以下性能。

①在内叶板和外叶板中锚固牢固，在荷载作用下不被拉出。

②有足够的强度，在荷载作用下不能被拉断、剪断。

③有足够的刚度，在荷载作用下不能变形过大，导致外叶板位移。

④导热系数小、热桥小。

⑤具有耐久性、防腐蚀性及防火性能。

⑥埋设方便。

常用拉结件有哈芬的金属拉结件及FRP墙体拉结件。哈芬的金属拉结件采用不锈钢材质，包括不锈钢杆、不锈钢板及不锈钢圆筒，其在力学性能、耐久性和安全性方面具有优势，但导热系数比较高，价格比较贵。FRP墙体拉结件由FRP拉结板（杆）和ABS定位套环组成，其中FRP拉结板（杆）为拉结件的主要受力部分，ABS定位套环主要用于拉结件施工定位，其长度一般与保温层厚度相同，采用热塑工艺成型。

（二）预制剪力墙的连接

1.上下层预制剪力墙的连接

上下层预制剪力墙的竖向钢筋，当采用套筒灌浆连接和浆锚搭接连接时，边缘构件竖向钢筋应逐根连接。预制剪力墙的竖向分布钢筋，当仅部分连接时，被连接的同侧钢筋间距不应大于600mm，且在剪力墙构件承载力设计和分布钢筋配筋率计算中不得计入不连接的分布钢筋，不连接的竖向分布钢筋直径不应小于6mm。

为保证结构的延性，在对结构抗震性能要求比较高的部位，如抗震等级为一级的剪力墙以及抗震等级为二、三级底部加强区剪力墙，且边缘构件中竖向钢筋直径较大处宜采用套筒灌浆连接，不宜采用约束浆锚搭接连接。

2.同楼层预制剪力墙之间的连接

同楼层预制剪力墙之间应采用整体式连接节点，一般可分为“T”形连接节点、“L”形连接节点和一字形连接节点。

确定预制剪力墙竖向接缝位置的主要原则是便于标准化生产、吊装、运输和就位，并尽量避免接缝对结构整体性能产生不良影响。预制剪力墙竖向接缝位置有三种：接缝位于纵横墙交接处的约束边缘构件区域、接缝位于纵横墙交接处的构造边缘构件区域、接缝位于非边缘构件区域。

（1）接缝位于纵横墙交接处的约束边缘构件区域。当接缝位于纵横墙交接处的约束边缘构件区域时，约束边缘构件的阴影区域宜全部采用后浇混凝土，并应在后浇段内设置封闭箍筋及拉筋，预制墙板中的水平分布筋在后浇段内锚固。

（2）接缝位于纵横墙交接处的构造边缘构件区域。当接缝位于纵横墙交接处的构造边缘构件区域时，构造边缘构件宜全部采用后浇混凝土。若构造边缘构件部分后浇部分预制，需合理布置预制构件及后浇段中的钢筋，使边缘构件内形成封闭箍筋。当仅在一面墙上设置后浇段时，后浇段的长度不宜小于300mm。

（3）接缝位于非边缘构件区域。当接缝位于非边缘构件区域时，相邻预制剪力墙之间应设置后浇段，后浇段的宽度不应小于墙厚且不宜小于200mm；后浇段内应设置不少于4根竖向钢筋，钢筋直径不应小于墙体竖向分布筋直径且不应小于8mm。两侧墙体的水平分布筋在后浇段内可采用锚环的形式锚固，两侧伸出的锚环宜相互搭接。

（三）预制剪力墙与连梁的连接

连梁采用预制叠合梁时，预制剪力墙与连梁的连接形式分为以下两种情况。

（1）当预制剪力墙边缘构件采用后浇混凝土时，接缝处连梁纵向钢筋应在后浇段中可靠锚固或连接。

（2）当预制剪力墙端部上角预留局部后浇节点区时，连梁的纵向钢筋应在局部后浇节点区内可靠锚固或连接。

连梁采用后浇连梁时，预制剪力墙端宜伸出预留纵向钢筋，并与后浇连梁的纵向钢筋可靠连接。

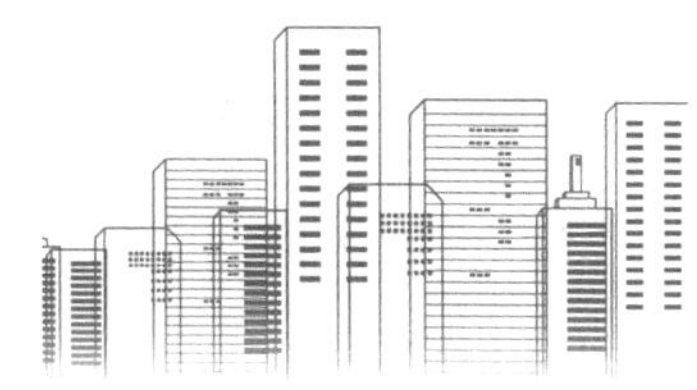

第七章　混凝土工程施工

混凝土，简称砼，是指由胶凝材料将集料胶结成整体的工程复合材料的统称。通常讲的混凝土一词是指用水泥做胶凝材料，砂、石做集料，与水（可含外加剂和掺合料）按一定比例配合，经搅拌、成型、养护而得的水泥混凝土，也称普通混凝土，它广泛应用于土木工程。混凝土工程施工中的任何一个细小的环节，都有严格的法律法规来规范。

第一节　混凝土工程施工环节

本节从混凝土的制备、混凝土的运输、混凝土的浇筑、混凝土的养护等几个方面阐述了混凝土工程施工的各个环节的施工要求，并提出了具体的操作方法。

一、混凝土的施工配料

配料时按设计要求，称量每次拌和混凝土的材料用料。配料的精度将直接影响混凝土的质量。混凝土配料要求采用质量配料法，即将砂、石、水泥、掺和料按质量计量，水和外加剂溶液按质量折算成体积计量，称量的允许偏差应满足要求。设计配合比中的加水量要根据水灰比的计算来确定，并以饱和面干状态的砂子为标准。由于水灰比对混凝土强度和耐久性的影响极大，因此绝不能任意变更；由于施工中采用的砂子的含水量往往较高，因此在配料时采用的加水量应是在扣除砂子表面含水量及外加剂中的水量之后的水量。

混凝土应按国家现行标准《普通混凝土配合比设计规程》（JGJ55—2011）的有关规定，根据混凝土强度等级、耐久性和工作性等要求设计配合比。

施工配料时影响混凝土质量的因素主要有两个方面：一是称量不准；二是未按砂、石骨料实际含水率的变化换算施工配合比。

（一）施工配合比换算

施工时应及时测定砂、石骨料的含水率，并将混凝土配合比换算成在实际含水率情况下的施工配合比。

设混凝土实验室配合比为水泥：砂：石子=1：x：y，水灰比W/C测得砂的含水率为x石子的含水率为y，则施工配合比为：

水泥：砂：石子=1：$x(1+W_x)$：$y(1+W_y)$

水灰比W/C不变，但加水量应扣除砂、石中的含水量。

（二）施工配料

施工配料是确定每拌和一次需用的各种原材料的用量，它根据施工配合比和搅拌机的出料容量计算。它是保证混凝土质量的重要环节之一，因此必须加以严格控制。

施工中往往以一袋或两袋水泥为下料单位，每搅拌一次叫作一盘。因此，求出每立方米混凝土材料用量后，还必须根据工地现有搅拌机出料容量确定每次需用几袋水泥，然后按水泥用量算出砂、石子的每盘用量。

二、混凝土的搅拌

混凝土搅拌，是将水、水泥和粗、细骨料进行均匀拌和及混合的过程。同时，通过搅拌还要使材料达到强化、塑化的作用。

（一）混凝土拌和方法

混凝土的拌和方法有人工拌和与机械拌和两种。其中，机械拌和混凝土应用较广，它能提高拌和质量和生产率。混凝土搅拌机按搅拌原理分为自落式和强制式两类。

自落式搅拌机是通过筒身旋转，带动搅拌叶片将物料提高，在重力作用下物料自由坠落，反复进行，互相穿插、翻拌、混合，使混凝土各组分搅拌均匀。自落式搅拌机多用于搅拌塑性混凝土和低流动性混凝土，根据其构造的不同又分为若干种。

强制式搅拌机一般是通过筒身固定，搅拌机叶片旋转，对物料施加剪切、挤压、翻滚、滑动、混合，使混凝土各组分搅拌均匀。强制式搅拌机多用于搅拌干硬性混凝土和轻骨料混凝土，也可以搅拌低流动性混凝土。强制式搅拌机又分为立轴式和卧轴式两种。卧轴式有单轴、双轴之分，而立轴式又分为涡桨式和行星式。

搅拌机在使用前应按照“十字作业法”（清洁、润滑、调紧、紧固、防腐）的要求检查离合器、制动器、钢丝绳等各个系统和部位是否机件齐全、机构灵活、运转正常，并按规定位置加注润滑油脂；同时进行空转检查，检查搅拌机的旋转方向是否与机身上的箭头方向一致；并进行空车运转。

（二）混凝土搅拌

1.搅拌时间

混凝土的搅拌时间：从砂、石、水泥和水等全部材料投入搅拌筒起，到开始卸料为止所经历的时间。

搅拌时间与混凝土的搅拌质量密切相关，随搅拌机类型和混凝土的和易性不同而变化。

搅拌时间过短：拌和不均匀，会降低混凝土的强度及和易性。

搅拌时间过长：强度有所提高，但过长时间的搅拌不经济，不仅影响搅拌机的生产效益，而且混凝土的和易性又重新降低或产生分层离析，影响混凝土的质量。在一定范围内，随搅拌时间的延长，加气混凝土还会因搅拌时间过长而使含气量下降。

混凝土搅拌的最短时间可按表7–1执行。

表7–1　混凝土搅拌的最短时间

混凝土坍落度/cm	搅拌机机型	最短时间/s		
		搅拌机容量＜250L	250～500L	＞500L
＜3	自落式 强制式	90 60	120 90	150 120
＞3	自落式 强制式	90 60	90 60	120 90

注：（1）当掺有外加剂时，搅拌时间应适当延长。

（2）全轻混凝土宜采用强制式搅拌机，砂轻混凝土可采用自落式搅拌机，搅拌时间均应延长60～90s。

（3）高强混凝土应采用强制式搅拌机，搅拌时间应适当延长。

2.投料顺序

投料顺序应从提高搅拌质量，减少叶片、衬板的磨损，减少拌和物与搅拌筒的黏结，减少水泥飞扬，改善工作环境，提高混凝土强度及节约水泥等方面综合考虑确定。常用一次投料法和二次投料法。

（1）一次投料法

一次投料法是在上料斗中先装石子，再加水泥和砂，最后一次投入搅拌筒中进行搅拌。自落式搅拌机要在搅拌筒内先加部分水，投料时砂压住水泥，使水泥不飞扬，而且水泥和砂先进搅拌筒形成水泥砂浆，可缩短水泥包裹石子的时间。

强制式搅拌机出料口在下部，不能先加水，应在投入原材料的同时，缓慢、均匀、分散地加水。

（2）二次投料法

二次投料法是先向搅拌机内投入水和水泥（和砂），待其搅拌1min后再投入石子和砂继续搅拌到规定时间。这种投料方法，既能改善混凝土性能，又能提高混凝土的强度，在保证规定的混凝土强度的前提下可节约水泥。

目前常用的二次投料法有预拌水泥砂浆法和预拌水泥净浆法两种。

预拌水泥砂浆法是指先将水泥、砂和水加入搅拌筒内进行充分搅拌，待成为均匀的水泥砂浆后，再加入石子搅拌成均匀的混凝土。

预拌水泥净浆法是先将水泥和水充分搅拌成均匀的水泥净浆后，再加入砂和石子搅拌成混凝土。

与一次投料法相比，二次投料法可使混凝土强度提高10%～15%，节约水泥15%～20%。

（3）搅拌要求

严格控制混凝土施工配合比。砂、石必须严格过磅，不得随意加减用水量。在搅拌混凝土前，搅拌机应加适量的水运转，使搅拌筒表面润湿，然后将多余的水排干。搅拌第一盘混凝土时，考虑到筒壁上黏附砂浆的损失，石子用量应按配合比规定减半。

搅拌好的混凝土要卸尽，在混凝土全部卸出之前，不得再投入拌和料，更不得采取边出料边进料的方法。混凝土搅拌完毕或预计停歇1h以上时，应将混凝土全部卸出，倒入石子和清水，搅拌5～10min，把沾在料筒上的砂浆冲洗干净后全部卸出。料筒内不得有积水，以免料筒和搅拌叶片生锈，同时应清理搅拌筒以外的积灰，使机械保持清洁完好。

（4）进料容量

进料容量是将搅拌前各种材料的体积累积起来的容量，又称干料容量。

进料容量与搅拌机搅拌筒的几何容量有一定比例关系。进料容量为出料容量的1.4～1.8倍（通常取1.5倍），如任意超载（超载10%），就会使材料在搅拌筒内无充分的空间进行拌和，从而影响混凝土的和易性；反之，如果装料过少，就不能充分发挥搅拌机的效能。

（三）混凝土搅拌站

在混凝土的施工工地，通常将骨料堆场、水泥仓库、配料装置、拌和机及运输设备等进行比较集中的布置，组成混凝土搅拌站，或采用成套的混凝土工厂（拌和楼）来制备混凝土。

混凝土搅拌站是用来集中搅拌混凝土的联合装置，又称混凝土预制场。由于它的机械化、自动化程度较高，所以生产率也很高，并能保证混凝土的质量和节约水泥，常用于混凝土工程量大、工期长、工地集中的大中型水利、电力、桥梁等工程。随着市政建设的发展，采用集中搅拌、提供商品混凝土的搅拌站具有很大的优越性，因而得到迅速发展，并为推广混凝土泵送施工，实现搅拌、输送、浇筑机械联合作业创造了条件。

三、混凝土的运输

混凝土运输是整个混凝土施工中的一个重要环节，对工程质量和施工进度影响较大。由于混凝土料拌和后不能久存，而且在运输过程中对外界的影响比较敏感，因此运输方法不当或疏忽大意，都会降低混凝土的质量，甚至造成废品。

（一）混凝土运输的要求

运输中的全部时间不应超过混凝土的初凝时间。

运输中应保持匀质性，不应产生分层离析现象，不应漏浆；运至浇筑地点应具有规定的坍落度，并保证混凝土在初凝前能有充分的时间进行浇筑。

混凝土的运输道路要求平坦，应以最少的运转次数、最短的时间从搅拌地点运至浇筑地点。

从搅拌机中卸出后到浇筑完毕的延续时间不宜超过如表7–2的规定。

表7–2　混凝土从搅拌机中卸出后到浇筑完毕的延续时间

混凝土强度等级	延续时间/min	
	气温<25℃	气温>25℃
低于及等于C30	120	90
高于C30	90	60

注：（1）掺用外加剂或采用快硬水泥拌制混凝土时，应按试验确定；

（2）轻骨料混凝土的运输、浇筑延续时间应适当缩短。

（二）运输工具的选择

混凝土运输分为地面水平运输、垂直运输和楼面水平运输三种。

地面运输时，短距离多用双轮手推车、机动翻斗车，长距离宜用自卸汽车、混凝土搅拌运输车。

垂直运输可采用各种井架、龙门架和塔式起重机。对于浇筑量大、浇筑速度比较稳定的大型设备基础和高层建筑，宜采用混凝土泵，也可采用自升式塔式起重机或爬升式塔式起重机运输。

（三）泵送混凝土

泵送混凝土是利用混凝土泵的压力将混凝土通过管道输送到浇筑地点，一次完成水平运输和垂直运输。泵送混凝土具有输送能力大、效率高、连续作业、节省人力等优点。

1.液压柱塞泵

液压柱塞泵是利用柱塞的重复运动将混凝土吸入和排出。

混凝土输送管有直管、弯管、锥形管和浇筑软管等，一般由合金钢、橡胶、塑料等材料制成，常用混凝土输送管的管径为100～150mm。

2.泵送混凝土对原材料的要求

（1）粗骨料

碎石最大粒径与输送管内径之比不宜大于1∶3，卵石不宜大于1∶2.5。

（2）砂

以天然砂为宜，砂率宜控制在40%～50%，通过0.315mm筛孔的砂不少于15%。

（3）水泥

最少水泥用量为300kg/m^3，坍落度宜为80～180mm，混凝土内宜适量掺入外加剂（主要有泵送剂、减水剂和引气剂等）。泵送轻骨料混凝土的原材料选用及配合比，应通过试验确定。

3.泵送混凝土施工中应注意的问题

（1）输送管的布置宜短直，尽量减少弯管数，转弯宜缓，管段接头要严密，少用锥形管。

（2）混凝土的供料应保证混凝土泵能连续不间断工作；正确选择骨料配合，严格控制配合比。

（3）泵送前，为减少泵送阻力，应先用适量与混凝土内成分相同的水泥浆或水泥砂浆润滑输送管内壁。

（4）泵送过程中，泵的受料斗内应充满混凝土，防止吸入空气形成阻塞。

（5）防止停歇时间过长，若停歇时间超过45min，应立即用压力或其他方法冲洗管内残留的混凝土。

（6）泵送结束后，要及时清洗泵体和管道。

（7）用混凝土泵浇筑的建筑物，要加强养护，防止龟裂。

四、混凝土的浇筑与振捣

混凝土成型就是将混凝土拌和料浇筑在符合设计尺寸要求的模板内，并加以捣实，使其具有良好的密实性，达到设计强度的要求。混凝土成型过程包括浇筑和振捣，是混凝土工程施工的关键，将直接影响构件的质量和结构的整体性。混凝土经浇筑和捣实后应内实外光，尺寸准确，表面平整，钢筋及预埋件位置符合设计要求，新旧混凝土结合良好。

（一）混凝土浇筑前的准备工作

1.混凝土在浇筑前，应对模板及其支架进行检查。

检查模板的位置、标高、尺寸、强度和刚度是否符合要求，接缝是否严密；对模板中的垃圾、泥土和钢筋上的油污应加以清除；木模板应浇水湿润，但不允许留有积水。

2.对钢筋及其预埋件进行检查。

应请工程监理人员共同检查钢筋的级别、直径、排放位置及保护层厚度是否符合设计和规范要求，并认真做好隐蔽工程记录。

3.准备和检查材料、机具等，注意天气预报，不宜在下雨天浇筑混凝土。

4.做好施工组织工作和技术安全工作。

（二）施工缝和后浇带

1.施工缝的留设与处理

如果由于技术或施工组织上的原因，不能对混凝土结构一次连续浇筑完毕，而必须停歇较长的时间，其停歇时间已超过混凝土的初凝时间，致使混凝土已初凝；当继续浇混凝土时，形成了接缝，即为施工缝。

（1）施工缝的留设位置

施工缝设置的原则，一般宜留在结构受力（剪力）较小且便于施工的部位，并使接触面与结构物的纵向轴线相垂直，尽可能利用伸缩缝或沉降缝作为施工分界段，减少施工缝数量。

（2）柱子

宜留在基础与柱子交接处的水平面上，或梁的下面，或吊车梁牛腿、吊车梁、无梁楼盖柱帽的下面。

高度大于1m的钢筋混凝土梁的水平施工缝，应留在楼板底面下20～30mm处，当板下有梁托时，应留在梁托下部。

单向板：应留在平行于短边的任何位置。

有主、次梁的楼盖：顺次梁方向浇筑，在此梁中间1/3跨度范围内留垂直缝。

墙：在门洞口过梁中间1/3跨度范围内，或在纵横墙交接处留垂直缝。

双向楼板、大体积混凝土结构、拱、薄壳、蓄水池、多层钢架等，按设计要求的位置留置。

2.施工缝的处理

施工缝处继续浇筑混凝土时，应待混凝土的抗压强度不小于1.2MPa方可进行。

施工缝在浇筑混凝土之前，在已硬化的混凝土表面，应除去水泥薄膜、松动石子和软弱的混凝土层，并加以充分湿润和冲洗干净，不得有积水。

浇筑时，施工缝处宜先铺一层水泥浆（水泥：水=1：0.4）或与混凝土成分相同的水泥砂浆，厚度为30～50mm，以保证接缝的质量。

浇筑过程中，施工缝应细致捣实，使其紧密结合。

3.后浇带的施工

后浇带是在现浇混凝土结构施工过程中，克服由于温度、收缩可能产生有害裂缝而设置的临时施工缝。该缝需根据设计要求保留一段时间后再浇筑混凝土，将整个结构连成整体。

后浇带的留置位置应按设计要求和施工技术方案确定。后浇带的设置距离，应考虑在有效降低温度和收缩应力的条件下，通过计算来获得。在正常的施工条件下，有关规范对此规定：如混凝土置于室内和土中，后浇带的设置距离为30m，露天为20m。

后浇带的保留时间应根据设计确定，若设计无要求时，一般至少保留28天以上。

后浇带的宽度应考虑施工简便，避免应力集中，一般宽度为700～1000mm。后浇带内的钢筋应完好保存。

后浇带混凝土浇筑应严格按照施工技术方案进行。在浇筑混凝土前，必须将整个混凝土表面按照施工缝的要求进行处理。在浇筑结构混凝土时，后浇带的模板上应设一层钢丝网，后浇带施工时，钢丝网不必拆除。后浇带无论采用何种形式设置，都必须在封闭前仔细地将整个混凝土表面的浮浆凿除，并凿成毛面，彻底清除后浇带中的垃圾及杂物，并隔夜浇水湿润，铺设水泥浆，以确保后浇带砼与先浇捣的砼连接良好。地下室底板和外墙后浇带的止水处理，按设计要求及相应施工验收规范进行。后浇带的封闭材料应采用比先浇捣的结构砼设计强度等级提高一级的微膨胀混凝土（可在普通混凝土中掺入微膨胀剂UEA，掺量为12%～15%）浇筑振捣密实，并保持不少于14天的保温、保湿养护。

（三）混凝土浇筑

1.混凝土浇筑的一般规定

（1）混凝土浇筑前不应发生离析或初凝现象，如已发生，须重新搅拌。混凝土运至现场后，其坍落度应满足表7-3的要求。

表7-3　混凝土浇筑时的坍落度

结构种类	坍落度/mm
基础或地面的垫层，无配筋的大体积结构（挡土墙、基础等）或配筋稀疏的结构	10～30
板、梁、大型及中型截面的柱子等	30～50
配筋密列的结构（薄壁、斗仓、筒仓、细柱等）	50～70
配筋特密的结构	70～90

（2）浇筑中，当混凝土自由倾落高度较大时，易产生离析现象。为防止离析，当混凝土自由倾落高度大于2m或在竖向结构中浇筑高度超过3m时，应设串筒、溜槽或振动串筒等。

（3）混凝土的浇筑，应当由低处往高处逐层进行，并尽可能使砼顶面保持水平，减少砼在模板内的流动，防止骨料和砂浆分离。预埋件位置应特别注意，切勿使其移动。

（4）混凝土的浇筑应分段、分层连续进行，随浇随捣。混凝土浇筑层厚度应符合表7–3的规定。

（5）在浇筑竖向结构混凝土前，应先在底部浇入厚50 ~ 100mm的与混凝土成分相同的水泥砂浆，以避免产生蜂窝麻面现象。如表7–4要求。

（6）为保证混凝土的整体性，浇筑工作应连续进行。当因为技术上或施工组织上的原因必须间歇时，其间歇时间应尽可能缩短，并应在前层混凝土凝结之前，将次层混凝土浇筑完毕。间歇的最长时间应按所用水泥品种及混凝土条件确定。

表7-4　混凝土浇筑层厚度

项次	捣实混凝土的方法		绕筑层厚度/mm
1	插入式振捣		振捣器作用部分长度的1.25倍
2	表面振动	200	
3	人工捣固	在基础、无筋混凝土或配筋稀疏的结构中	250
		在梁、墙板、柱结构中	200
		在配筋密列的结构中	150
4	轻骨料混凝土	插入式振捣器	300
		表面振动（振动时须加荷）	200

（7）正确留置施工缝。施工缝的位置应在混凝土浇筑之前确定，并宜留置在结构受剪力较小且便于施工的部位。柱应留水平缝，梁、板、墙应留垂直缝。

（8）在混凝土浇筑过程中，应随时注意模板及其支架、钢筋、预埋件及预留孔洞的变化，当出现不正常的变形、位移时，应及时采取措施进行处理，以保证混凝土的施工质量。

（9）在混凝土浇筑过程中应及时、认真地填写施工记录。

2.混凝土的浇筑方法

浇筑框架结构首先要划分施工层和施工段，施工层一般按结构层划分，而每一施工层的施工段划分，则要考虑工序数量、技术要求、结构特点等。

混凝土的浇筑顺序：先浇捣柱子，在柱子浇捣完毕后，停歇1～1.5h，使混凝土达到一定强度后，再浇捣梁和板。

（1）柱混凝土浇筑

①宜在梁板模板安装后，钢筋未绑扎前浇筑，以便利用梁板模板做横向支撑和柱浇筑操作平台。

②开始浇筑时，应先在底部浇筑一层厚5～10cm的与混凝土成分相同的砂浆垫层，以免底部产生蜂窝现象。

③浇筑成排柱子时，其顺序是先外后内，先两端后中间，以免因浇筑混凝土后由于模板吸水膨胀、端面增大而产生横向推力，最终使柱发生弯曲变形。

④凡柱截面在40cm×40cm以内，并有交叉箍筋时，应在柱模板侧面开个高度不小于30cm的门洞，插入斜溜槽分段浇筑，每段高度≤2m。

⑤随着柱浇筑高度的升高，砼表面将集聚大量浆水，因此，砼的水灰比和坍落度应随浇筑高度上升予以递减。

（2）梁和板混凝土浇筑

①浇筑前检验钢筋保护层垫块是否安全可靠。

②肋形楼板的梁、板应同时浇筑，先将梁根据高度分层浇捣成阶梯形，当达到板底位置时即与板的砼一起浇捣，随着阶梯形的不断延长，则可连续向前推进。倾倒砼的方向应与浇筑方向相反。

③当梁高大于1m时，允许单独浇筑，施工缝可留在距板底面以下2～3cm。

（3）剪力墙混凝土浇筑

剪力墙混凝土浇筑除按一般规定进行外，还应注意门窗洞口应两侧同时下料，浇筑高差不能太大，以免门窗洞口发生位移或变形；同时应先浇筑窗台下部，后浇筑窗间墙，以防窗台下部出现蜂窝孔洞。

（四）混凝土浇筑工艺

1.铺料

开始浇筑前，要在旧混凝土面上先铺一层20～30mm厚的水泥砂浆（接缝砂浆），以保证新混凝土与基岩或旧混凝土结合良好。砂浆的水灰比应较混凝土水灰比减少0.03～0.05。混凝土的浇筑，应按一定厚度、次序、方向分层推进。

铺料厚度应根据拌和能力、运输距离、浇筑速度、气温及振捣器的性能等因素确定。一般情况下，浇筑层的允许最大厚度不应超过规定的数值，如采用低流态混凝土及大型强力振捣设备时，其浇筑层厚度应根据试验确定。

2.平仓

平仓是把卸入仓内成堆的混凝土摊平到要求的均匀度。平仓不到位会造成离析，使骨料架空，严重影响混凝土的质量。

（1）人工平仓

人工平仓用铁锹，平仓距离不超过3m，只适用于以下场合。

①在靠近模板和钢筋较密的地方，用人工进行平仓，使石子分布均匀。

②水平止水，止浆片底部要用人工送料填满，严禁料罐直接下料，以免止水，止浆片卷曲和底部混凝土架空。

③门槽、机组预埋件等空间狭小的二期混凝土。

④各种预埋件、观测设备的周围用人工平仓，防止位移和损坏。

（2）振捣器平仓

振捣器平仓时应将振捣器斜插入混凝土料堆下部，使混凝土向操作者位置移动，然后依次地插向料堆上部，直至混凝土摊平到规定的厚度为止。如将振捣器垂直插入料堆顶部，平仓工效固然较高，但易造成粗骨料沿锥体四周下滑，砂浆则集中在中间形成砂浆窝，影响混凝土匀质性。经过振动摊平的混凝土表面可能已经泛出砂浆，但内部并未完全捣实，切不可将平仓和振捣合二为一，影响浇筑质量。

3.振捣

振捣是振动捣实的简称，它是保证混凝土浇筑质量的关键工序。振捣的目的是尽可能地减少混凝土中的空隙，以清除混凝土内部的孔洞，并使混凝土与模板、钢筋及预埋件紧密结合，从而保证混凝土的最大密实度，提高混凝土质量。

振捣方式分为人工振捣和机械振捣两种。人工振捣是利用捣锤或插钎等工具的冲击力来使混凝土密实成型，其效率低、效果差；机械振捣是将振动器的振动力传给混凝土，使之发生强迫振动而密实成型，其效率高、质量好。

混凝土振动机械按其工作方式分为内部振动器、外部振动器、表面振动器和振动台等。

当结构钢筋较密，振捣器难于施工，或混凝土内有预埋件，观测设备周围混凝土振捣力不宜过大时，采用人工振捣。人工振捣要求混凝土拌和物坍落度大于5cm，铺料层厚度小于20mm。人工振捣工具有捣固锤、捣固铲和捣固杆。捣固锤主要用来捣固混凝土的表面；捣固铲用于插边，使砂浆与模板靠紧，防止表面出现麻面；捣固杆用于钢筋稠密的混凝土中，以使钢筋被水泥砂浆包裹，增加混凝土与钢筋之间的握裹力。但是人工振捣工效低，不易保证混凝土质量。

混凝土振捣主要采用振捣器进行，振捣器产生小振幅、高频率的振动，使混凝土在其振动的作用下，内摩擦力和黏结力大大降低，使干稠的混凝土获得了流动性，在重力的作用下骨料互相滑动而紧密排列，空隙由砂浆所填满，空气被排出，从而使混凝土密实，填满模板内部空间，且与钢筋紧密结合。

（1）内部振动器

内部振动器又称插入式振动器，适用于振捣梁、柱、墙等构件和大体积混凝土。

内部振动器的振捣方法有两种：一是垂直振捣，即振动棒与混凝土表面垂直；二是斜向振捣，即振动棒与混凝土表面成40°~45°。

插入式振动器操作要点。

①振捣器的操作要做到快插慢拔，在振动过程中，宜将振动棒上下略微抽动，以使上下振捣均匀。快插：防止先将表面砼捣实而与下面砼发生分层离析；慢拔：使砼能填满振动棒抽出时所造成的空洞。

②插点要均匀，逐点移动，顺序进行，不得遗漏，从而达到均匀振实。振动棒的移动，可采用行列式或交错式。一般振动棒的作用半径为30~40cm。

③混凝土分层浇筑时，每层砼的厚度不超过振动棒长度的1.25倍，还应将振动棒上下来回抽动50~100mm；同时，应将振动棒深入下层混凝土中50mm左右，以消除两层间的接缝。

④掌握好振捣时间，过短不宜捣实，过长可能引起砼产生离析现象。一般每一振捣点的振捣时间为20~30s。

⑤使用振动器时，不允许将其支承在结构钢筋上或碰撞钢筋，不宜紧靠模板振捣。

⑥混凝土振实的条件：不再出现气泡，砼不再明显下沉、表面泛浆、表面形成水平面。

（2）表面振动器

表面振动器又称平板振动器，是将电动机轴上装有左、右两个偏心块的振动器固定在一块平板上而成。其振动作用可直接传递于混凝土面层上。

这种振动器适用于振捣楼板、空心板、地面和薄壳等薄壁结构。

（3）外部振动器

外部振动器又称附着式振动器，它是直接安装在模板上进行振捣的，利用偏心块旋转时产生的振动力通过模板传给混凝土，达到振实的目的。其最大振动深度为30cm左右，适用于振捣断面较小或钢筋较密的柱子、梁、板等构件。

（4）振动台

一般在预制厂用于振实干硬性混凝土和轻骨料混凝土。其宜采用加压振动的方法，加压力为1 ~ 3kN/m^2。

（五）混凝土的养护

1.混凝土的养护方法有自然养护和加热养护两大类。现场施工一般为自然养护。自然养护又分为覆盖浇水养护、塑料布包裹养护和养生液养护等。

2.对于已浇筑完毕的混凝土，应在混凝土终凝前（通常为混凝土浇筑完毕后8 ~ 12h）开始自然养护。

3.混凝土采用覆盖浇水养护的时间：对于硅酸盐水泥、普通硅酸盐水泥或矿渣硅酸盐水泥拌制的混凝土，不得少于7天；对于掺用缓凝型外加剂矿物掺和料或有抗渗性要求的混凝土，不得少于14天。浇水次数应能保证混凝土处于润湿状态，混凝土的养护用水应与拌和用水相同。

4.当采用塑料布覆盖包裹养护时，其外表面全部应覆盖包裹严密，并应保证塑料布内有凝结水。

5.采用养生液养护时，应按产品使用要求，均匀喷刷在混凝土外表面，不得有漏喷刷处。

6.已浇筑的混凝土必须养护至其强度达到1.2N/mm^{2}以上，才允许在上面行人和架设支架、安装模板，但不得冲击混凝土。

第二节　大体积混凝土施工

大体积混凝土是指厚度≥2m，长、宽较大，施工时水化热引起砼内的最高温度与外界温度之差不低于25℃的砼结构。

大体积钢筋混凝土结构多为工业建筑中的设备基础及高层建筑中厚大的桩基承台或基础底板等。

大体积混凝土的特点：混凝土浇筑面和浇筑量大，整体性要求高，不能留施工缝，以及浇筑后水泥的水化热量大且聚集在构件内部，形成较大的内外温差，易造成混凝土表面产生收缩裂缝等。

为保证混凝土浇筑工作连续进行，不留施工缝，应在下一层混凝土初凝之前，将上一层混凝土浇筑完毕。

一、大体积混凝土的浇筑方案

大体积混凝土浇筑方案一般分为全面分层、分段分层和斜面分层三种。

（一）全面分层

在第一层浇筑完毕后，再回头浇筑第二层，如此逐层浇筑，直至完工为止。其适用于平面尺寸不宜太大的结构。施工时，从短边开始，沿长边方向进行。

（二）分段分层

混凝土从底层开始浇筑，进行2～3m后再回头浇筑第二层，同样依次浇筑各层。其适用于厚度不大，而面积较大的结构。

（三）斜面分层

要求斜坡坡度不大于1/3。其适用于结构长度超过厚度3倍的情况。

二、大体积混凝土的振捣

第一，混凝土应采用振捣棒振捣。

第二，在振动初凝以前对混凝土进行二次振捣，排除混凝土因泌水在粗骨料、水平钢筋下部生成的水分和空隙，以此提高混凝土与钢筋的握裹力，防止因混凝土沉落而出现裂缝，减少内部微裂，增加混凝土密实度，使混凝土抗压强度提高，从而提高其抗裂性。

三、大体积混凝土的养护

第一，养护方法分为保温法和保湿法两种。

第二，为了确保新浇筑的混凝土有适宜的硬化条件，防止在早期由于干缩而产生裂缝，大体积混凝土浇筑完毕后，应在12h内加以覆盖和浇水。对于有抗渗要求的混凝土，采用普通硅酸盐水泥拌制的混凝土养护时间不得少于14天；采用矿渣水泥、火山灰水泥等拌制的混凝土养护时间不得少于21天。

四、大体积混凝土裂缝的控制

由于厚大钢筋混凝土结构体积大，水泥水化热聚积在内部不易散发，内部温度显著升高，外表散热快，形成较大的内外温差，内部产生压应力，外表产生拉应力，如内外温差过大（25℃以上），则混凝土表面将产生裂纹。当混凝土内部逐渐散热冷却，产生收缩，由于受到基底或已硬化混凝土的约束，不能自由收缩，而产生拉应力。温差越大，约束程度越高，结构长度越长，则拉应力越大。当拉应力超过混凝土的抗拉强度时即产生裂纹，裂缝从基底开始向上发展，甚至贯穿整个基础。这种裂缝比表面裂缝危害更大。

第一，优先选用低水化热的矿渣水泥拌制混凝土，并适当使用缓凝减水剂。

第二，在保证混凝土设计强度等级前提下，适当降低水灰比，减少水泥用量。

第三，降低混凝土的入模温度，控制混凝土内外的温差（当设计无要求时，控制在25℃以内）。如降低拌和水温度（拌和水中加冰屑或用地下水）；骨料用水冲洗降温，避免暴晒。

第四，及时对混凝土覆盖保温、保湿材料。

第五，可在基础内预埋冷却水管，通入循环水，强制降低混凝土水化热产生的温度。

第六，在拌和混凝土时，还可掺入适量的微膨胀剂或膨胀水泥，使混凝土得到补偿收缩，减少混凝土的温度应力。

第七，设置后浇带。当大体积混凝土平面尺寸过大时，可以适当设置后浇带，以减少外应力和温度应力；同时，有利于散热，降低混凝土的内部温度。

第八，大体积混凝土可采用二次抹面工艺，减少表面收缩裂缝。

五、泌水的处理

大体积混凝土的另一个特点是上、下灌筑层施工间隔时间较长，各分层之间易产生泌水层，将使混凝土强度降低，产生酥软、脱皮、起砂等不良后果。采用自流方式和抽汲方法排除泌水，会带走一部分水泥浆，影响混凝土的质量。如在同一结构中使用两种不同坍落度的混凝土，可收到较好的效果。若掺用一定数量的减水剂，则可大大减少泌水现象。

第三节　预应力混凝土施工

预应力混凝土能充分发挥高强度钢材的作用，即在外荷载作用于构件之前，利用钢筋张拉后的弹性回缩，对构件受拉区的混凝土预先施加压力，产生预压应力，使混凝土结构在作用状态下充分发挥钢筋抗拉强度高和混凝土抗压能力强的特点，可以提高构件的承载能力。当构件在荷载作用下产生拉应力时，首先抵消预应力，然后随着荷载不断增加，受拉区混凝土才受拉开裂，从而延迟了构件裂缝的出现和限制了裂缝的开展，提高了构件的抗裂度和刚度。这种利用钢筋对受拉区混凝土施加预压应力的钢筋混凝土，叫作预应力混凝土。

预应力混凝土的特点：与普通钢筋混凝土相比，具有构件截面小、自重轻、刚度大、抗裂度高、耐久性好、材料用量省等优点；在大开间、大跨度与重荷载的结构中，采用预应力混凝土结构，可减少材料用量，扩大使用功能，综合经济效益好。其在现代结构中具有广阔的发展前景。

一、预应力混凝土的分类

（一）先张法预应力混凝土

先张法是先张拉预应力筋，后浇筑混凝土的预应力混凝土生产方法。这种方法需要专用的生产台座和夹具，以便张拉和临时锚固预应力筋，待混凝土达到设计强度后，放松预应力筋。先张法适用于预制厂生产中小型预应力混凝土构件。预应力是通过预应力筋与混凝土间的黏结力传递给混凝土的。

（二）后张法预应力混凝土

后张法是先浇筑混凝土后张拉预应力筋的预应力混凝土生产方法。这种方法需要预留孔道和专用的锚具，张拉锚固的预应力筋要求进行孔道灌浆。后张法适用于施工现场生产大型预应力混凝土构件与结构。预应力是通过锚具传递给混凝土的。

（三）有黏结预应力混凝土

有黏结预应力混凝土是指预应力筋沿全长均与周围混凝土相黏结。先张法的预应力筋直接浇筑在混凝土内，预应力筋和混凝土是有黏结的；后张法的预应力筋通过孔道灌浆与混凝土形成黏结力，这种方法生产的预应力混凝土也是有黏结的。

（四）无黏结预应力混凝土

无黏结预应力混凝土的预应力筋沿全长与周围混凝土能发生相对滑动，为防止预应力筋腐蚀和与周围混凝土黏结，采用涂油脂和缠绕塑料膜等措施。

二、预应力混凝土的优点

第一，改善结构的使用性能，延缓裂缝的出现，减小裂缝宽度；显著提高截面刚度，减小挠度，可建造大跨度结构。

第二，受剪承载力提高，施加纵向预应力可延缓斜裂缝的形成，使受剪承载力得到提高。

第三，卸载后的结构变形或裂缝可得到恢复，由于预应力的作用，使用活荷载移去后，裂缝会闭合，结构变形也会得到复位。

第四，提高构件的疲劳承载力，预应力可降低钢筋的疲劳应力比，增加钢筋的疲劳强度。

第五，使高强钢材和高强混凝土得到应用，有利于减轻结构自重，节约材料，获得经济效益。

三、先张法预应力混凝土施工

先张法是在浇筑混凝土构件之前先将预应力筋张拉到设计控制应力，用夹具将其临时固定在台座或钢模上，进行绑扎钢筋，安装铁件，支设模板，然后浇筑混凝土；待混凝土达到规定的强度，保证预应力筋与混凝土有足够的黏结力时，放松预应力筋，借助它们之间的黏结力，在预应力筋弹性回缩时，使混凝土构件受拉区的混凝土获得预压应力。

先张法一般用于预制构件厂生产定型的中小型构件，如楼板、屋面板、檩条及吊车梁等。

先张法生产时，可采用台座法和机组流水法。

采用台座法时，预应力筋的张拉、锚固，混凝土的浇筑、养护及预应力筋放松等均在台座上进行；预应力筋放松前，其拉力由台座承受。

采用机组流水法时，构件连同钢模通过固定的机组，按流水方式完成（张拉、锚固、混凝土浇筑和养护）每一生产过程；预应力筋放松前，其拉力由钢模承受。

（一）先张法施工准备

1.台座

台座由台面、横梁和承力结构等组成，是先张法生产的主要设备。预应力筋张拉、锚固，混凝土浇筑、振捣和养护及预应力筋放张等全部施工过程都在台座上完成；预应力筋放松前，台座承受全部预应力筋的拉力。因此，台座应有足够的强度、刚度和稳定性。台座一般采用墩式台座和槽式台座。

（1）墩式台座

墩式台座由台墩、台面与横梁等组成。台墩和台面共同承受拉力。墩式台座用以生产各种形式的中小型构件。

（2）槽式台座

槽式台座由端柱、传力柱、横梁和台面组成。槽式台座既可承受拉力，又可做蒸汽养护槽，它适用于张拉吨位较大的大型构件，如屋架、吊车梁等。

2.夹具

夹具是先张法构件施工时保持预应力筋拉力，并将其固定在张拉台座（或设备）上的临时性锚固装置。按其工作用途不同分为钢丝锚固夹具和钢丝张拉夹具。

（1）钢丝锚固夹具

钢丝锚固夹具钢丝锚固夹具又分为圆锥齿板式夹具（锥销夹具）和镦头夹具。锥销夹具可分为圆锥齿板式夹具和圆锥槽式夹具。采用镦头夹具时，将预应力筋端部热镦或冷镦，通过承力分孔板锚固。

（2）钢筋锚固常用圆套筒三片式夹具

钢丝锚固夹具由套筒和夹片组成，适用于先张法；用YC–18型千斤顶张拉时，适用于锚固直径为12mm、14mm的单根冷拉HRB400、RRB400级钢筋。

（3）张拉夹具

张拉夹具是夹持住预应力筋后，与张拉机械连接起来进行预应力筋张拉的机具。常用的张拉夹具有月牙形夹具、偏心式夹具、楔形夹具等。其适用于张拉钢丝和直径16mm以下的钢筋。

（4）张拉设备

张拉机具的张拉力应不小于预应力筋张拉力的1.5倍；张拉机具的张拉行程不小于预应力筋伸长值的1.1～1.3倍。

①钢丝张拉设备：钢丝张拉分单根张拉和成组张拉。用钢模以机组流水法或传送带法生产构件时，常采用成组钢丝张拉。在台座上生产构件一般采用单根钢丝张拉，可采用电动卷扬机、电动螺杆张拉机进行张拉。电动螺杆张拉机由螺杆、顶杆、张拉夹具、弹簧测

力计及电动机等组成。

②钢筋张拉设备：穿心式千斤顶用于直径12～20mm的单根钢筋、钢绞线或钢丝束的张拉。

用YC-20型穿心式千斤顶张拉时，高压油泵启动，从后油嘴进油，前油嘴回油，被偏心夹具夹紧的钢筋随液压缸的伸出而被拉伸。

YC-20型穿心式千斤顶的最大张拉力为20kN，最大行程为200mm。其适用于用圆套筒三片式夹具张拉锚固12～20mm单根冷拉HRB400和RRB400钢筋。

（二）先张法施工工艺

1.预应力筋的铺设、张拉

（1）预应力筋（丝）的铺设

长线台座面（或胎模）在铺放钢丝前，应进行清扫并涂刷隔离剂。隔离剂不应沾污钢丝，以免影响钢丝与混凝土的黏结。如果预应力筋遭受污染，应使用适当的溶剂加以清洗干净。在生产过程中，应防止雨水冲刷台面上的隔离剂。

（2）张拉前的准备

①检查预应力筋的品种、级别、规格、数量（排数、根数）是否符合设计要求。

②预应力筋的外观质量应全数检查，预应力筋应展开后平顺，没有弯折，表面无裂纹、小刺、机械损伤、氧化铁皮和油污等。

③检查张拉设备是否完好，测力装置是否校核准确。

④检查横梁、定位承力板是否贴合及严密稳固。

⑤预应力筋张拉后，对设计位置的偏差不得大于5mm，也不得大于构件截面最短边长的4%。

⑥在浇筑混凝土前发生断裂或滑脱的预应力筋必须予以更换。

⑦张拉、锚固预应力筋应由专人操作，实行岗位责任制，并做好预应力筋张拉记录。

⑧在已张拉钢筋（丝）上进行绑扎钢筋、安装预埋铁件、支承安装模板等操作时，要防止踩踏、敲击或碰撞钢丝。

（3）预应力筋张拉注意事项

①为避免台座承受过大的偏心力，应先张拉靠近台座截面重心处的预应力筋。

②钢质锥形夹具锚固时，敲击锥塞或楔块应先轻后重，同时倒开张拉设备并放松预应力筋，两者应密切配合，既要减少钢丝滑移，又要防止敲击力过大导致钢丝在锚固夹具处断裂。

对重要结构构件（如吊车梁、屋架等）的预应力筋，用应力控制方法张拉时，应校核预应力筋的伸长值。同时，张拉多根预应力钢丝时，应预先调整初应力（$10\%\sigma_{con}$），使其相互之间的应力一致。

2.混凝土的浇筑与养护

混凝土的收缩是水泥浆在硬化过程中脱水密结合形成毛细孔压缩的结果。混凝土的徐变是荷载长期作用下混凝土的塑性变形，因水泥石内凝胶体的存在而产生。

为了减少混凝土的收缩和徐变引起的预应力损失，在确定混凝土配合比时，应优先选用干缩性小的水泥，采用低水灰比，控制水泥用量，对骨料采取良好的级配等措施。

预应力钢丝张拉、绑扎钢筋、预埋铁件安装及立模工作完成后，应立即浇筑混凝土，每条生产线应一次连续浇筑完成，不允许留设施工缝。

采用机械振捣密实时，要避免碰撞钢丝。混凝土未达到一定强度前，不允许碰撞或踩踏钢丝。

预应力混凝土可采用自然养护或湿热养护，自然养护不得少于14天。干硬性混凝土浇筑完毕后，应立即覆盖并进行养护。

当预应力混凝土采用湿热养护时，要尽量减少由温度升高而引起的预应力损失。

为了减少温差造成的应力损失，采用湿热养护时，在混凝土未达到一定强度前，温差不要太大，一般不超过20℃。

3.预应力筋放张

（1）放张要求

放张预应力筋时，混凝土强度必须符合设计要求。当设计无要求时，不得低于设计的混凝土强度标准值的75%。对于重叠生产的构件，要求最上层构件的混凝土强度不低于设计强度标准值的75%时方可进行预应力筋的放张。过早放张预应力筋会引起较大的预应力损失或产生预应力筋滑动。预应力混凝土构件在预应力筋放张前要对混凝土试块进行试压，以确定混凝土的实际强度。

（2）放张顺序

①预应力筋放张时，应缓慢放松锚固装置，使各根预应力筋缓慢放松。

②预应力筋放张顺序应符合设计要求，当设计未规定时，可按下列要求进行。

a.承受轴心预应力构件的所有预应力筋应同时放张。

b.承受偏心预压力构件，应先同时放张预压力较小区域的预应力筋，再同时放张预压力较大区域的预应力筋。

c.不满足上述要求的，应分阶段、对称、相互交错进行放张，以防止放张过程中构件产生弯曲和预应力筋断裂。

d.长线台座生产的钢弦构件，剪断钢丝宜从台座中部开始。

e.叠层生产的预应力构件，宜按自上而下的顺序进行放张。

f.板类构件放张时，应从两边逐渐向中心进行。

（3）放张方法

①对于中小型预应力混凝土构件，预应力丝的放张宜从生产线中间处开始，以减少回弹量且有利于脱模；对于大构件应从外向内对称、交错逐根放张，以免构件扭转、端部开裂或钢丝断裂。

②放张单根预应力钢筋，一般采用千斤顶放张。

③构件预应力筋较多时，整批同时放张可采用砂箱、楔块等装置。

④对于装置预应力筋数量不多的混凝土构件，可以采用钢丝钳剪断、锯割、熔断（仅属于Ⅰ～Ⅲ级冷拉筋）方法放张，但对钢丝、热处理钢筋不得用电弧切割。

四、后张法预应力钢筋混凝土施工

后张法是指先制作混凝土构件，并在预应力筋的位置预留出相应孔道，待混凝土强度达到设计规定的数值后，其次穿入预应力筋进行张拉，并利用锚具把预应力筋锚固，最后进行孔道灌浆。

后张法的特点如下：①预应力筋在构件上张拉，无须台座，不受场地限制，张拉力可达几百吨，所以后张法适用于大型预应力混凝土构件制作。它既适用于预制构件生产，也适用于现场施工大型预应力构件，而且后张法又是预制构件拼装的手段。②锚具为工作锚。预应力筋用锚具固定在构件上，不仅在张拉过程中起作用，而且在工作过程中也起作用，永远停留在构件上，成为构件的一部分。③预应力传递靠锚具。

（一）预应力筋、锚具和张拉机具

1.单根粗钢筋（直径18～36mm）

（1）锚具

单根粗钢筋的预应力筋，如果采用一端张拉，则在张拉端用螺丝端杆锚具，固定端用帮条锚具或镦头锚具；如果采用两端张拉，则两端均用螺丝端杆锚具。镦头锚具由镦头和垫板组成。

（2）张拉设备

与螺丝端杆锚具配套的张拉设备为拉杆式千斤顶。常用的有YL-20型、YL-60型油压千斤顶。YL-60型油压千斤顶是一种通用型的拉杆式液压千斤顶。YL-60型油压千斤顶适用于张拉采用螺丝端杆锚具的粗钢筋、锥形螺杆锚具的钢丝束及镦头锚具的钢筋束。

（3）单根粗钢筋预应力筋制作

单根粗钢筋预应力筋制作包括配料、对焊、冷拉等工序。预应力筋的下料长度应通过计算确定，计算时要考虑结构构件的孔道长度、锚具厚度、千斤顶长度、焊接接头或镦头的预留量、冷拉伸长值、弹性回缩值等。

2.钢筋束、钢绞线

（1）锚具

钢筋束、钢绞线采用的锚具有JM型、KT–Z型、XM型、QM型和镦头锚具等。其中镦头锚具用于非张拉端。

①JM型锚具：JM型锚具是一种利用楔块原理锚固多根预应力筋的锚具，它既可作为张拉端的锚具，又可作为固定端的锚具或重复使用的工具锚。JM型锚具由锚环与夹片组成，锚环分甲型和乙型两种。

JM型锚具与YL–60型千斤顶配套使用，不仅适用于锚固3～6根直径为12mm光面或螺纹钢筋束，也可用于锚固5～6根直径为12mm或15mm的钢绞线束。

②KT–Z型锚具：KT–Z型锚具由锚环和锚塞组成，分为A型和B型两种。当预应力筋的最大张拉力超过450kN时采用A型，不超过450kN时采用B型。KT–Z型锚具适用锚固3～6根直径为12mm的钢筋束或钢绞线束。

③XM型和QM型锚具：XM型和QM型锚具是新型锚具，利用楔形夹片将每根钢绞线独立地锚固在带有锥形的锚环上，形成一个独立的锚固单元。XM型锚具由锚环和3块夹片组成。

④镦头锚具：镦头锚具适用于预应力钢筋束固定端锚固用，由固定板和带镦头的预应力筋组成。

（2）钢筋束、钢绞线的制作

钢筋束所用钢筋是成圆盘供应，不需要对焊接头。钢筋束或钢绞线束预应力筋的制作包括开盘冷拉、下料、编束等工序。预应力钢筋束下料应在冷拉后进行。当采用镦头锚具时，则应增加镦头工序。

当采用JM型或XM型锚具，用穿心式千斤顶张拉时，钢筋束和钢丝束的下料长度L应等于构件孔道长度加上两端为张拉、锚固所需的外露长度。

3.钢丝束

（1）锚具

钢丝束用作预应力筋时，由几根到几十根直径为3～5mm的平行碳素钢丝组成。其固定端采用钢丝束镦头锚具，张拉端锚具可采用钢质锥形锚具、锥形螺杆锚具、XM型锚具。

①锥形螺杆锚具用于锚固14、16、20、24根或28根直径为5mm的碳素钢丝。

②钢丝束镦头锚具适用于12～54根直径为5mm的碳素钢丝。常用镦头锚具分为A型与B型。A型由锚环与螺母组成，用于张拉端。B型为锚板，用于固定端。

③钢质锥形锚具用于锚固以锥锚式双作用千斤顶张拉的钢丝束，适用于锚固6、12、

18根或24根直径为5mm的钢丝束。

（2）张拉设备

锥形螺杆锚具、钢丝束镦头锚具宜采用拉杆式千斤顶（YL-60型）或穿心式千斤顶（YC-60型）张拉锚固。钢质锥形锚具应用锥锚式双作用千斤顶（常用YZ-60型）张拉锚固。

（3）钢丝束制作

钢丝束制作一般需经调直、下料、编束和安装锚具等工序。

当用钢质锥形锚具、XM型锚具时，钢丝束的制作和下料长度计算基本上与预应力钢筋束相同。钢丝束镦头锚固体系，如采用镦头锚具一端张拉时，应考虑钢丝束张拉锚固后螺母位于锚环中部。用钢丝束镦头锚具锚固钢丝束时，其下料长度力求精确。

编束是为了防止钢筋扭结。

采用镦头锚具时，先将内圈和外圈钢丝分别用铁丝按次序编排成片，然后将内圈放在外圈内绑扎成钢丝束。

（二）后张法施工工艺

后张法施工工艺与预应力施工有关的是孔道留设、预应力筋张拉和孔道灌浆三部分。

1.孔道留设

（1）孔道留设的基本要求

构件中留设孔道主要用于穿预应力钢筋（束）及张拉锚固后灌浆。孔道留设的基本要求如下：

①孔道直径应保证预应力筋（束）能顺利穿过。

②孔道应按设计要求的位置、尺寸埋设准确、牢固，浇筑混凝土时不应出现移位和变形。

③在设计规定位置上留设灌浆孔。

④在曲线孔道的曲线波峰部位应设置排气兼泌水管，必要时可在最低点设置排水管。

⑤灌浆孔及泌水管的孔径应能保证浆液畅通。

（2）孔道留设方法

预留孔道形状有直线、曲线和折线形，孔道留设方法如下。

①钢管抽芯法：预先将平直、表面圆滑的钢管埋设在模板内预应力筋孔道位置上。在开始浇筑至浇筑后拔管前，间隔一定时间要缓慢匀速地转动钢管；待混凝土初凝后至终凝之前（常温下抽管时间在混凝土浇筑后3～5h）。用卷扬机匀速拔出钢管即在构件中形成

孔道。

钢管抽芯法只用于留设直线孔道，且钢管长度不宜超过15m，钢管两端各伸出构件500mm左右，以便转动和抽管。构件较长时，可采用两根钢管，中间用套管连接。

抽管时间与水泥品种、浇筑气温和养护条件有关。采用钢筋束镦头锚具和锥形螺杆锚具留设孔道时，张拉端的扩大孔也可用钢管成型，留孔时应注意端部扩孔应与中间孔道同心。

②胶管抽芯法：胶管抽芯法利用的胶管有5～7层的夹布胶管和钢丝网胶管，应将其预先架设在模板中的孔道位置上，胶管每间隔距离不大于0.5m用钢筋井字架予以固定。

采用夹布胶管预留孔道时，在混凝土浇筑前夹布胶管内充入压缩空气或压力水，使管径增大3mm左右，然后浇筑混凝土，待混凝土初凝后放出压缩空气或压力水，使管径缩小和混凝土脱离开，抽出夹布胶管。夹布胶管内充入压缩空气或压力水前，胶管两端应有密封装置。采用钢丝网胶管预留孔道时，预留孔道的方法和钢管相同。由于钢丝网胶管质地坚硬，并具有一定的弹性，抽管时在拉力作用下管径缩小和混凝土脱离开，即可将钢丝网胶管抽出。

③预埋管法：预埋管法是用钢筋井字架将黑铁皮管、薄钢管或金属螺旋管固定在设计位置上，在混凝土构件中埋管成型的一种施工方法，无须抽出。此法适用于预应力筋密集或曲线预应力筋的孔道埋设，但电热后张法施工中，不得采用波纹管或其他金属管埋设的管道。

2.预应力筋张拉

（1）预应力损失

①预应力直线钢筋由于锚具变形和钢筋内缩引起的预应力损失。

②预应力钢筋与孔道壁之间的摩擦引起的预应力损失。

③混凝土加热养护时，受张拉的钢筋与承受拉力的设备之间温差引起的预应力损失。

④钢筋应力松弛引起的预应力损失。

⑤混凝土收缩、徐变引起受拉区和受压区预应力钢筋的预应力损失。

⑥用螺旋式预应力钢筋做配筋的环形构件，当直径d＜3m时，由于混凝土的局部挤压引起的预应力损失。

⑦预应力损失值组合。

上述①～⑥的预应力损失，有的只发生在先张法构件中，有的只发生于后张法构件中，有的两种构件均有，而且是分批产生的。应按规范规定进行组合。

（2）张拉对混凝土强度要求

预应力筋张拉时，构件的混凝土强度应符合设计要求；如设计无要求时，混凝土强度不应低于设计强度等级的75%。对于拼装的预应力构件，其拼缝处混凝土或砂浆强度如设计无要求时，不宜低于块体混凝土设计强度等级的40%，且不低于15MPa。

后张法构件为了搬运需要，可提前施加一部分预应力，使构件建立较低的预应力值以承受自重荷载。但此时混凝土的立方强度不应低于设计强度等级的60%。

（3）穿筋

螺丝端杆锚具预应力筋穿孔时，用塑料套或布片将螺纹端头包扎保护好，避免螺纹与混凝土孔道摩擦损坏。成束的预应力筋将一头对齐，按顺序编号套在穿束器上。

（4）预应力筋的张拉顺序

预应力筋张拉顺序应按设计规定进行；如设计无规定时，应分批、分阶段、对称地进行。

预应力混凝土吊车梁预应力筋采用两台千斤顶的张拉顺序，对配有多根不对称预应力筋的构件，应采用分批、分阶段、对称张拉。

平卧重叠浇筑的预应力混凝土构件，张拉预应力筋的顺序是先上后下，逐层进行。

（5）预应力筋张拉程序

预应力筋的张拉程序，主要根据构件类型、张锚体系、松弛损失取值等因素来确定。

（6）预应力筋的张拉方法

对于曲线预应力筋和长度大于24m的直线预应力筋，应采用两端同时张拉的方法；长度等于或小于24m的直线预应力筋，可一端张拉，但张拉端宜分别设置在构件两端。

对预埋波纹管孔道曲线预应力筋和长度大于30m的直线预应力筋宜在两端张拉；长度等于或小于30m的直线预应力筋可在一端张拉。

安装张拉设备时，对于直线预应力筋，应使张拉力的作用线与孔道中心线重合；对于曲线预应力筋，应使张拉力的作用线与孔道中心线末端的切线方向重合。

（7）张位安全事项

在张拉构件的两端应设置保护装置，如用麻袋、草包装土筑成土墙，以防止螺帽滑脱、钢筋断裂飞出伤人；在张拉操作中，预应力筋的两端严禁站人，操作人员应在侧面工作。

3.孔道灌浆

预应力筋张拉后，应尽快地用灰浆泵将水泥浆压灌到预应力孔道中。灌浆用水泥浆应有足够的黏结力，且应有较大的流动性、较小的干缩性和泌水性。灌浆前，用压力水冲洗和湿润孔道。灌浆顺序应先下后上，以免上层孔道漏浆把下层孔道堵塞。灌浆工作应缓慢、均匀、连续进行，不得中断。

第四节　装配式混凝土结构施工

装配式钢筋混凝土结构是我国建筑结构发展的重要方向之一，它不但有利于我国建筑工业化的发展，提高生产效率，节约能源，发展绿色环保建筑，并且有利于提高和保证建筑工程质量。与现浇施工工法相比，装配式钢筋混凝土结构有利于绿色施工，因为装配式施工能符合绿色施工的节地、节能、节材、节水和环境保护等要求，降低对环境的负面影响，包括降低噪声，防止扬尘，减少环境污染，清洁运输，减少场地干扰，节约水、电、材料等资源和能源，同时遵循可持续发展的原则。而且，装配式结构可以连续地按顺序完成工程的多个或全部工序，从而减少进场的工程机械种类和数量，消除工序衔接的停闲时间，实现立体交叉作业，减少施工人员，从而提高工效，降低物料消耗，减少环境污染，为绿色施工提供保障。另外，装配式结构在较大程度上减少建筑垃圾（约占城市垃圾总量的30%～40%），如废钢筋、废铁丝、废竹木材、废弃混凝土等。

国内外学者对装配式结构做了大量的研究工作，并开发了多种装配式结构形式，如无黏结预应力装配式框架、混合连接装配式混凝土框架、预制结构钢纤维高强混凝土框架、装配整体式钢骨混凝土框架等。由于我国对预制混凝土结构抗震性能认识不足，导致预制混凝土结构的研究和工程应用与国外先进水平相比还有明显差距，预制混凝土结构在地震区的应用受到限制，因此我国迫切需要展开对预制混凝土结构抗震性能的系统研究。

一、构件制作

（1）预制构件制作单位应具备相应的生产工艺设施，并应有完善的质量管理体系和必要的试验检测手段。

（2）预制构件制作前，应对其技术要求和质量标准进行技术交底，并应制订生产方案；生产方案应包括生产工艺、模具方案、生产计划，技术质量控制措施、成品保护、堆放及运输方案等内容。

（3）预制结构构件采用钢筋套筒灌浆连接时，应在构件生产前进行钢筋套筒灌浆连接接头的抗拉强度试验，每种规格的连接接头试件数量不应少于3个。

二、运输与堆放

（1）应制订预制构件的运输和堆放方案，其内容应包括运输时间、次序、堆放场地、运输线路、固定要求、堆放支垫及成品保护措施等。对于超高、超宽、形状特殊的大型构件的运输和堆放应有专门的质量安全保证措施。

（2）预制构件堆放应符合下列规定。

①堆放场地应平整、坚实，并应有排水措施。

②预埋吊件应朝上，标识宜朝向堆垛间的通道。

③构件支垫应坚实，垫块在构件下的位置宜与脱模、吊装时的起吊位置一致。

④重叠堆放构件时，每层构件间的垫块应上下对齐，堆垛层数应根据构件、垫块的承载力确定，并应根据需要采取防止堆垛倾覆的措施。

⑤堆放预应力构件时，应根据构件起拱值的大小和堆放时间采取相应措施。

（3）墙板的运输与堆放应符合下列规定。

①当采用靠放架堆放或运输构件时，靠放架应具有足够的承载力和刚度，与地面倾斜角度宜大于80%；墙板宜对称靠放且外饰面朝外，构件上部宜采用木垫块隔离；运输时构件应采取固定措施。

②当采用插放架直立堆放或运输构件时，宜采取直立运输方式；插放架应有足够的承载力和刚度，并应支垫稳固。

③采用叠层平放的方式堆放或运输构件时，应采取防止构件产生裂缝的措施。

三、工程施工

（一）一般规定

1.吊具应根据预制构件形状、尺寸及重量等参数进行配置，吊索水平夹角不宜大于60°，且不应小于45°；对尺寸较大或形状复杂的预制构件，宜采用有分配梁或分配桁架的吊具。

2.钢筋套筒灌浆前，应在现场模拟构件连接接头的灌浆方式。每种规格钢筋应制作不少于3个套筒灌浆连接接头，进行灌注质量以及接头抗拉强度的检验；经检验合格后，方可进行灌浆作业。

3.未经设计允许，不得对预制构件进行切割、开洞。

（二）安装与连接

（1）采用钢筋套筒灌浆连接、钢筋浆锚搭接连接的预制构件就位前，应检查下列内容。

①套筒与预留孔的规格、位置、数量和深度。

②被连接钢筋的规格、位置、数量和长度。

当套筒、预留孔内有杂物时，应清理干净；当连接钢筋倾斜时，应进行校直。连接钢筋偏离套筒或孔洞中心线不宜超过5mm。

（2）墙、柱构件的安装应符合下列规定。

①构件安装前，应清洁结合面。

②构件底部应设置可调整接缝厚度和底部标高的垫块。

③钢筋套筒灌浆连接接头、钢筋浆锚搭接连接接头灌浆前，应在对接缝周围进行封堵，封堵措施应符合结合面承载力设计要求。

④多层预制剪力墙底部采用坐浆材料时，其厚度不宜大于20mm。

（3）构件连接部位后浇混凝土及灌浆料的强度达到设计要求后，方可拆除临时固定措施。

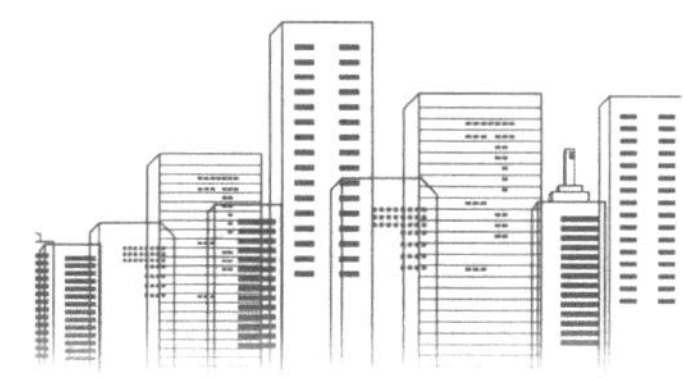

第八章　装配式混凝土建筑质量控制

第一节　装配式混凝土构件的生产

一、预制构件厂生产工艺布置

装配式混凝土构件的生产，按照生产场地分类，可分为施工现场生产和工厂化生产两种。对于预制构件数量少、工艺简单，施工现场条件允许的项目，可采用在施工现场生产的方式。但是，对于装配式混凝土建筑，由于预制构件需求量大，构件种类多，生产工艺复杂，施工现场普遍不具有生产条件，故多采用在预制构件厂生产的方式。

流水生产组织是大批量生产的典型组织形式。在流水生产组织中，劳动对象按制定的工艺路线及生产节拍，连续不断地，按顺序通过各个工位，最终形成产品。这种生产方式工艺过程封闭，各工序时间基本相等或成简单的倍数关系，生产节奏性强，过程连续性好，能采用先进、高效的技术装备，能提高工人的操作熟练程度和效率，缩短生产周期。

按流水生产要求设计和组织的生产线称为流水生产线，简称流水线。按生产节拍性质可分为强制节拍流水线和自由节拍流水线；按自动化程度可分为自动化流水线、机械化流水线和手工流水线；按加工对象移动方式可分为移动式流水线和固定式流水线；按加工对象品种可分为单品种流水线和多品种流水线。结合以上划分，在各类预制构件方面典型的流水生产类型包括以下几项。

（一）固定模台法

固定模台法的主要特点是模台固定不动，通过操作工人和生产机械的位置移动来完成构件的生产。固定模台法具有适用性好、管理简单、设备成本较低的特点，但难以机械化，人工消耗较多。这种生产方式主要应用于生产车间的自动化、机械化实力较弱的生产企业，或者用于生产同种产品数量少、生产难度大的预制构件。

（二）流动模台法

流动模台法是指，在生产线上按工艺要求依次设置若干操作工位，工序交接时模台可沿生产线行走，构件生产时模台依次在正在进行的工艺工位停留，直至最终生产完成。这种生产方式不仅机械化程度高，生产效率也高，可连续循环作业，便于实现自动化生产。目前，大多数的PC构件生产线采用流动模台法。

二、预制构件的生产设备与工具

（一）预制构件的生产设备

预制构件生产设备通常包括混凝土制造设备、钢筋加工组装设备、材料出入及保管设备，成型设备，加热养护设备，搬运设备，起重设备，测试设备等。本节主要介绍流动模台法中常用的设备，包括模台、辊道、模台清理喷涂机、画线机、混凝土送料机、混凝土布料机、混凝土振动台、蒸养窑等。

1.模台

模台是预制构件生产的作业面，也是预制构件的底模板。目前常用的模台有不锈钢模台和碳钢模台。

模台面板宜选用整块的钢板制作，钢板厚度不宜小于10mm。其尺寸应满足预制构件的制作尺寸要求，一般不小于3500mm × 9000mm。模台表面必须平整，表面高低差在任意2000mm长度内不得超过2mm，在气温变化较大的地区应设置伸缩缝。

2.辊道

辊道是实现模台沿生产线机械化行走的必要设备。它是由两侧的辊轮组成。工作时，辊轮同向辐动，带动上面的模台向下一道工序的作业地点移动。模台辊道应能合理控制模台的运行速度，并保证模台运行时不偏离不颠簸。

此外，辊道的规格应与模台对应。

3.模台清理喷涂机

模台清理喷涂机是对模台表面进行清理和喷涂脱模剂等生产所需剂液的一体化设备。目前国内预制构件生产企业发展不均衡，部分发展相对滞后的企业依然由人工来完成这部分工作。

4.画线机

画线机是通过数控系统控制，根据设计图纸要求，在模台上进行全自动画线的设备。相比人工操作，画线机不仅对构件的定位更加准确，并且可以大大减少画线作业所用的时间。

5.混凝土送料机

混凝土送料机是向混凝土布料机输送混凝土拌合物的设备。目前生产企业普遍应用的混凝土输送设备可通过手动、遥控和自动三种方式接收指令，按照指令以指定的速度移动或停止，与混凝土布料机联动或终止联动。

6.混凝土布料机

混凝土布料机是预制构件生产线上向模台上的模具内浇筑混凝土的设备。布料机应能在生产线上方纵横向移动，以满足将混凝土均匀浇筑在模具内的要求。布料机的储料斗应有足够的储料容量以保证混凝土浇筑作业的连续进行。布料口的高度应可调或处于满足混凝土浇筑中自由下落高度的要求。布料机应有下料速度变频控制系统，实时调整下料速度。

7.混凝土振动台

混凝土振动台是预制构件生产线上用于实现混凝土振捣密实的设备。振动台具有振捣密实度好、作业时间短、噪声小等优点，非常适用于预制构件流水生产。

待振捣的预制混凝土构件必须牢固固定在工作台面上，构件不宜在工作台面上偏置，以保证振动均匀。振动台开启后振捣首个构件前需先试车，待空载3～5min确定无误后方可投入使用。生产过程中如发现异常，应立即停止使用，待找出故障并修复后才能重新投入生产。

8.蒸养窑

在预制构件生产过程中，混凝土的养护采用在蒸养窑里蒸汽养护的做法。蒸养窑的尺寸、承重能力应满足待蒸养构件的尺寸和质量的要求，且其内部应能通过自动控制或远程手动控制对蒸养窑每个分舱里的温度进行控制。窑门启闭机构应灵敏、可靠，封闭性能强，不得泄漏蒸汽。此外，预制构件进出蒸养窑需要模台存取机配合。

9.翻板机

翻板机是用于翻转预制构件，使其调整到设计起吊状态的机械设备。

10.脱模机

脱模机是待预制构件达到脱模强度后将其吊离模台所用的机械。脱模机应有框架式吊梁，起吊脱模时按构件设计吊点起吊，并保持各吊点垂直受力。

（二）模具

模具是专门用来生产预制构件的各种模板系统，可采用固定在生产场地的固定模具，也可采用移动模具。预制构件生产模具主要以钢模为主，对于形状复杂、数量少的构件也可采用木模或其他材料制作。清水混凝土预制构件建议采用精度较高的模具制作。流水线平台上的各种边模可采用玻璃钢、铝合金、高品质复合板等轻质材料制作。模具和台座的管理应由专人负责，并应建立健全模具设计、制作、改制、验收，使用和保管制度。

1.模具设计要求

预制构件模具以钢模为主，面板主材选用Q235钢板，支撑结构可选用型钢或钢板，规格可根据模具形式选择，应满足以下要求。

（1）模具应具有足够的承载力、刚度和稳定性，保证在构件生产时能可靠承受浇筑混凝土的质量，侧压力及工作荷载。

（2）模具应支、拆方便，且应便于钢筋安装和混凝土浇筑、养护。

（3）模具的部件与部件之间应连接牢固，预制构件上的预埋件均应有可靠的固定措施。

2.模具设计要点

（1）叠合楼板模具设计要点。根据叠合楼板的高度，可选用相应的角铁作为边模，当楼板四边有倒角时，可在角铁上后焊一块折弯后的钢板。

由于角铁组成的边模上开了许多豁口（供胡子筋伸出），导致长向的刚度不足，故需在侧模上设加强肋板，间距为400 ~ 500mm。

（2）内墙板模具设计要点。由于内墙板就是混凝土实心墙体，一般没有造型。为了便于加工，可选用槽钢作为边模。

内墙板两侧面和上表面均有外露筋且数量较多，需要在槽钢上开许多豁口，导致边模刚度不足，周转中容易变形，所以应在边模上增设肋板。

（3）外墙板模具设计要点。外墙板一般采用“三明治”结构。为实现外立面的平整度，外墙板多采用反打工艺生产。根据浇筑顺序，可将模具分为两层，第一层为外叶层和保温层；第二层为内叶层。因为第一层模具是第二层模具的基础，所以在第一层的连接处需要加固。第二层的结构层模具同内墙板模具形式。结构层模具的定位螺栓较少，故需要增加拉杆定位，防止胀模。

预制构件的边模还可以用磁盒固定。在模台上用磁盒固定边模具有简单、方便的优点，能够更好地满足流水线生产节拍需要。虽然磁盒在模台上的吸力很大，但是振动状态下抗剪切能力不足，容易造成偏移，影响几何尺寸，用磁盒生产高精度几何尺寸预制构件时，需要采取辅助定位措施。

（4）楼梯模具设计要点。楼梯模具可分为平式和立式两种模式。平式模具占用场地大，需要压光的面积也大，构件需多次翻转，故推荐设计为立式楼梯模具。楼梯模具设计的重点为楼梯踏步的处理，由于踏步呈波浪形，钢板需折弯后拼接，拼缝的位置宜放在既不影响构件效果又便于操作的位置，拼缝的处理可采用焊接或冷拼接工艺。需要特别注意拼缝处的密封性，严禁出现漏浆现象。

（三）构件生产常用工具

1.磁性固定装置

预制构件生产中的磁性固定装置，包括边模固定磁盒及其连接附件、磁力边模、磁性倒角条以及各种预埋件固定磁座。使用磁性固定装置，对平台没有任何损伤，拆卸快捷方便，磁盒可以重复使用，不但能可以提高效率，也具有很高的经济实用性。磁性固定装置已经在国内得到越来越广泛的重视和应用。

边模固定磁盒可利用强磁芯与钢模台的吸附力，通过导杆传递至不锈钢外壳上，用卡口横向定位，同时用高硬度可调节紧固螺丝产生强大的下压力，直接或通过其他紧固件传递压力，从而将模具牢牢地固定于模台上。

2.新型接驳器

接驳器是使两种构件无缝连接的工具，在预制混凝土构件生产中，接驳器多指预制构件与吊运设备连接的工具。

随着预制构件的制作和安装技术的发展，国内外出现了多种新型的专门用于连接新型吊点的接驳器，包括各种用于圆头吊钉的接驳器、套筒吊钉的接驳器、平板吊钉的接驳器。它们具有接驳快速、使用安全等特点，并得到了广泛应用。

3.防尘帽和防尘盖

防尘帽和防尘盖是用于保护密封内螺纹埋件，防止螺纹堵塞或受到污染锈蚀的工具。使用时应保证防尘帽或防尘盖的规格与其所保护的螺纹埋件对应。防尘帽和防尘盖可以重复使用，但必须保证使用后及时拆卸，回收并清理保养。

4.封浆插板

封浆插板是为了封堵边模“胡子筋”开槽，阻挡混凝土浆溢出的工具，多用于边模为角钢、钢筋开口是“U”形槽的构件生产。使用时应注意，当混凝土接近无流动状态时应及时将封浆插板拆卸清理回收，以提高封浆插板的重复利用率。

5.边模夹具

边模夹具是预制过程中用来迅速、方便、安全地固定边模，使之拼装成整体并准确定位的装置。

三、预制构件生产

预制构件生产的通用工艺流程为：编制生产方案→模具设计与制作→模台清理，组装边模，涂脱模剂→模具组装→钢筋加工绑扎→水电，预埋件，门窗预埋→隐蔽工程验收→混凝土浇筑→混凝土振捣→混凝土养护→脱模，起吊→表面处理→质检→构件标识→构件成品入库或运输。

（一）编制生产方案

预制构件生产前应编制生产方案，生产方案宜包括生产计划及生产工艺、模具方案及计划、技术质量控制措施、成品存放、运输和保护方案等。

（二）模台清理，组装边模，涂脱模剂

将上一生产循环用于构件制作的模台上残留的杂物清理干净，并按照构件生产工艺的要求组装边模，在模台表面和边模上涂抹脱模剂。模台清理可以应用模台清理机进行，也可由人工完成，但务必保证模台表面无混凝土或砂浆残留。

（三）钢筋加工绑扎

钢筋骨架、钢筋网片和预埋件必须严格按照构件加工图及下料单要求制作。首件钢筋制作必须通知技术、质检及相关部门检查验收。制作过程中应当定期、定量检查，对于不符合设计要求及超过允许偏差的一律不得绑扎，并按废料处理。

为提高生产效率，钢筋宜采用机械加工的成型钢筋。叠合板类构件中的钢筋桁架加工工艺复杂、质量控制较难，应使用专业化生产的成型钢筋桁架。

钢筋网、钢筋骨架应满足构件设计图纸要求，宜采用专用钢筋定位件，入模时钢筋骨架尺寸应准确，骨架吊装时应采用多吊点的专用吊架，防止骨架产生变形。保护层垫块宜采用塑料类垫块，且应与钢筋骨架或网片绑扎牢固，垫块按梅花状布置，间距应满足钢筋限位及控制变形的要求。钢筋骨架入模时应平直、无损伤，表面不得有油污或者锈蚀。应按构件图纸安装好钢筋连接套管、连接件、预埋件。

纵向钢筋及需要套丝的钢筋，不得使用切断机下料，必须保证钢筋两端平整，套丝长度、丝距及角度必须严格按照图纸设计要求。与半灌浆套筒连接的纵向钢筋应按产品要求套丝，梁底部纵筋按照国标要求套丝。

预制构件表面的预埋件、螺栓孔和预留孔洞应按构件模板图进行配置，应满足预制构件吊装、制作工况下的安全性、耐久性和稳定性。

（四）水电，预埋件，门窗预埋

固定预埋件前，应检查预埋件型号、材料用量、级别、规格尺寸、平整度、锚固长度、焊接质量等。预埋件的固定必须位置准确，在混凝土浇筑、振捣过程中不得发生移位。

在预埋电线盒、电线管或其他管线时，必须与模板或钢筋固定牢固，并将孔隙堵塞严密，避免水泥砂浆进入。预埋螺栓、吊具等应采用工具式卡具固定，并应保护好丝扣。

预埋钢筋套筒应使用定位螺栓固定在侧模上，灌浆口角度可采用钢筋棍绑扎在主筋上进行定位控制。

带门窗框、预埋管线的预制构件制作时，门窗框、预埋管线应在浇筑混凝土前预先放置并固定，固定时应采取防止污染窗体表面的保护措施。当采用铝框时，应采取避免铝框与混凝土直接接触发生电化学腐蚀的措施。门窗预埋时，应采取措施控制温度或受力变形对门窗产生的不利影响。

灌浆套筒的安装应符合下列规定：

（1）连接钢筋与全灌浆套筒安装时，应逐根插入灌浆套筒内，插入深度应满足设计锚固深度要求。

（2）钢筋安装时，应将其固定在模具上，灌浆套筒与柱底、墙底模板应垂直，应采用橡胶环、螺杆等固定件避免混凝土浇筑、振捣时灌浆套筒和连接钢筋移位。

（3）与灌浆套筒连接的灌浆管，出浆管应定位准确、安装稳固。

（4）应采取防止混凝土浇筑时向灌浆套筒内漏浆的封堵措施。

（5）对于半灌浆套筒连接，机械连接端的钢筋丝头加工、连接安装质量均应符合相关要求。

（五）隐蔽工程验收

浇筑混凝土前应进行钢筋、预应力的隐蔽工程检查。隐蔽工程检查项目应包括：

（1）钢筋的牌号、规格、数量、位置和间距。

（2）纵向受力钢筋的连接方式、接头位置、接头质量、接头面积百分率、搭接长度、锚固方式及锚固长度。

（3）箍筋弯钩的弯折角度及平直段长度。

（4）钢筋的混凝土保护层厚度。

（5）预埋件，吊环，插筋，灌浆套筒，预留孔洞，金属波纹管的规格、数量、位置及固定措施。

（6）预埋线盒和管线的规格、数量、位置及固定措施。

（7）夹芯外墙板的保温层位置和厚度，拉结件的规格、数量和位置。

（8）预应力筋及其锚具，连接器和锚垫板的品种、规格、数量、位置。

（9）预留孔道的规格、数量、位置，灌浆孔、排气孔，锚固区局部加强构造。

（六）混凝土浇筑

按照生产计划混凝土用量制备混凝土。混凝土浇筑前，预埋件及预留钢筋的外露部分宜采取防止污染的措施，混凝土浇筑过程中注意对钢筋网片及预埋件的保护，保证模具、门窗框、预埋件、连接件不发生变形或者移位，如有偏差应采取措施及时纠正。

混凝土应均匀连续浇筑。混凝土从出机到浇筑完毕的延续时间，气温高于25℃时不宜超过60min，气温不高于25℃时不宜超过90min。混凝土投料高度不宜大于600mm，并应均匀摊铺。

混凝土浇筑时应采取可靠措施按照设计要求在混凝土构件表面制作粗糙面和键槽。混凝土浇筑应按照构件检验要求制作混凝土试块。

带保温材料的预制构件宜采用水平浇筑方式成型，保温材料宜在混凝土成型过程中放置固定，底层混凝土初凝前进行保温材料铺设，保温材料应与底层混凝土固定，当多层铺设时，上、下层保温材料接缝应相互错开；当采用垂直浇筑成型工艺时，保温材料可在混凝土浇筑前放置固定。连接件穿过保温材料处应填补密实。预制构件制作过程应按设计要求检查连接件在混凝土中的定位偏差。

（七）混凝土振捣

混凝土宜采用机械振捣方式成型。振捣设备应根据混凝土的品种、工作性、预制构件的规格和形状等因素确定，应制定振捣成型操作规程。当采用振捣棒时，混凝土振捣过程中不应碰触钢筋骨架、面砖和预埋件。混凝土振捣过程中应随时检查模具有无漏浆、变形或预埋件有无移位等现象。应充分有效振捣，避免出现漏振造成的蜂窝、麻面现象。

混凝土振捣后应当至少进行一次抹压。构件浇筑完成后进行一次收光，收光过程中应当检查外露的钢筋及预埋件，并按照要求进行调整。

（八）混凝土养护

在条件允许的情况下，预制构件优先推荐自然养护。梁、柱等体积较大预制构件宜采用自然养护方式；楼板、墙板等较薄预制构件或冬期生产预制构件，宜采用蒸汽养护方式。

采用加热养护时，按照合理的养护制度进行温控可避免预制构件出现温差裂缝。预制构件养护应符合下列规定。

（1）应根据预制构件特点和生产任务量选择自然养护、自然养护加养护剂或加热养护方式。

（2）混凝土浇筑完毕或压面工序完成后应及时覆盖保湿，脱模前不得揭开。

（3）涂刷养护剂应在混凝土终凝后进行。

（4）加热养护可选择蒸汽加热，电加热或模具加热等方式。

（5）加热养护制度应通过试验确定，宜采用加热养护温度自动控制装置。宜在常温下预养护2～6h，升、降温速度不宜超过20℃/h，最高养护温度不宜超过70℃。

（6）夹芯保温外墙板最高养护温度不宜大于60℃。因为有机保温材料在较高温度下会产生热变形，影响产品质量。

（九）脱模，起吊

为避免由蒸汽温度骤降而引起混凝土构件产生变形或裂缝，应严格控制构件脱模时构件温度与环境温度的差值。预制构件脱模时的表面温度与环境温度的差值不宜超过25℃。

预制构件脱模起吊时的混凝土强度应计算确定，且不宜小于15MPa。平模工艺生产的大型墙板、挂板类预制构件宜采用翻板机翻转直立后再行起吊。对于设有门洞、窗洞等较大洞口的墙板，脱模起吊时应进行加固，防止扭曲变形造成开裂。

（十）表面处理

构件脱模后，不存在影响结构性能、钢筋、预埋件或者连接件锚固的局部破损和构件表面的非受力裂缝时，可用修补浆料进行表面修补后使用。构件脱模后，构件外装饰材料出现破损应进行修补。

构件表面带有装饰性石材或瓷砖的预制构件，脱模后应对石材或瓷砖表面进行检查和清理。应先去除石材或瓷砖缝隙部位的预留封条和胶带，再用清水刷洗。清理完成后宜对石材或瓷砖表面进行保护。

（十一）质检

预制构件在出厂前应进行成品质量验收，其检查项目包括预制构件的外观质量、外形尺寸，预制构件的钢筋、连接套筒、预埋件、预留孔洞，预制构件的外装饰和门窗框。其检查结果和方法应符合现行国家标准的规定。

（十二）构件标识

预制构件验收合格后，应在明显部位标识构件型号、生产日期和质量验收合格标志。预制构件脱模后应在其表面醒目位置按构件设计制作图规定对每个构件编码。

预制构件生产企业应按照有关标准规定或合同要求，对其供应的产品签发产品质量证明书，明确重要参数，有特殊要求的产品还应提供安装说明书。

（十三）外墙饰面砖（或石材）反打工艺

构件加工厂生产预制夹心外墙板时，先将饰面砖（或石材）与外墙板铺设在模具内，再浇筑混凝土，将饰面砖（或石材）与外墙板连接成一体的制作工艺，称为外墙饰面砖（或石材）反打工艺。这种工艺生产出来的预制构件表面平整、面砖（或石材）附着牢固，并且能大大提高施工效率。

应用于反打工艺的面砖（或石材），应在背面预制榫卯或卡钩埋件，以增加面砖（或石材）对混凝土的附着能力。

瓷砖入模前，宜先将若干片瓷砖在固定模具内排列好，组成瓷砖套，并且砖缝间预留好隔离胶条。这样做的好处是保证瓷砖排列的整齐和平整，胶条除了保持缝隙规整，也可以阻断水泥砂浆渗到瓷砖表面。另需注意的是，边模与瓷砖缝隙以及砖缝间可以事先涂抹少量砂浆，以避免混凝土浇筑时充填不密而影响缝隙美观。

浇筑混凝土并养护脱模后，将表面瓷砖缝间的隔离胶条除掉，再清洁表面即可成品。

第二节　装配式混凝土建筑质量控制与验收

一、影响装配式混凝土结构工程质量的因素

影响装配式混凝土结构工程质量的因素很多，归纳起来主要有五个方面，即人、工程材料、机械、方法和环境。

（一）人员素质

人不仅是生产经营活动的主体，也是工程项目建设的决策者、管理者、操作者，工程建设的全过程都是由人来完成的。

人的素质将直接或间接决定工程质量的好坏。装配式混凝土建筑工程由于具有机械化水平高、批量生产、安装精度高等特点，对人员的素质尤其是生产加工和现场施工人员的文化水平，技术水平及组织管理能力都有更高的要求。普通的农民工已不能满足装配式混凝土建筑工程的建设需要，因此，培养高素质的产业化工人是确保建筑产业现代化向前发展的必然。

（二）工程材料

工程材料是指构成工程实体的各类建筑材料、构配件、半成品等，是工程建设的物质条件，也是工程质量的基础。

装配式混凝土建筑是由预制混凝土构件或部件通过各种可靠的方式连接，并与现场后浇混凝土形成整体的混凝土结构。因此，与传统的现浇结构相比，预制构件、灌浆料及连

接套筒的质量是装配式混凝土建筑质量控制的关键。预制构件混凝土强度、钢筋设置、规格尺寸是否符合设计要求，力学性能是否合格，运输保管是否得当，灌浆料和连接套筒的质量是否合格等，都将直接影响工程的使用功能、结构安全、使用安全乃至外表及观感等。

（三）机械设备

装配式混凝土建筑采用的机械设备可分为三类：第一类是指工厂内生产预制构件的工艺设备和各类机具，如各类模具、模台、布料机、蒸养室等，简称生产机具设备；第二类是指施工过程中使用的各类机具设备，包括大型垂直与横向运输设备、各类操作工具、各种施工安全设施，简称施工机具设备；第三类是指生产和施工中都会用到的各类测量仪器和计量器具等，简称测量设备。不论是生产机具设备、施工机具设备，还是测量设备都对装配式混凝土结构工程的质量都有着非常重要的影响。

（四）作业方法

作业方法是指施工工艺、操作方法、施工方案等。在混凝土结构构件加工时，为了保证构件的质量或受客观条件制约需要采用特定的加工工艺，不适合的加工工艺可能会造成构件质量的缺陷、生产成本增加或工期拖延等；现场安装过程中，吊装顺序、吊装方法的选择都会直接影响安装的质量。装配式混凝土结构的构件主要通过节点连接，因此，节点连接部位的施工工艺是装配式结构的核心工艺，对结构安全起决定性作用。采用新技术、新工艺、新方法、不断提高工艺技术水平，是保证工程质量稳定提高的重要因素。

（五）环境条件

环境条件是指对工程质量特性起重要作用的环境因素，包括自然环境，如工程地质、水文、气象等；作业环境，如施工作业面大小、防护设施、通风照明和通信条件等；工程管理环境，主要是指工程实施的合同环境与管理关系的确定、组织体制及管理制度等；周边环境，如工程邻近的地下管线、建（构）筑物等。环境条件往往对工程质量产生特定的影响。

二、预制构件生产阶段的质量控制与验收

（一）生产制度管理

1.设计交底与会审

预制构件生产前，应由建设单位组织设计、生产、施工单位进行设计文件交底和会审。当原设计文件深度不够，不足以指导生产时，需要生产单位或专业公司另行制作加工

详图。如加工详图与设计文件意图不同时，应经原设计单位认可。加工详图包括：预制构件模具图、配筋图；满足建筑、结构和机电设备等专业要求和构件制作、运输、安装等环节要求的预埋件布置图；面砖或石材的排版图、夹芯保温外墙板内外叶墙拉结件布置图和保温板排版图等。

2.生产方案

预制构件生产前应编制生产方案，生产方案宜包括生产计划及生产工艺、模具方案及计划、技术质量控制措施、成品存放、运输和保护方案等。必要时，应对预制构件脱模、吊运、码放、翻转及运输等工况进行计算。预制构件和部品生产中采用新技术、新工艺、新材料、新设备时，生产单位应制定专门的生产方案；必要时进行样品试制，经检验合格后方可实施。

3.首件验收制度

预制构件生产宜建立首件验收制度。首件验收制度是指结构较复杂的预制构件或新型构件首次生产或间隔较长时间重新生产时，生产单位需会同建设单位、设计单位、施工单位、监理单位共同进行首件验收，重点检查模具、构件、预埋件、混凝土浇筑成型中存在的问题，确认该批预制构件生产工艺是否合理、质量能否得到保障，共同验收合格之后方可批量生产。

4.原材料检验

预制构件的原材料质量、钢筋加工和连接的力学性能、混凝土强度、构件结构性能、装饰材料、保温材料及拉结件的质量等均应根据国家现行有关标准进行检查和检验，并应具有生产操作规程和质量检验记录。

5.构件检验

预制构件生产的质量检验应按模具、钢筋、混凝土、预应力、预制构件等检验进行。预制构件的质量评定应根据钢筋、混凝土、预应力、预制构件的试验、检验资料等项目进行。当上述各检验项目的质量均合格时，方可评定为合格产品。检验时对新制或改制后的模具应按件检验，对重复使用的定型模具、钢筋半成品和成品应分批随机抽样检验，对混凝土性能应按批检验。模具、钢筋、混凝土、预制构件制作、预应力施工等质量，均应在生产班组自检、互检和交接检的基础上，由专职检验员进行检验。

6.构件表面标识

预制构件和部品经检查合格后，宜设置表面标识。预制构件的表面标识宜包括构件编号、制作日期、合格状态、生产单位等信息。

7.质量证明文件

预制构件和部品出厂时，应出具质量证明文件。目前，有些地方的预制构件生产实行了监理驻厂监造制度，应根据各地方技术发展水平细化预制构件生产全过程监测制度，驻厂监理应在出厂质量证明文件上签字。

（二）预制混凝土构件生产质量控制

生产过程的质量控制是预制构件质量控制的关键环节，需要做好生产过程各个工序的质量控制、隐蔽工程验收、质量评定和质量缺陷的处理等工作。预制构件生产企业应配备满足工作需求的质量员，质量员应具备相应的工作能力并经水平检测合格。

在预制构件生产之前，应对各工序进行技术交底，上道工序未经检查验收合格，不得进行下道工序。混凝土浇筑前，应对模具组装、钢筋及网片安装、预留及预埋件布置等内容进行检查验收。工序检查由各工序班组自行检查，检查数量为全数检查，应做好相应的检查记录。

三、装配式混凝土结构施工质量控制与验收

（一）施工制度管理

1.工装系统

装配式混凝土建筑施工宜采用工具化、标准化的工装系统。工装系统是指装配式混凝土建筑吊装、安装过程中所用的工具化，标准化吊具、支撑架体等产品，包括标准化堆放架、模数化通用吊梁、框式吊梁、起吊装置、吊钩吊具、预制墙板斜支撑、叠合板独立支撑、支撑体系、模架体系、外围护体系、系列操作工具等产品。工装系统的定型产品及施工操作均应符合国家现行有关标准及产品应用技术手册的有关规定，在使用前应进行必要的施工验收。

2.信息化模拟

装配式混凝土建筑施工宜采用建筑信息模型技术对施工全过程及关键工艺进行信息化模拟。施工安装宜采用BIM组织施工方案，用BIM模型指导和模拟施工，制定合理的施工工序并精确算量，从而提高施工管理水平和施工效率，减少浪费。

3.预制构件试安装

装配式混凝土建筑施工前，宜选择有代表性的单元进行预制构件试安装，并应根据试安装结果及时调整施工工艺、完善施工方案。为避免由于设计或施工缺乏经验造成工程实施障碍或损失，保证装配式混凝土结构施工质量，并不断摸索和积累经验，特提出应通过试生产和试安装进行验证性试验。装配式混凝土结构施工前的试安装，对于没有经验的承包商非常必要，不但可以验证设计和施工方案存在的缺陷，还可以培训人员、调试设备、完善方案。对于没有实践经验的新的结构体系，应在施工前进行典型单元的安装试验，验证并完善方案实施的可行性，这对体系的定型和推广使用是十分重要的。

4.“四新”推广要求

装配式混凝土建筑施工中采用的新技术、新工艺、新材料，新设备，应按有关规定进行评审、备案。施工前，应对新的或首次采用的施工工艺进行评价，并应制定专门的施工方案。施工方案经监理单位审核批准后实施。

5.安全措施的落实

装配式混凝土建筑施工过程中应采取安全措施，并应符合国家现行有关标准的规定。装配式混凝土建筑在施工中，应建立健全安全管理保障体系和管理制度，对危险性较大分部分项工程应经专家论证通过后进行施工。应结合装配施工特点，针对构件吊装、安装施工安全要求，制定系列安全专项方案。

6.人员培训

施工单位应根据装配式混凝土建筑工程特点配置组织的机构和人员。施工作业人员应具备岗位需要的基础知识和技能。施工企业应对管理人员及作业人员进行专项培训，严禁未经培训上岗及培训不合格者上岗；要建立完善的内部教育和考核制度，通过定期考核和劳动竞赛等形式提高职工素质。对于长期从事装配式混凝土建筑施工的企业，应逐步建立专业化的施工队伍。

7.施工组织设计

装配式混凝土建筑应结合设计、生产、装配一体化的原则整体策划，协同建筑、结构、机电、装饰装修等专业要求，制定施工组织设计方案。施工组织设计应体现管理组织方式吻合装配工法的特点，以发挥装配技术优势为原则。

8.专项施工方案

装配式混凝土结构施工应制定专项方案。装配式混凝土结构施工方案应全面、系统，且应结合装配式建筑特点和一体化建造的具体要求，满足资源节省、人工减少、质量提高、工期缩短的原则。专项施工方案宜包括以下内容。

（1）工程概况：应包括工程名称、地址；建筑规模和施工范围；建设单位、设计单位、施工单位、监理单位信息；质量和安全目标。

（2）编制依据：指导安装所必需的施工图（包括构件拆分图和构件布置图）和相关的国家标准、行业标准、部颁标准，省和地方标准及强制性条文与企业标准。

（3）工程设计结构及建筑特点：结构安全等级、抗震等级、地质水文、地基与基础结构以及消防、保温等要求。同时，要重点说明装配式结构的体系形式和工艺特点，对工程难点和关键部位要有清晰的预判。

（4）工程环境特征：场地供水、供电、排水情况；详细说明与装配式结构紧密相关的气候条件（雨、雪、风）特点；对构件运输影响大的道路桥梁情况。

（5）进度计划：进度计划应结合协同构件生产计划和运输计划等。

（6）施工场地布置：包括场内循环通道、吊装设备布设、构件码放场地等。

（7）预制构件运输与存放：预制构件运输方案包括车辆型号及数量、运输路线、发货安排、现场装卸方法等。

（8）安装与连接施工：包括测量方法、吊装顺序和方法、构件安装方法、节点施工方法、防水施工方法、后浇混凝土施工方法、全过程的成品保护及修补措施等。

（9）绿色施工。

（10）安全管理：包括吊装安全措施、专项施工安全措施等。

（11）质量管理：包括构件安装的专项施工质量管理、渗漏、裂缝等质量缺陷防治措施。

（12）信息化管理。

（13）应急预案。

9.图纸会审

图纸会审是指工程各参建单位（建设单位、监理单位、施工单位、各种设备厂家）在收到设计院施工图设计文件后，对图纸进行全面细致的了解，审查出施工图中存在的问题及不合理情况并提交设计院进行处理的一项重要活动。

对于装配式混凝土建筑的图纸会审应重点关注以下几个方面。

（1）装配式结构体系的选择和创新应该得到专家论证，深化设计图应该符合专家论证的结论。

（2）对于装配式结构与常规结构的转换层，其固定墙部分需与预制墙板灌浆套筒对接的预埋钢筋的长度和位置。

（3）墙板间边缘构件竖缝主筋的连接和箍筋的封闭，后浇混凝土部位粗糙面和键槽。

（4）预制墙板之间上部叠合梁对接节点部位的钢筋（包括锚固板）搭接是否存在矛盾。

（5）外挂墙板的外挂节点做法、板缝防水和封闭做法。

（6）水、电线管盒的预埋、预留、预制墙板内预埋管线与现浇楼板的预埋管线的衔接。

10.技术、安全交底

技术交底的内容包括图纸交底、施工组织设计交底、设计变更交底、分项工程技术交底。技术交底采用三级制，即项目技术负责人→施工员→班组长。项目技术负责人向施工员进行交底，要求细致、齐全，并应结合具体操作部位、关键部位的质量要求，操作要点及安全注意事项等进行交底。

施工员接受交底后，应反复、细致地向操作班组进行交底，除口头和文字交底外，必要时应进行图表、样板、示范操作等方法的交底。班组长在接受交底后，应组织工人进行认真讨论，保证其明确施工意图。

对于现场施工人员要坚持每日进行班前会制度，与此同时进行安全教育和安全交底，做到安全教育天天讲，时刻保持安全意识。

11.测量放线

安装施工前，应进行测量放线、设置构件安装定位标识。根据安装连接的精细化要求，控制合理误差。安装定位标识方案应按照一定顺序进行编制，标识点应清晰明确，定位顺序应便于查询。

12.吊装设备复核

安装施工前，应复核吊装设备的吊装能力，检查复核吊装设备及吊具处于安全操作状态，并核实现场环境、天气、道路状况等满足吊装施工要求。

13.核对已完结构和预制构件

安装施工前，应核对已施工完成结构、基础的外观质量和尺寸偏差，确认混凝土强度和预留预埋符合设计要求，并应核对预制构件的混凝土强度及预制构件和配件的型号、规格、数量等符合设计要求。

（二）预制构件的进场验收

1.验收程序

预制构件运至现场后，施工单位应组织构件生产企业、监理单位对预制构件的质量进行验收，验收内容包括质量证明文件验收和构件外观质量、结构性能检验等。未经进场验收或进场验收不合格的预制构件，严禁使用。施工单位应对构件进行全数验收，监理单位对构件质量进行抽检，发现存在影响结构质量或吊装安全的缺陷时，不得通过验收。

2.验收内容

（1）质量证明文件。预制构件进场时，施工单位应要求构件生产企业提供构件的产品合格证、说明书、试验报告、隐蔽验收记录等质量证明文件。对质量证明文件的有效性进行检查，并根据质量证明文件核对构件。

（2）观感验收。在质量证明文件齐全、有效的情况下，对构件的外观质量、外形尺寸等进行验收。观感质量可通过观察和简单的测试确定，工程的观感质量应由验收人员通过现场检查并应共同确认，对影响观感及使用功能或质量评价为差的项目应进行返修。观感验收也应符合相应的标准。观感验收主要检查以下内容：

①预制构件粗糙面质量和键槽数量是否符合设计要求。

②预制构件吊装预留吊环、预留焊接埋件应安装牢固、无松动。

③预制构件的外观质量不应有严重缺陷，对已经出现的严重缺陷，应按技术处理方案

进行处理，并重新检查验收。

④预制构件的预埋件、插筋及预留孔洞等规格、位置和数量应符合设计要求。对存在的影响安装及施工功能的缺陷，应按技术处理方案进行处理，并重新检查验收。

⑤预制构件的尺寸应符合设计要求，且不应有影响结构性能和安装、使用功能的尺寸偏差。对超过尺寸允许偏差且影响结构性能和安装、使用功能的部位，应按技术处理方案进行处理，并重新检查验收。

⑥构件明显部位是否贴有标识构件型号、生产日期和质量验收合格的标志。

（三）预制构件安装施工过程的质量控制

预制构件安装是将预制构件按照设计图纸要求，通过节点之间的可靠连接，并与现场后浇混凝土形成整体混凝土结构的过程，预制构件安装的质量对整体结构的安全和质量起着至关重要的作用。因此，应对装配式混凝土结构施工作业过程实施全面和有效的管理与控制，保证工程质量。

装配式混凝土结构安装施工质量控制主要从施工前的准备、原材料的质量检验与施工试验、施工过程的工序检验、隐蔽工程验收、结构实体检验等多个方面进行。

1.施工前的准备

装配式混凝土结构施工前，施工单位应准确理解设计图纸的要求，掌握有关技术要求及细部构造，根据工程特点和有关规定，进行结构施工复核及验算，编制装配式混凝土专项施工方案，并进行施工技术交底。

装配式混凝土结构施工前，应由相关单位完成深化设计，并经原设计单位确认，施工单位应根据深化设计图纸对预制构件施工预留和预埋进行检查。

施工现场应具有健全的质量管理体系、相应的施工技术标准、施工质量检验制度和综合施工质量控制考核制度。

应根据装配式混凝土结构工程的管理和施工技术特点，对管理人员及作业人员进行专项培训，严禁未经培训上岗及培训不合格者上岗。

应根据装配式混凝土结构工程的施工要求，合理选择并配备吊装设备；应根据预制构件存放、安装和连接等要求，确定安装使用的工器具方案。

设备管线、电线、设备机器及建设材料、板类、楼板材料、砂浆、厨房配件等装修材料的水平和垂直起重，应按经修改编制并批准的施工组织设计文件（专项施工方案）具体要求执行。

2.施工过程中的工序检验

对于装配式混凝土建筑，施工过程中主要涉及预制构件安装，后浇区模板与支撑、钢筋、混凝土等分项工程。其中，模板与支撑、钢筋、混凝土的工序检验可参见现浇结构的检验方法。

（1）对于工厂生产的预制构件，进场时应检查其质量证明文件和表面标识。预制构件的质量、标识应符合设计要求及现行国家相关标准的规定。

（2）预制构件安装就位后，连接钢筋、套筒或浆锚的主要传力部位不应出现影响结构性能和构件安装施工的尺寸偏差。对已经出现的影响结构性能的尺寸偏差，应由施工单位提出技术处理方案，并经监理（建设）单位许可后处理。对经过处理的部位，应重新检查验收。

（3）预制构件安装完成后，外观质量不应有影响结构性能的缺陷。对已经出现的影响结构性能的缺陷，应由施工单位提出技术处理方案，并经监理（建设）单位认可后处理。对经过处理的部位，应重新检查验收。

（4）预制构件与主体结构之间、预制构件与预制构件之间的钢筋接头应符合设计要求。施工前应对接头施工进行工艺检验。

（5）灌浆套筒进场时，应抽取试件检验外观质量和尺寸偏差，并应抽取套筒采用与之匹配的灌浆料制作对中连接接头，并做抗拉强度检验，检验结果应符合现行行业标准中Ⅰ级接头对抗拉强度的要求。接头的抗拉强度不应小于连接钢筋抗拉强度标准值，且破坏时应断于接头外钢筋。此外，还应制作不少于1组40mm × 40mm × 160mm灌浆料强度试件。

（6）灌浆料进场时，应对其拌合物30min流动度泌水率及1 d强度、28 d强度、3 h膨胀率进行检验。

3.隐蔽工程验收

装配式混凝土结构工程应在安装施工及浇筑混凝土前完成下列隐蔽项目的现场验收。

（1）预制构件与预制构件之间、预制构件与主体结构之间的连接应符合设计要求。

（2）预制构件与后浇混凝土结构连接处混凝土粗糙面的质量或键槽的数量、位置。

（3）后浇混凝土中钢筋的牌号、规格、数量、位置。

（4）钢筋连接方式、接头位置、接头数量、接头面积百分率、搭接长度、锚固方式、锚固长度。

（5）结构预埋件、螺栓连接、预留专业管线的数量与位置。构件安装完成后，在对预制混凝土构件拼缝进行封闭处理前，应对接缝处的防水、防火等构造做法进行现场验收。

4.结构实体检验

应在混凝土结构子分部工程验收前应进行结构实体检验。对结构实体进行检验，并不是对子分部工程验收前的重新检验，而是在相应分项工程验收合格的基础上，对涉及结构安全的重要部位进行的验证性检验，其目的是强化混凝土结构的施工质量验收，真实地反映结构混凝土强度、受力钢筋位置、结构位置与尺寸等质量指标，确保结构安全。

对于装配式混凝土结构工程，对涉及混凝土结构安全的有代表性的连接部位及进厂的混凝土预制构件应做结构实体检验。

结构实体检验分现浇和预制两部分，包括混凝土强度、钢筋直径、间距、混凝土保护层厚度以及结构位置与尺寸偏差。当工程合同有约定时，可根据合同确定其他检验项目和相应的检验方法、检验数量、合格条件。

结构实体检验应由监理工程师组织并见证，混凝土强度、钢筋保护层厚度应由具有相应资质的检测机构完成，结构位置与尺寸偏差可由专业检测机构完成，也可由监理单位组织施工单位完成。为保证结构实体检验的可行性、代表性，施工单位应编制结构实体检验专项方案，并经监理单位审核批准后实施。结构实体混凝土同条件养护试件强度检验的方案应在施工前编制，其他检验方案应在检验前编制。

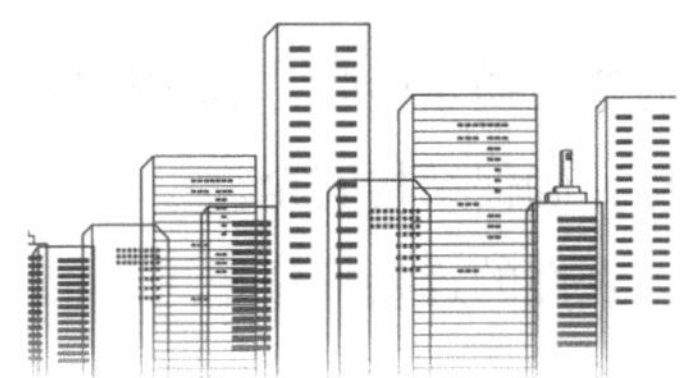

第九章　常见建筑材料及应用

第一节　建筑金属材料

一、建筑结构金属材料

建筑用结构金属主要是建筑钢材。钢材是铁和碳的合金，为改善其物理性能也常添加一定的微量元素。钢材区别于早期使用的铸铁的一个重要特征就是钢与钢合金中的含碳量不超过2%。钢材主要用于建筑结构，也可以用作建筑的表面装饰和维护材料。按化学成分，钢可分为碳素钢与合金钢两大类。根据含碳量又可将碳素钢分为低碳钢（含碳量小于0.25%）、中碳钢（含碳量在0.25%～0.60%）和高碳钢（含碳量大于0.60%）。根据合金元素总量又可将合金钢分为低合金钢（合金元素总量小于5%）、中合金钢（合金元素总量5%～10%）和高合金钢（合金元素总量大于10%）。按钢在冶炼过程中脱氧程度可将钢分为沸腾钢、半镇静钢、镇静钢及特殊镇静钢。沸腾钢在冶炼过程中脱氧不完全、组织不够致密、气泡较多、化学偏析严重、故质量较差，但成本较低。按钢中有害杂质含量，钢可分为普通钢、优质钢和高级优质钢；按用途，钢又可分为结构钢、工具钢和特殊性能钢。结构钢是建筑中的主要结构材料之一，可分为钢结构用钢和钢筋混凝土结构用钢。钢结构用钢主要有普通碳素结构钢和低合金结构钢，如角钢、槽钢、圆钢、工字钢等各种型钢。钢筋混凝土结构用钢主要是各种钢筋。按照加工方法，钢筋可分为热轧钢筋、热处理钢筋、冷拉钢筋、冷拔低碳钢丝和钢绞线；按表面形状，钢筋可分为光面钢筋和热轧带肋钢筋（螺纹钢）。

（一）建筑钢材（结构用钢）的主要力学性能

1.抗拉性能

钢材在拉伸时，当应力超过弹性极限时，即使应力不再增加，钢材仍继续发生明显的塑性变形，此现象称为屈服。产生屈服现象时的最小应力值即为屈服点σ_s。设计中一般采用屈服点作为强度取值的依据。低碳钢有明显的屈服现象，中碳钢或高碳钢屈服现象并不明显，规范规定以产生0.2%残余变形时的应力值作为名义屈服点。在钢材的应力–应变图中，曲线最高点D对应的应力σ_b称为钢材的抗拉强度。屈强比（σ_s/σ_b）是钢材力学性能的重要参考数值。在一定范围内，屈强比小则表明钢材在超过屈服点工作时可靠性较高，较为安全。但屈强比太小，反映钢材不能有效地被利用。

2.冷弯性能

冷弯性能指钢材在常温下承受弯曲变形的能力，是建筑钢材一项重要的工艺性能，它反映了在恶劣变化条件下钢材的塑性。冷弯性能指标以试件被弯曲的角度（外角）或弯心直径与试件厚度（或直径）的比值来表示。

3.冲击韧性

冲击韧性指钢材抵抗冲击荷载的能力。对带有“V”形或“U”形缺口的试件进行冲击试验，试件在冲击荷载作用下折断时所吸收的能量，称为冲击吸收能量K（J）。K值随试验温度的下降而减小，当温度降到某一范围时，K值急剧下降而呈现脆性断裂，这种现象称为冷脆性。发生冷脆时的温度称为脆性临界温度，其数值越低，说明钢材的低温冲击韧性越好。对直接承受动荷载而且可能在负温下工作的重要结构，必须进行冲击韧性检验。

4.硬度

硬度指材料表面层抵抗其他较硬物体压入产生塑性变形的能力，常用布氏硬度表示（还有洛氏硬度、维氏硬度）。硬度与强度有一定关系，故可通过测量钢材硬度来推算近似的强度值。

5.耐疲劳性

材料在交变应力作用下，在远低于抗拉强度时突然发生断裂，称为疲劳破坏。疲劳破坏的危险应力用疲劳极限来表示。疲劳极限指试件在交变应力下工作，在规定的周期基数内不发生断裂的最大应力。

6.钢材的伸长率

钢材的伸长率指测试件拉断后较原标距长度增加的部分与原标距长度的比值，常用百分数来表示。伸长率与试件长度与直径的比值有关。对于同一种钢材，长度与直径的比值越小，则伸长率越小。

7.影响钢材的力学性能的因素

建筑钢材的力学性能受多种因素的影响，与金属的晶体组织、化学组成、冶炼过程和加工处理密切相关。钢材的晶体组织指钢中的铁与碳由固溶体（铁中固溶着微量的碳）、化合物（Fe_3C）及它们的混合物构成一定形态的聚合体，主要有铁素体、奥氏体、渗碳体和珠光体等。铁素体是碳在α-Fe中的固溶体，其中含碳很少（<0.02%），故其塑性、韧性良好而强度与硬度较差。奥氏体是碳在γ-Fe中的固溶体，溶碳能力较强，含量为0.8%~2.06%，其强度、硬度不高，但塑性好。渗碳体是铁碳化合物Fe_3C，结构复杂、硬脆、强度低、塑性差。珠光体是铁素体与渗碳体的机械混合物，含碳量较低（0.8%），具有层状结构，故塑性较好，强度与硬度均较高。建筑钢材的含碳量不大于0.8%，其基本组织为铁素体和珠光体。含碳量增大时，珠光体的相对含量随之增大，铁素体则相应减少。因此，钢的强度随之提高，而塑性与韧性则相应下降。

建筑钢材中除铁元素外，还包含碳（C）、硅（Si）、锰（Mn）、磷（P）、硫（S）、氧（O）等元素以及许多合金元素，它们对钢材会产生有利或不利的影响。碳是钢中的重要元素，当含碳量不大于0.8%时，碳含量的增加将提高钢的抗拉强度与硬度，但会使塑性与韧性、焊接性能以及耐腐蚀性能下降。建筑结构用的钢材多为含碳0.25%以下的低碳钢及含碳0.52%以下的低合金钢。适量的硅可以多方面改善钢的力学性能，也是钢材的主要合金元素之一。当含硅量小于1%时，由于大部分硅溶于铁素体中，使铁素体得以强化，硅含量的增加可以显著提高钢材的强度和硬度，且对塑性和韧性无显著影响。锰可以起到脱氧去硫作用，故可有效消减因硫引起的热脆性，还可显著改善耐腐和耐磨性，增强钢材的强度和硬度。硫、磷、氧等为钢中的有害元素，会使钢材的各种性能降低，应严格控制其含量。

钢的冶炼过程对钢材的性能也有直接的影响，在冶炼过程中，需要对钢的化学成分加以严格控制。脱氧是通过加入脱氧剂（铝、锰、硅等）将氧化铁还原，是钢冶炼过程中最重要的工作之一，沸腾钢、镇静钢和半镇静钢就是按照冶炼过程中的脱氧程度来区分的。建筑钢材的加工处理亦会对其性能产生影响。施工中，利用变形强化原理，通过冷拉、冷拔、冷轧等加工手段增加晶格缺陷，因而加大了晶格间滑移阻力，可提高钢材的屈服强度。冷加工可提高钢材的屈服点，使其塑性、韧性下降，但抗拉强度维持不变。时效处理是指经过冷加工的钢材，在常温下存放15d左右，或加热到100~200℃并保持一定的时间。这样处理可使钢材屈服点进一步提高，抗拉强度也有增长，塑性和韧性继续下降，还可使冷加工产生的内应力消除，而钢材的弹性模量在时效处理后基本维持不变。

（二）建筑钢材的标准与选用

1.建筑钢材的主要钢种

碳素结构钢包括热轧钢板、钢带、型钢等产品。碳素结构钢共有五个牌号，牌号由屈服点字母、屈服点数值、质量等级符号和脱氧方法符号组成。建筑工程中应用最多的碳素钢是Q235号钢。低合金高强度结构钢是在碳素结构钢的基础上加入总量小于5%的合金元素（如硅、锰、钒等）得到的结构用钢。优质碳素结构钢的特点是生产过程中对硫、磷等有害杂质控制较严（含硫量<0.035%、含磷量<0.035%），其性能主要取决于含碳量。根据其含锰量不同，又可分为普通含锰量（含锰量<0.8%）和较高含锰量（含锰量为0.7%～1.2%）。优质碳素结构钢可用于重要结构的钢铸件、碳素钢丝及钢绞线等。

2.常用建筑钢材

（1）钢筋。热轧钢筋按力学性能可分为四级。Ⅰ级钢筋用Q235钢轧制而成，强度较低，塑性好，容易焊接，主要用作非预应力钢筋。Ⅱ、Ⅲ、Ⅳ级钢筋均用低合金钢轧制，Ⅲ级钢筋可作预应力或非预应力钢筋，预应力钢筋应优先选用Ⅳ级钢筋。当施工中遇有钢筋的品种或规格与设计要求不符时，可进行代换。当构件受强度控制时，采用等强度代换；当构件按最小配筋率配筋时，采用等面积代换；当构件受裂缝宽度或挠度控制时，代换后应进行裂缝宽度或挠度验算。将Ⅰ～Ⅳ级热轧钢筋，在常温下拉伸至超过屈服点（小于抗拉强度）的某一应力，然后卸荷即钢筋混凝土结构中的受拉钢筋，冷拉Ⅱ、Ⅲ、Ⅳ级钢筋可用作预应力混凝土结构中的预应力筋。将直径为6.6～8mm的Q235（或Q215热轧盘条，在常温下通过截面小于钢筋截面的拔丝模，经一次或多次拔制即得冷拔低碳钢丝。冷拔可提高屈服强度40%～60%。冷轧带肋钢筋是用热轧盘条经冷轧或冷拔减径后，在其表面冷轧成三面有肋的钢筋。其强度较热轧钢筋明显提高，塑性较好。由于钢筋带肋，故与混凝土的握裹力较好。热处理钢筋是将热轧中碳低合金钢筋经淬火和回火调质热处理而成。其强度显著提高、韧性高，而塑性降低不大，综合性能较好。热处理钢筋表面常轧有通长的纵筋和均布的横肋。冷轧扭钢筋是采用直径为6.5～10mm的低碳热轧盘条钢筋，经冷轧扁和冷扭转而成的具有一定螺距的钢筋。冷轧扭钢筋屈服强度高，与混凝土的握裹力大，无须预应力和弯钩即可用于普通混凝土工程，可节约钢材30%，可用于预应力及承受荷载较大的建筑部位，如梁、柱等。预应力混凝土用钢丝及钢绞线用优质碳素结构钢经冷加工、再回火、冷轧或绞捻等加工而成，又称优质碳素钢丝及钢绞线。钢丝与钢绞线适用于大荷载、大跨度及曲线配筋的预应力混凝土结构。

（2）型钢。常用的热轧型钢有角钢、工字钢等，我国建筑用热轧型钢主要采用Q235-A钢。冷弯薄壁型钢通常用2～6mm的薄钢板冷弯或模压而成，可用于轻型钢结构。钢板和压型钢板主要用碳素结构钢经热轧或冷轧而成，以平板状态供货的称为钢板，以卷状供货的称为钢带，按厚度可分为中厚板和薄板。薄钢板经冷压或冷轧成波形、双曲形、“V”形等形状，称为压型钢板。压型钢板可采用有机涂层薄钢板（即彩色钢板）、镀锌薄钢板等生产，主要用于围护结构、楼板和屋面等。

（3）轻钢龙骨。轻钢龙骨由镀锌钢带或薄钢板轧制而成，具有强度高、自重轻、通用性强、耐火性好、安装简易等优点。可装配各种类型的石膏板、钙塑板和吸声板等，用作墙体和吊顶的龙骨支架。

3.建筑钢材的防腐

当钢材表面与环境介质发生各种形式的化学作用时，就有可能遭到腐蚀。当钢材接触O_2、SO_2、H_2S等腐蚀性气体时会氧化腐蚀，当置于潮湿环境或与含有电解质的溶液接触时，也可能因形成微电池效应而遭电化学腐蚀。一些自保性金属，如锌板等，不但可以在表面形成致密的钝化保护层，而且具有自愈的功能。这些金属作为建筑材料时，对防腐的要求较低。常见的建筑金属防腐处理方法有涂敷保护层法、添加合金元素法、添加隔离层法及阴极保护法等。

涂敷保护层法指在金属表面涂敷各种耐腐蚀金属或非金属材料，使金属材料与环境隔离。常见的喷涂方法有电泳喷涂、静电粉末喷涂和氟碳喷涂等。防止钢结构锈蚀的常用方法是利用金属镀层或有机涂料，也就是常说的防锈漆，将钢材与空气隔开，还可以达到色彩美观的目的。常用的防锈漆底漆有红丹、环氧富锌漆和铁红环氧底漆等，面漆有灰铅油、醇酸磁漆和酚醛磁漆等，这种保护方法受保护层耐久性影响较大。薄壁钢材也可进行表面镀锌或涂塑，但费用较高。钢材的镀锌是指将钢材浸泡在热熔的锌溶液里来为钢材镀上一层锌膜。由于锌与氧气的反应比铁要慢且可以生成一层氧化保护膜，可以有效地实现钢材的防腐，这种镀锌的保护层常在其表面涂刷有机保护层以进一步保护。锌铝合金镀层则由锌和铝按照1：4的体积比镀敷在钢材的表面，这种合金镀层对于钢材的保护能力比单纯的锌镀层要高出2～6倍，可以直接暴露在外而无须进一步有机保护。埋于混凝土中的钢筋具有一层碱性保护膜，在碱性介质中不致锈蚀。但由于氯等卤素的离子可加速锈蚀反应，甚至破坏保护膜，造成锈蚀迅速发展。混凝土的使用应限制水灰比和水泥用量，限制氯盐外加剂的使用，采取措施保证混凝土的密实性，还可以掺加防锈剂（如重铬酸盐等）。

添加合金元素法是指在金属中加入一定的合金元素从而提高其耐腐蚀性能，如不锈钢就是添加了镍、铬、锰等金属的合金钢。

添加隔离层法是指通过隔离措施使金属尽可能少地与不良环境条件接触。如通过构造设计减少金属与雨水的接触与聚集；采用沥青油毡将金属与木材隔开，以防止木材中的酸碱物质腐蚀金属；用塑料层等将金属与混凝土隔开，以避免碱性腐蚀。

由于金属活性较高，与周边环境发生化学或电化学作用会引起金属物理与化学性能的改变，影响其在建筑中的正常功能。可以根据电化学原理对金属采取保护措施。当具有不同电势的金属处于同一溶液（雨水、冷凝水等）中，便会在金属中形成电位差，产生电化学腐蚀。在电化学腐蚀过程中，只有阳极金属（高电势金属）会受到腐蚀、失去电子并不断消耗，进而质量减小，而阴极不会受到破坏，因此称为阴极保护法。在建筑中应尽可能避免不同金属材料直接接触，彼此应用非金属材料隔开，以避免阳极金属被腐蚀。

4.钢材的防火

钢材的防火性能很差。由于钢材的导热系数大、比热小，因此在火灾作用下，钢材温度会迅速上升，材料物理性能会随温度快速地发生变化。钢材的热敏感性极强，即使在达到熔点之前，也会因受火而丧失一半以上的强度。一般常用建筑钢材的临界温度为540℃左右，当超过这一温度时，钢材会失去支撑能力，这一过程在800～1200℃的火场中只需要几分钟。而且，受热后的钢材，其弹性模量会瞬间急剧下降，因此导致的永久性形变使结构无法再次使用。钢材的导热系数大、比热小，高温可以迅速传导到构造物的其他部分，使构件的耐火时间无法达到相关规范的要求。建筑钢结构必须进行有效的防火保护。钢构件的防火保护方法一般可采取设置阻火屏障，即在钢构件表面浇筑混凝土，或用不燃材料包覆钢构件，还可以采用在钢构件表面喷涂膨胀原浆防火涂料、无机纤维材料和无机防火隔热涂料等的方法。使用防火涂料是一种比较常见的方法。钢结构防火涂料喷涂在钢构件表面，不仅可以防止钢材在火灾中迅速升温而降低强度，还避免钢结构失去支撑能力而导致建筑物垮塌。

二、建筑饰面金属材料

（一）不锈钢板材

不锈钢是一种十分重要的合金钢，常指铬含量超过10.5%的钢材，有时也添加镍、钼、锰、钨等其他金属元素。铬与氧气结合，可以在不锈钢表面形成富含铬的保护层，抵御空气、有机酸和较弱的矿物质腐蚀，还可以使钢材在遭到腐蚀破坏后，经过一段时间可以自我修复。不锈钢坚硬光滑的表面不易附着灰尘，易于清洁。在建筑中，不锈钢多应用于立面、屋顶、玻璃结构、栏杆、楼梯、阳台和空调系统等，也可用作钢承重结构体系。在潮湿环境中的建筑，如近海建筑中，使用不锈钢可以使构件在含氯化物的潮湿空气中保持其良好的材料特性。不锈钢不仅可以进行亚光或高光处理，也可以进行马赛克或磨砂处理，还可以对其外层进行着色，未经着色的不锈钢有一定的镜面效果。常用的不锈钢表面处理形式有轧制表面加工、机械表面加工、化学表面加工、网纹表面加工与彩色表面加工等，产品可以做成抛光、拉丝、网纹、蚀刻、电解着色、涂层着色等表面效果，也可以经过轧制、冲孔而形成各种凹凸花纹、穿孔板，或加工成为各种波形断面板。在建筑中，可根据不同的部位和设计要求选用不同表面质感的不锈钢材料。采用拉丝不锈钢，不仅可以使反射光线变柔和，避免光污染，也可以隐藏不锈钢表面微小的缺陷。采用抛光后的镜面不锈钢，可以减少腐蚀性物质的积累。采用表面有一定图案处理的不锈钢，可以使手印等污物不太明显。赫佐格和德穆龙在巴塞罗那普遍文化论坛项目中，对建筑顶面与内墙面上使用的镜面不锈钢采用了蚀刻工艺，制造出大小不一的凹凸肌理，孔洞形成的不规则图案，以及镜面反射与漫反射、光滑与粗糙并置的戏剧性效果。

（二）铝及铝合金板材

铝是地壳中第三大常见元素，也是一种银白色金属，质地轻软，密度仅为钢的1/3。铝材具有良好的延展性、导热性、导电性和耐腐蚀性，非常适合轧制加工和焊接。因铝的提取与冶炼比较昂贵，所以建筑用铝材的造价较高，但铝材的使用寿命较长，综合考虑，其较长的使用寿命使其经济性良好。建筑用铝材常添加镁、锰、铜、硅、锌等元素，以改善其物理性能，提高其机械强度和硬度。

铝处于常温环境时，表面会产生一层牢固致密的氧化膜，这层氧化膜有很好的防腐作用，同时避免内部金属继续被氧化，其耐蚀性大大超过钢铁。据测验，铝在大气中放置一年的时间，其被腐蚀的深度还不到十万分之一毫米。在生产中，为了进一步提高铝的耐腐蚀性，常通过化学氧化与电化学氧化的方法预先在铝表面生产一层坚硬的氧化膜。在潮湿环境中，这种氧化膜会变得粗糙，因此铝板不适宜用在沿海地区的建筑中。由于会发生电解腐蚀现象，铝材应避免与铁、铜和铜合金接触。硅酸盐水泥释放的碱性物质会对铝产生腐蚀，因此也应避免铝材表面与混凝土和砂浆直接接触。除起到保护作用外，铝材表面的涂层还可以形成不同的色彩，涂覆各种建筑造型所需要的图案还可起到美观的作用。常用的涂漆方法有电泳涂漆、静电粉末喷涂和氟碳喷涂等。

铝合金板材有铝单板、铝塑复合板、铝蜂窝复合板以及各种形式的波纹板等，广泛应用于建筑屋顶、外墙面和室内。铝单板是采用优质铝合金板材为基材，再经过数控折弯等技术成型，表面喷涂氟碳烤漆装饰性涂料的一种新型幕墙材料。铝单板主要由面板、加强筋骨和角码等组成，成型最大工件尺寸可达8000mm × 1800mm，具有质量轻、刚性好、强度高、防火性能好、耐候性能好、易加工、便于清洁、可完全回收等特性。铝塑复合板简称铝塑板，指通过涂覆、挤压、黏结等方法制成的两面为铝板、中间层为聚乙烯和聚丙烯塑料的三层复合板。铝板表面一般有烤漆涂层，主要作为装饰材料。由于铝塑板由性质截然不同的两种材料（金属和非金属）组成，它既保留了原组成材料的主要特性，又在一定程度上克服了原组成材料的不足。由于表层都是铝金属，铝塑板和铝单板都具有耐候、耐蚀、防火、防潮、隔音、隔热、质轻、易加工成型等特性。由于铝单板为2 ~ 3mm厚的铝合金板，而铝塑复合板则由两层0.5mm厚的纯铝板中间夹塑料制成，因此其耗费的金属较少，价格较铝单板低。铝塑板的两层铝板较薄，便于现场调整尺寸，对二次设计要求较低，而铝单板通常需要在工厂加工成型。然而，由于金属层薄，铝塑板较铝单板有很多不足。较薄的金属层导致铝塑板寿命大大低于铝单板，耐候性较差，抗风压变形能力也较差，当弯折角度过大时，还易发生断裂。由于铝塑板内有塑料夹层，铝金属与塑料的膨胀性能差别较大，在温度剧烈变化时容易发生气泡和剥离的现象。塑料层遇到高温会产生有害气体，故防火安全性能较差。铝单板折边连接部位为2mm以上厚度的铝合金，且四角焊接密合，安全性好，而铝塑板折边连接部位的铝材要相对薄很多，且四角开口，安全性能要差很多。从环保的角度考虑，铝单板容易再回收利用，而铝塑板则较难回收利用。铝单板可选择的色彩范围也比铝塑板多。

用作建筑幕墙的还有蜂窝铝板。蜂窝铝板采用“蜂窝式结构”作为夹层，表面以涂覆耐候性极佳的装饰涂层的高强度合金铝板作为面板和底板。各层板及铝蜂窝芯经高温高压复合制造成蜂窝铝板。蜂窝铝板尺寸大、平整度高、强度高、质量轻，同样具有铝单板的各种优点，且隔音、隔热、防火、防震功能突出。此外，蜂窝板面板除采用铝合金外，还可根据客户需求选择其他材质，如铜、锌、不锈钢、钛、防火板、大理石、铝塑板等，具有更好的材质表现。镜面铝板指通过轧延、打磨等多种方法处理，使板材表面呈现镜面效果的铝板。在铝板的基础上，经过压延加工而在表面形成各种花纹，可以制成压花铝板，也可用于建筑幕墙等处。

（三）铜及铜合金板材

纯净的铜是一种较软、致密的金属，略带紫红色，纯铜也称为紫铜。铜的导热和导电性能较好，有很好的延展性，可以被加工成各种复杂的造型。在干燥的空气中，铜的性质比较稳定。与潮湿空气长期接触，铜的表面会氧化形成致密的氧化亚铜保护层，并受大气中碳硫类酸性氧化物作用生成蓝绿色碱式碳酸铜或碱式硫酸铜。由于铜的氧化保护层被破坏后可以很快重新形成保护层，因此铜具有很好的抗腐蚀性能。铜经久耐用，易于回收重新利用，其回收工艺也相对简单、节能，几乎可以完全再利用，是一种很好的绿色材料。铜常加入适量的锌、锡、铅、锰、铝、铁、钴、镍等形成铜合金。例如，铜锌合金又称黄铜，铜钴镍合金又称白铜，青铜是铜和锡的合金（锡的比例为2%~20%）。青铜属于耐蚀性较好的金属，尤其对水有高度的耐蚀性。我国在原始社会末期就出现了青铜制品，在一定条件下可以保存至今，青铜文化是中国古老文明的象征之一。在建筑中，青铜常用作装饰物、门把手及固定件、雕塑等处。

（四）钛及钛金属板材

钛为银白色金属，有金属光泽，具有优异的性能，被美誉为“太空金属”。通常认为钛是一种稀有金属，是因为其难以从自然界中提取。然而，钛在地壳中的含量非常高，其丰度在所有元素中位居第十。钛金属质量轻、强度高，其比强度是各种金属中最高的。钛的密度仅为普通结构钢的58%，而纯钛的强度接近普通钢的强度，一些高强度钛合金的强度超过了许多合金结构钢的强度。钛在空气中极易与氧发生反应，表面形成一层致密坚固的氧化物薄膜，使其在酸、碱、盐中具有优异的抗腐蚀性能，非常适用于耐久性要求高、不宜维修以及处于严酷环境中的建筑屋面和墙面，如滨海、酸雨、火山地带。钛的膨胀系数较小，仅为不锈钢与铜的一半，因此适于在温度变化较大的环境中使用。钛的耐热性和耐火性好，具有良好的韧性和抗疲劳性能，焊接性能和低温性能优异，可用作特殊条件下的结构材料。

（五）锌及锌合金板材

锌是一种略带蓝色的白色金属，密度略低于铁，在自然界中多以硫化物状态存在。锌常与多种有色金属制成合金，其中最常见的是锌与铜、锡、铅等组成的黄铜，锌还可与铝、镁、铜等组成压铸合金。金属锌很早就开始在建筑中应用。一些历史学家甚至认为帕提农神庙曾采用锌作为屋面材料。大量使用钛锌板做屋面和墙面材料已有一个多世纪之久。在欧洲的很多大城市，如巴黎、伦敦、罗马等，不少建筑都采用钛锌板作为屋面材料。钛锌合金板是一种现代金属板材，以高纯度金属锌（质量占比99.995%）为主要成分，并添加了极少量的铜、钛、铝等元素制成。通常铜的含量为0.08%～1.00%，可以提高锌板的硬度与抗拉强度；钛含量为0.06%～0.20%，可以改善合金的抗蠕变性，使锌板随时间的形变大大减小；而铝的含量则不超过0.015%。

以锌作为建筑外表面材料主要是由于其具有非常优异的抗腐蚀性能。锌在空气中可在表面形成致密的钝化保护层，无须涂漆保护，具有真正的金属质感，在建筑的生命周期中，基本不需要进行更换。而且，锌板表面划伤后，内部的金属可以继续与空气反应生成保护层，因此锌板具有划伤后自动愈合、不留划痕、免维护的特点。原锌板是类似于不锈钢的亮银色，由于空气中的化学过程会使原始锌板从亮银色逐渐变灰，因此建筑中使用的锌板常会在工厂中进行预处理，以保证其色泽的稳定性。与自然氧化过程不同，预处理的锌板能够长期保持色彩的稳定性，可以使建筑保持持久的形象，避免更换板材时产生色差。而且工厂预处理可以形成不同的色彩与纹理，如涂敷特定的彩色涂层，可大大提高材料的表现力。常见的钝化处理后的锌板有黑灰色、蓝灰色、铜绿色等多种色彩。屋面与墙面所用钛锌板的厚度为0.7～1.5mm，质量为3.5～7.5kg/m^2，如0.82mm厚的钛锌板屋面板质量仅为5.7kg/m^2，不但是一种很轻的屋面材料，而且对屋面结构基本没有影响。钛锌板适用的坡度为3°～90°，从很小的坡度到垂直的坡度都可以采用锌板。锌板板材具有良好的延伸率和抗拉强度，可塑性好，可在现场三维弯弧异型，充分满足业主和建筑师丰富的创作想象力和灵感要求。锌板在屋面的固定方法有多种，可采用暗扣式立边咬合接缝和平锁扣接缝方式，接缝不用进行任何处理即可达到良好的防水效果，形成结构性的防水、防尘体系。由于上述特点，锌板越来越多地应用于建筑中，尤其是机场、会展中心、体育场馆、高级住宅及高级写字楼等公共建筑。

锌在建筑中既可以直接制作板材或与其他金属构成合金板材，也可以作为防腐材料涂敷在其他金属板材的表面。建筑中常采用表面镀有金属锌的薄钢板，也称为镀锌铁皮或白铁皮。镀锌能够有效防止钢材腐蚀，延长其使用寿命。常见的镀锌工艺有电镀锌和热浸镀锌。在镀锌钢板的基础上，又发展出镀铝锌钢板，进一步提高了钢板的防腐性能。镀铝锌钢板的铝锌合金结构由55%铝、43.4%锌与1.6%硅在600℃高温下凝固而成，由铝、铁、硅、锌形成致密的四元结晶体。由于合金中铝的存在，当锌保护层磨损后，铝便形成一层致密的氧化铝，阻止腐蚀性物质进一步腐蚀内部，较镀锌钢板的耐腐蚀性能有了很大的提高，可以在酸雨等环境条件较差的情况下使用。镀铝锌钢板的热反射率很高，是镀锌钢板的2倍，这种钢板常用作隔热材料，以提高建筑热工性能。镀铝锌钢板的抗高温氧化性好，不易发生变色和变形现象。以冷轧钢板、电镀锌钢板、热镀锌钢板或镀铝锌钢板为基板，经过表面脱脂、磷化、铬酸盐处理后，涂敷不同颜色的有机涂料，经烘烤可以制成彩色涂层钢板。彩色涂层钢板的首用涂料是聚酯，其次是硅改性树脂、高耐候聚酯、聚偏氟乙烯等。彩钢板的强度取决于基板材料和厚度，其耐久性取决于镀层和表面涂层。表面涂敷偏氟乙烯的彩色涂层钢板具有良好的成型性、颜色保持性和室外耐久性，免维护使用寿命可达20～25年。

第二节　木材及其制品

一、木材在建筑中的应用

木材是一种天然建筑材料。树木砍伐后，经初步加工，即可供建筑房屋使用。木材较轻，对于建筑结构的要求相对较低。木结构强度较低，不宜建造大型的建筑。我国现行规范规定木结构建筑最高可以做到三层，木骨架组合墙体可以用于6层及6层以下住宅建筑和办公楼的非承重外墙和房间隔墙，以及房间面积不超过100m²的7～18层普通住宅和高度为50m以下办公楼的房间内隔墙。然而由于木材质量轻，其具有很高的强重比。钢材的强重比为0.05，混凝土的强重比为0.025，而木材的强重比可达0.2，是一种轻质高强的材料。与钢材和混凝土相比，木材材质较软，易于进行锯、刨、雕刻等加工，同时利于雕琢建筑细部，且易于安装。由于木材纤维之间存在小的空隙，具有保温隔热和吸声的效果，因而木材具有良好的隔热和隔音性能。软木的保温效果是混凝土的10倍，是钢材的400倍。木材是一种暖性材料，导热系数小，与人接触时不会快速将人体的热量传导走，因此触感温暖舒适。因木材取材于自然，具有自然的肌理和质感、良好的触觉效果以及美丽的色泽，因此，用木材建造的空间，使人感到亲近温馨。木材取自自然，生产与使用过程中不会产生污染物，材料不能使用后可以分解或回收利用，是一种可以再生的天然绿色建筑材料。木材在生长的过程中，可以大量吸收CO_2并释放出O_2，将碳吸收固化在木材的内部，这对于降低大气的温室效应有重要作用。

木材的使用也有一些局限性，如木材耐火性差，易于腐朽，易遭虫蛀，且具有湿胀干缩的特性，容易引起变形。关于木材的耐火性，通常的认识是使用木材建造的房屋常会被大火烧为灰烬。当然，与钢材、混凝土相比，木材无疑更加容易燃烧，但从建筑防火的角度来考虑，结果却并非完全如此。建筑材料防火的重要指标是耐火极限，即对建筑构件按时间—温度标准曲线进行耐火试验，从受到火的作用时起，到失去支持能力或完整性被破坏或失去隔火作用时为止的这段时间。也就是说，建筑防火主要考虑的是人有充足的时间从建筑中逃生。木材在燃烧时，会在外表面形成一层碳化层，可以有效阻绝继续燃烧，当木材的截面足够大时，燃烧后的残余断面仍能够满足其力学性能，维持结构系统的安全。而且，木材是绝热材料，发生火灾时其隔热作用也很好。因此，与钢材相比，木材尤其是大尺寸木材构件的耐火性能还是值得肯定的。在许多木建筑发达的国家，木材被定位为“准耐燃材料”。

二、建筑用木材

（一）木材

按照树种可以将木材分为针叶树和阔叶树两大类。针叶树树干通直高大、纹理平顺、材质均匀、表观密度和胀缩变形小，常含有较多的树脂，耐腐蚀性较阔叶树强。针叶树多数质地较软，容易加工，又称软材。针叶树木材是建筑工程的主要用材，多用作承重构件，也可作为装修和装饰部件。常用作建材的针叶树种主要是杉木（也称沙木）及各种松木，有落叶松、红松（也称东北松）、白松（也称臭松或者臭冷杉）、樟子松（也称海拉尔松）、鱼鳞松（也称鱼鳞云杉）、马尾松（也称本松或宁国松）等。马尾松纹理不均，且多松脂，干燥时易翘裂，易受白蚁侵害，一般不宜做门窗，仅可用作小屋架或者临时建筑等。阔叶树强度较高，表观密度大，胀缩和翘曲引起的变形较大，容易开裂，且较难加工，一般质地较硬，又称硬材。阔叶树一般通直的部分较短，不适宜做大型建筑构件。而有些阔叶树种具有美丽的纹理，适于做室内装修和制作家具。常见的阔叶树种有水曲柳、榆木、柞木（又称麻栎或蒙古栎）、桦木、槭木（也称枫木）、极木（也称紫极或籽极，质地较软）、黄波椤（又称黄壁或黄柏）以及柚木、樟木、榉木等。其中，榆木、黄波椤和柚木等多用作高级木装修。

按照产地来看，我国不同地区所产树种有所差异。东北地区主要有红松、落叶松

（黄花松）、鱼鳞云杉、红皮云杉、水曲柳；长江流域主要有杉木、马尾松；西南、西北地区则主要有冷杉、云杉、铁杉。

树干自外而内由树皮、形成层、木质部和髓心组成，木质部是木材的主要使用部分。靠近髓心的部分颜色较深，称为心材；往外颜色较浅的部分称为边材。边材含水量较大，容易翘曲变形，且抗腐蚀性较差。从树干横截面的木质部位上可看到环绕髓心的年轮。其中色浅的部分是春季生长的，植物生长活跃，细胞较大，质地较疏松，称为早材（春材）；深色较密实部分是夏、秋季生长的，由于气候逐渐变得干冷，形成层活动减弱，因此细胞较小，形成的材质较密，称为晚材（夏材或秋材）。当树种相同时，年轮稠密者材质较好，夏材部分多，则强度高，表观密度大。

按照加工程度和用途的不同，木材可以分为原条、原木、锯材和枕木四种。原条指除去皮、根和树梢的木料，但尚未按照一定尺寸加工成规定直径和长度的用料，常用作建筑工程的脚手架等。原木指除去皮、根和树梢的木料，并已经按照一定尺寸加工成规定直径和长度的用料，用于建筑工程中的屋架、椽等。锯材是指已经加工锯解成材的木料。凡宽度为厚度3倍或3倍以上的木材，称为板材，不足3倍的称为枋材。根据规范，建筑工程用软木材分为7个等级。Ⅰ级用于对于强度、刚度和外观有较高要求的构件，Ⅲ级用于对于强度和刚度有较高要求而对于外观只有一般要求的构件；Ⅳ级用于对于强度和刚度有较高要求而对于外观无要求的普通构件；Ⅴ级用于墙骨柱；Ⅵ、Ⅰ级用于上述用途外的构件。

建筑用木结构有重木结构和轻木结构之分。通常重木结构的构件尺寸较大，直接作为梁、柱、桁架等主要结构框架。重木结构的材料通常暴露在外，直接表现材料的肌理美和结构美。轻木结构通常由较小的建筑木构件组成，形成一定的二维和三维结构，再构成整个房屋的构架。轻木结构常在木结构外用装饰材料覆盖，加以保护，并形成所需要的装饰效果。

（二）木材的性质

木材的性质是由木材自身材料的结构决定的。显微镜下的木材，是由无数管状细胞紧密结合而成的。每个细胞都有细胞壁和细胞腔两部分，细胞壁由若干细纤维组成，其纵向连接较横向更为牢固，因此木材性质有顺纹和横纹的区别。由于这种微观结构上的差异，木材在物理性质、力学性能等方面都具有明显的各向异性。木材的顺纹抗压强度较高，为30 ~ 70MPa；横纹抗压强度远小于顺纹抗压强度，通常只有顺纹抗压强度的10% ~ 30%。木材的顺纹抗拉强度最高，为顺纹抗压强度的2 ~ 3倍，而其横纹抗拉强度最低，只有顺纹抗压强度的5% ~ 30%。木材具有良好的抗弯性能，其抗弯强度为顺纹抗压强度的1.5 ~ 2倍，建筑工程中常用木材作为受弯构件，如梁、槁等。木材的抗剪强度分为顺纹剪切强度、横纹剪切强度和横纹剪断强度。顺纹剪切强度只有顺纹抗压强度的15% ~ 30%，其横纹剪切强度更低。横纹剪断是将木纤维横向剪断，木材的横纹剪断强度很高，为顺纹抗剪强度的4～5倍。影响木材强度的因素有含水率、纹理方向、负荷时间、环境温度及木材自身缺陷等。长期负荷下的木材，其强度会有所降低，一般仅为其极限强度的50%～60%。当使用环境超过50℃时，木材会发生缓慢碳化，而使其强度明显下降。因此，高温环境中不应采用木结构建造房屋。很多木材本身存在木节、斜纹、裂纹、腐朽以及虫洞等，这些都会对其强度造成不利的影响。

由于木材的细胞腔、细胞间隙大小不同，因此不同木材的密度有较大差异。表观密度是木材性质的一项重要指标，可用以估计木材的实际质量，推断木材的工艺性质和木材的干缩、膨胀、硬度、强度等物理力学性质。影响木材表观密度的主要因素有含水率大小、细胞壁厚度、年轮宽窄、纤维比率高低和提取物含量等。木材的表观密度分为基本表观密度和气干表观密度。基本表观密度指全干材的质量与该木材在饱和含水率状态下体积的比值。因全干材质量和体积较为稳定，故基本密度可以用来比较木材的性质。气干表观密度，是气干材质量与气干材体积之比，通常以含水率为8%～20%时的木材密度为气干表观密度。气干表观密度大，说明木材分量重、硬度大及强度高。在生产、流通贸易等实际应用中，常用气干表观密度这一指标。常用木材的气干表观密度平均为500kg/m^3。

含水率对木材性能影响很大。木材中水分的质量与干燥木材质量的比值称为木材的含水率（%）。木材中所含水分可以分为自由水和吸附水两类。自由水为存在于细胞腔和细胞间隙中的水；吸附水为吸附在细胞壁内的水。当木材的细胞壁内被吸附水充满，而细胞腔与细胞间隙中没有自由水时，该木材的含水率被称为纤维饱和点，一般为25%～35%。纤维饱和点是含水率是否影响其强度和干缩湿胀的临界值。当木材含水率在纤维饱和点以下时，由于吸附水的增加使得细胞壁逐渐软化，木材强度随着含水率增加而降低；当木材含水率在纤维饱和点以上时，木材强度等性能基本稳定，随含水率变化不大。而且，含水率对于木材的顺纹抗压及抗弯强度影响较大，而对横纹抗拉强度基本没有影响。通常以含水率为15%时木材的强度值作为标准值。

干燥的木材能从周围的空气中吸收水分。由于木材吸湿，如果使用材料的含水率与周边环境的湿度不同，经过一段时间，木材的含水率会发生变化，从而引起木材结构或制品的变形、开裂。因此，木材在使用前，必须干燥至其含水率和周边环境空气湿度一致，达到相对平衡，此时木材的含水率也被称为平衡含水率。木材平衡含水率随着使用环境的温度、湿度的变化而变化。为避免木材在使用过程中发生含水率的大幅变化，引起干缩和开裂，宜在加工前将木材干燥至较低的含水率。现伐木材的含水率一般大于纤维饱和点，常在35%以上；风干木材含水率为15%～25%；室干材含水率为8%～15%；窑干材含水率则小于11%。

由于木材细胞之间与细胞的细纤维之间存在极小的空隙，能够吸附和渗透水分，因此木材较其他材料受湿度的影响更大，并呈现湿胀干缩的特征。当木材由潮湿状态干燥至纤维饱和点时，其尺寸基本不变，仅表观密度减小。而继续干燥到其细胞壁中所吸附的水开始蒸发时，木材会发生收缩。同理，干燥木材会吸附水，在达到纤维饱和点前，会发生体积膨胀。达到纤维饱和点的木材，继续吸收水分，虽然自由水增加，但体积不再发生膨胀，仅表观密度增加。木材的胀缩特性随着树种有所差异，一般来说，密度大的、夏材含量多的木材，胀缩较大。另外，木材不同纹理方向的胀缩也不同，木材自纤维饱和点到窑干的胀缩，顺纹方向最小，为0.1%～0.35%；径向较大，为3%～6%；弦向最大，为6%～12%。胀缩会使木构件发生变形，接头松弛或凸起。

原木的性质基本由其品种和自然生长过程来决定，但也并非一成不变，可以通过后期加工改善其不稳定性，以此提高其力学性能。目前改善自然生长的软木材的常用方法有“蒸煮”软木法和向原木中注胶法，这两种方法主要用以解决软木材易腐烂和体积不稳定的问题。

（三）木材的干燥、防腐与防火

木材干燥的目的是防止腐蚀、虫蛀、翘曲与开裂，同时保持尺寸及形状的稳定性，便于做进一步的防腐和防火处理。干燥方法分自然干燥和人工干燥。人工干燥有蒸汽加热干燥、炉气加热干燥、除湿干燥、微波干燥等方法。自然干燥操作简便，干燥后木材质量好，但耗时较长，且只能干燥到风干状态；人工干燥耗时短，可以干燥到窑干状态，但如果操作不当，会引起收缩不均，造成开裂。

木材耐火性差，不适宜做大型建筑。我国规范规定木结构建筑不能超过三层，木材必须经过防火处理以满足耐火时间的要求。在西方国家，轻型木结构住宅比较普遍，木材的防火性能直接关系居住者的生命安全。常用的木材防火方法是在表面涂刷防火涂料，如膨胀型丙烯酸乳胶防火涂料；或者覆盖难燃材料，如金属材料；还可以用磷—氮系列及硼化物系列防火剂溶液浸泡木材，以达到防火的目的。

防腐也是木材处理的重要内容。木材耐候性较差，长期日晒雨淋会引起木材的破坏。真菌中的腐朽寄生菌也会引起木材腐朽。腐朽菌在木材中的生存和繁殖须同时具备水分、空气和温度三个条件。当木材含水率为35%～50%、温度为25～30℃时，最容易腐朽。此外，木材还会受到白蚁、天牛等昆虫蛀蚀。使用未经防腐处理的木材，在木材与土壤或与水接触的条件下只能有数年的寿命。而经过防腐处理的木材，外表美观、质地坚硬、自重轻、加工性能良好，并且在正常的维护下使用年限可以达到30～40年。少量木材天然的耐腐蚀性很强，无须经特殊防腐处理，如南美柚木等，绝大多数木材均须进行防腐处理。通常木材防腐的方法是在木材表面涂刷防腐材料。我国传统木建筑表面常以油漆来防腐，同时绘以彩画，可以起到美化作用。由于各种自然和人为因素的损坏，刷漆后的木材仍需要不断维护处理，而且漆面掩盖了木材本身的纹理。现代广泛使用的木材防腐工艺是采用各种防腐剂进行木材防腐处理。最常用的木材防腐剂如传统的铬化砷酸铜（Chromated Copper Arsenate，CCA）和环保的烷基铜铵化合物（Alkaline Copper Quaternary，ACQ）等。CCA由于含有致癌物质铬和砷，会对人及环境产生不良影响，因此不得用于人体常接触的部位以及河水、海水浸泡的部位，废弃物也须回收。相比之下，ACQ则更加环保，它不但不含砷、铬等化学物质，而且对环境无不良影响，也不会对人、畜、鱼及植物造成危害。木材的防腐处理方法通常有喷涂法、常压浸泡法和真空加压法。表面处理后的木材，效用时间较短，要使木材有较长的使用寿命，必须使药剂深深进入木材的内部，真空加压法是最常用的方法。使用真空加压法，首先应将木材装入处理容器，容器中先抽真空，以便去除木材细胞内的空气；其次在高压下将防腐剂压入木材细胞内部；最后取出木材进行固化处理，有效地把防腐剂与木材细胞黏结起来，从而阻止防腐剂从木材中渗漏，延长产品寿命。经过防腐处理的木材在室外长期使用后会变成灰色，对建筑效果有一定影响。

（四）工程木材产品

天然木材常按照一定的尺寸标准制成规格材，然而这种木材数量会受到采伐量的限制，材料规格会受树木本身尺寸的限制，而且木材本身常会有节疤等天然缺陷。圆形的天然木材加工成为规格材后，会剩余一定的边角余料，造成一定的浪费。因此，工程上常采用一定的加工方法将规格材或者木材的余料与加工废弃物再加工制造成胶合木和人造板材等工程用木材产品。这些木材产品的尺寸规格可以比集成材做得更大，尺寸也更加稳定，不仅可以剔除天然木材中的缺陷，还可以充分利用木材的废弃部分，有效降低产品价格。

胶合木也称为胶合层积木，是在一定条件下将特殊等级的规格材胶合在一起制成的工程用木材产品。胶合木可用作主梁、过梁、格架梁、柱、重型桁架等结构框架，经过防水处理的胶合木可以用于室外。与天然规格材相比，胶合木的一个最大优点是可以自由制作出需要的各种非线性形状，如曲梁等。单板层积材是一种将多层单板施加防水胶合在一起形成的胶合木，它的结构与胶合板类似，但更厚，强度也更高，可用于主梁、过梁、楼板封边板、工字梁翼缘及楼梯梁等。

第三节 其他建筑材料及其性质

一、石材

建筑用石材指用于建筑工程砌筑或装饰的石材，以天然石材为主，也可以采用人造石材。建筑用天然石材采用构成地球表面地壳的岩石，经挑选、剪裁或切锯，使之成为规定的形状和尺寸。其表面可用机器磨光修饰，也可以保留石材的天然质感。这些经过加工的石材须具备足够的强度及耐磨、耐蚀等性能，才可以应用在建筑工程中。石材具有坚固、耐久、地域感强、色彩丰富等特点，其自然生成的纹理常常具有独特的艺术效果。石建筑往往给人以庄重、宏伟、气派、档次高的感觉，常用于重要性较高的建筑中。石材取自自然，因此其建造的建筑也容易与自然景观相融合。其坚固、耐久的材料特性与人类追求永恒存在的愿望有着相通之处，也常用于陵墓、纪念碑等具有重要纪念意义的建筑中，因此人们常常将建筑称作“石头的史书”。

石材具有密度大、坚硬、抗压性较好的特点，承受重力、振动、风力、温度变化、磨损、荷重等诸多外力破坏的能力强，大量用作建筑的台基、基础、柱子和柱础等受力构件。石建筑的主要材料均为天然岩石，具有就地取材、经济实惠的优点。岩石经开采加工即可取得，显然取材方便、价格低廉。而且与一般的黏土砖和钢筋混凝土相比，它不仅可以大量节省黏土、水泥、木材和钢材等主要材料，并不受地区、气候和特殊技术设备的限制。石建筑具有极佳的耐久性。石材是不燃物质，既不会着火也不会传播火源，因此石建筑具有很好的耐火性。石材也具有较好的化学稳定性、大气稳定性和耐磨性，吸水率低。而且，石建筑具有极好的抗冻性，这是一般建筑材料所不具有的特性。因此，石建筑不会因为气候冷暖交替而轻易改变材料特性，更不会因为寒冻而丧失其优良品质。

然而，石头是一种脆性材料，抗弯能力差，要达到所需的强度，需要使用截面很大的石材，这导致结构自重过大。因此，石材不适宜作为梁等抗弯构件，或者仅能做跨度不大的梁，在解决空间跨度方面的能力较为有限。在实际应用中，常常将石材做成拱的形式，充分发挥其抗压性能好的优点，以形成较大跨度的空间。由于结构能力的限制，当代石材很少用作结构材料，多用作装饰材料和外墙围护材料。石材之间的连接较为困难是其缺点。由于砂浆与石块间的黏结力薄弱，尤其是竖向砂浆灰缝更为突出，导致石建筑的抗拉、抗弯、抗剪强度很低，从而严重地影响石建筑的抗震性能。以石材为结构的建筑的建造周期相对较长，其细节的雕琢往往也费时，因此古典风格的石结构建筑无法满足现代社会快节奏的发展需求。如今对于石材的使用，也多利用其自然肌理，而较少进行雕饰等再加工。

有些天然石材会含有极少量的放射性元素。超过标准的放射性元素放射出的放射性气体氡，被人吸入体内会造成身体内部的放射性辐射危害。超过标准的放射性元素放射出的阿尔法射线，直接照射人体时也会造成放射性辐射危害。因此，当石材作为建筑材料，主要是内外装修材料时，根据其放射水平分为A、B、C三类。A类材料的产销和使用范围不受限制；B类材料不可用于Ⅰ类民用建筑的内饰面，但可以用作Ⅰ类建筑的外饰面及其他建筑的内、外饰面；C类材料只可用作建筑的外饰面及室外其他用途。

石材直接取自自然，在加工过程中不但不会对环境产生新的污染，而且石材可以重复利用，旧建筑拆毁后的废料可以用作铺地的垫层材料等。石材随机生成的独特自然肌理也是其特有的美学性质，这是其他多数材料所不可比拟的。由于天然岩石是经过千百年自然过程而形成的，这种肌理的美学效果不仅不会随着时间的推移而消失，反而会在保留原有特色的基础上增添历史的韵味。尽管天然石材具有极小的放射性，且有些会含有过高的硫化铁、氧化铁、盐分等有害物质，但相对于其他大量需要经过冶炼、焙烧、轧制或合成等工序的现代材料来说，石材仍然不失为一种综合环保性能较好的建筑材料。

二、建筑陶瓷

凡用黏土及其他天然矿物原料，经配料、制坯、干燥、焙烧制得的成品，统称陶瓷制品。建筑陶瓷具有强度高、性能稳定、耐腐蚀性好、耐磨、防水、防火易清洗及装饰性能好等优点。

建筑陶瓷主要用于建筑物墙面、地面及卫生设备等。建筑陶瓷具有强度高、防火、防水、耐磨、耐腐蚀、易清洗、装饰色彩丰富等优点，是建筑工程中常用作装饰材料和卫生设备材料。

陶瓷面砖是用作墙、地面等贴面的薄板状陶瓷质装修材料，也可用于浴池、洗涤槽等贴面材料，有内墙面砖、外墙面砖、地砖和陶瓷锦砖等。

（一）内墙面砖

内墙面砖也称釉面砖、瓷砖、瓷片，是适用于建筑物室内装饰的薄型精陶制品。它由多孔坯体和表面釉层两部分组成，表面釉层分结晶釉、花釉、有光釉等不同类别，按釉面颜色可分为单色（含白色）、花色和图案砖等。釉面砖热稳定性好，防潮、防火、耐酸腐蚀，表面光滑、易清洗，但吸水率较大，主要用于厨房、卫生间、浴室、实验室、医院等室内墙面等。因其在室外受到日晒雨淋及温度变化时，易开裂或剥落，故不宜用于外墙装饰和地面材料。

（二）外墙面砖

外墙面砖是镶嵌于建筑物外墙面上的片状陶瓷制品，它是采用品质均匀而耐火度较高的黏土经压制成型后焙烧而成的。根据面砖表面的装饰情况可分为：表面不施釉的单色砖（又称墙面砖）；表面施釉的彩釉砖；表面既有彩釉又有凸起的花纹图案的立体彩釉砖；表面施釉，并做成花岗岩花纹的面积，称为仿花岗岩釉面砖等。为了与基层墙面易黏结，面砖的背面均有肋纹。外墙面砖具有强度高、耐磨、抗冻、防水、不易污染和装饰效果好等特点，主要用于建筑物的外墙面和柱面。

（三）地砖

地砖是用可塑性较大的难熔黏土，经精细加工、焙烧而成。地砖的规格多样，有正方形、矩形、六角形等。按表面做法可分为单色、彩色光面和压花等。地砖质地坚硬、耐磨、抗折强度高、吸水率小，主要用于建筑物地面、台阶等，也可用于厨房、卫生间、走廊等的地面。

（四）陶瓷锦砖

陶瓷锦砖（马赛克），是以瓷土为主要原料，以半干法压制成型，经1250℃高温烧制而成的小块瓷片，边长不大于40mm，以各种颜色、多种几何形状铺贴在牛皮纸上的陶瓷制品。每张（联）牛皮纸制品面积约为0.093m^2，质量约为0.65kg，每40联为一箱，每箱可铺贴面积3.7m^2。陶瓷锦砖表面有上釉和不上釉两种，按砖联分为单色和拼花两种。陶瓷锦砖组织致密、坚实耐用、易清洗、吸水率小、抗冻性好，且色彩图案多样，有较高的耐酸、耐碱、耐磨、耐火等性能。主要用于卫生间、门厅、餐厅、浴室等处的地面及内墙面，也可用于建筑外墙面装饰材料。

三、建筑玻璃

玻璃是一种主要的建筑装饰材料，它除透光、透视、隔音、绝热外，还应有艺术装饰作用。

从化学成分分析，建筑玻璃大多是以石英砂（SiO_2）、纯碱（Na_2CO_3）、石灰石（$CaCO_3$）、长石（铝酸盐）等为主要原料，与其他辅助性材料混合，经熔融、成型、冷却、退火而制成的一种无定形硅酸盐固体材料。建筑玻璃的化学组成复杂，主要成分是SiO_2、Na_2O、CaO和含有少量的Al_2O_3、MgO、K_2O等，这些化学成分对玻璃的性能影响较大，改变玻璃的化学成分、相对含量和制作工艺，可获得性能和应用范围截然不同的建筑玻璃制品。

玻璃是典型的脆性材料。玻璃的绝热、隔音性能较好但是热稳定性较差，遇沸水易破碎；玻璃有较好的化学稳定性及耐酸性。特种玻璃还具有吸热、保温、防辐射、防爆等特殊功能。

玻璃的种类很多，建筑工程中常用的有平板玻璃、安全玻璃和特种玻璃。

（一）平板玻璃

1.普通平板玻璃

普通平板玻璃是未经加工的钠钙玻璃，透光率为85%～90%，建筑工程中主要用于门窗，起透光、保温、隔音、挡风雨的作用。

平板玻璃按颜色属性分为无色透明平板玻璃和本体着色平板玻璃；按外观质量分为合格品、一等品和优等品；按公称厚度分为2mm、3mm、4mm、5mm、6mm、8mm、10mm、12mm、15mm、19mm、22mm、25mm共十二种。2mm和3mm厚的平板玻璃广泛用作窗玻璃，需用量最大。2mm厚的平板玻璃，以10m^{2}作为一标准箱。一标准箱的质量为50kg。其他厚度的玻璃则需进行标准箱和质量箱的换算。如3mm厚的玻璃，每10m^{2}折合1.65标准箱，折合1.5质量箱。

2.压花玻璃

压花玻璃（滚花玻璃），是将熔融的玻璃液在冷却中通过带图案花纹的辊轴滚压而成，透光而不透视，多用于办公室、会议室，使用时应将花纹朝向室内，用于卫生间、浴室时应将花纹朝向室外。

3.磨砂玻璃

磨砂玻璃（毛玻璃），是将平板玻璃用手工研磨或机械喷砂等方法处理后使其表面粗糙。多用于要求透光而不透视的卫生间、浴室等，也可用于教学黑板板面或灯罩。

（二）安全玻璃

1.钢化玻璃

钢化玻璃（强化玻璃）是将平板玻璃经物理钢化或化学钢化处理的玻璃。使玻璃的强度、抗冲击性、热稳定性大幅提高。这种玻璃破碎时形成无尖锐棱角的小碎块，不易伤人，常用于高层建筑的门窗、汽车风窗等。

2.夹丝玻璃

夹丝玻璃（钢丝玻璃），是将预热钢丝或预热钢丝网压入已软化的红热玻璃中。夹丝玻璃的抗折强度、抗冲击能力和耐温度剧变性能都比普通玻璃好，破碎时其碎片附着在钢丝网上而不会飞出伤人，用于公共建筑走廊、楼梯间、防火门、厂房天窗及采光屋顶等。

3.夹层玻璃

夹层玻璃是由两片或多片平板玻璃之间夹透明树脂薄衬片，经加热、加压、黏结而成的平面或曲面的复合玻璃制品，有耐热、耐寒、耐穿透等性能，多用于高层建筑门窗、工业厂房天窗；夹层玻璃的层数最多可达9层，可制成防弹玻璃。

（三）节能玻璃

1.热反射玻璃

热反射玻璃（遮阳镀膜玻璃或镜面玻璃）是具有较高热反射性能且又保持良好透光性能的平板玻璃，可减少太阳辐射热向室内的传递。镀金属膜的热反射玻璃有单向透视作用，白天能在玻璃幕墙的室内看到室外的景物，而从室外却不能看清室内的景物。热反射玻璃常用于有绝热要求的建筑物门窗、玻璃幕墙、汽车和轮船门窗等。但是，大面积使用会出现光污染。

2.吸热玻璃

吸热玻璃不仅是一种可以吸收大量红外线热辐射能，又能保持良好透光率的平板玻璃。吸热玻璃的制作工艺：在普通玻璃的原料中加入有吸热性能的着色剂，如氧化铁、氧化钴等；或者在平板玻璃表面镀一层或多层金属或金属氧化物薄膜。吸热玻璃有隔热、采光、防眩晕和装饰作用，常用于建筑物门窗、汽车挡风玻璃、建筑物外墙等。

3.光致变色玻璃

光致变色玻璃是在玻璃中加入卤化银，或在玻璃与有机夹层中加入钼和钨的感光化合物。受到太阳光或其他光线照射时，此玻璃的颜色随光线的增强而逐渐变暗，当停止照射后又恢复到原有的颜色。因此，光致变色玻璃可自动调节室内光线的强弱，但因生产费用过高，只限于有特殊要求的建筑物门窗、玻璃幕墙等。

4.泡沫玻璃

泡沫玻璃是多孔轻质玻璃，是以碎玻璃、发泡剂，经粉磨、混合、装模后烧制而成。泡沫玻璃有不透水性、抗冻性好；热导率低，保温隔热性能好；隔音性能好，表观密度小，可加工性好，是一种良好的绝热材料。常用于音乐厅、播音室，或用作墙壁、屋面保温，冷藏库隔热等。

5.中空玻璃

中空玻璃是由两片或多片平板玻璃镶于边框中，并用密封胶密封，使玻璃层间形成空气夹层。根据不同的使用要求，可采用平板玻璃、夹层玻璃、钢化玻璃、吸热玻璃、热反射玻璃等作为中空玻璃的原片。因此，中空玻璃具备绝热、保温、隔音、安全等多种性能，广泛用于高级宾馆、办公楼、学校、医院、商店等，也可用于汽车、火车、轮船的门窗等。

另外，玻璃还可用于建筑装饰工程，如釉面玻璃、玻璃马赛克、玻璃面砖等。

四、建筑塑料

塑料制品是以合成树脂为主要组成材料，在一定温度和压力作用下制成各种形状，且在常温常压下能保持其形状不变的有机高分子材料。建筑塑料是用于建筑工程中的各种塑料及其制品。建筑塑料在保护环境、改善居住条件、节约能源等方面独具特色，是一种理想的新型材料。

（一）建筑塑料的组成

塑料是由合成树脂和添加剂组成的。

1.合成树脂

合成树脂是人工合成的高分子聚合物。合成树脂按受热时性能表现不同，分为热塑性树脂和热固性树脂。热塑性树脂的性能：受热软化、冷却硬化，软化和硬化可反复进行，如聚乙烯、聚氯乙烯等。热固性树脂的性能：在加工时受热软化，一经硬化成型，再次受热时，不软化也不改变形状，如酚醛树脂、环氧树脂等。合成树脂是塑料的基本成分，主要起胶结作用，也是决定塑料性能的主要因素。

2.添加剂

（1）填充料。填充料（填充剂），是塑料中不可缺少的成分，占50%左右，其作用是调节塑料的性能，加入玻璃纤维可以提高塑料的机械强度，加入云母粉可以改善塑料的电绝缘性等，常用的填充料有滑石粉、硅藻土、云母、石灰石粉、木屑、和玻璃纤维等。

（2）增塑剂。增塑剂的作用是提高塑料的可塑性、流动性，同时改善塑料的低温脆性。不同品种塑料对增塑剂的选择是不同的，是在不影响其性能的前提下，要求互溶。常用的增塑剂有二苯甲酮、樟脑等。

（3）稳定剂。塑料在成型加工或使用过程中，由于热、光或氧气的老化作用，导致性能降低。稳定剂可使抗老化性能改善，提高其耐久性。常用的稳定剂有硬脂酸盐等。

（4）固化剂。固化剂（硬化剂），其作用是受热时提高其热稳定性。固化剂的种类随着塑料品种及加工条件的不同而不同。

（5）润滑剂。润滑剂可使塑料制品表面光洁和方便脱模，常用的润滑剂有硬脂酸钙、石蜡等。

（二）建筑塑料的特点

（1）比强度大。塑料制品的比强度大于水泥混凝土，接近甚至超过钢材，是一种优良的轻质高强材料。

（2）可加工性好。塑料可以加工成各种类型和形状的产品，有利于机械化大规模生产。

（3）装饰性好。塑料制品可以通过着色、印刷、压花、电镀以及烫金等工艺制成具有各种图案、质感美观，富有艺术装饰性。

（4）具备多功能性，如防水性、隔热性、隔音性、耐化学腐蚀性等。

（5）具有耐热性差、易燃、易老化、刚性差等缺点。

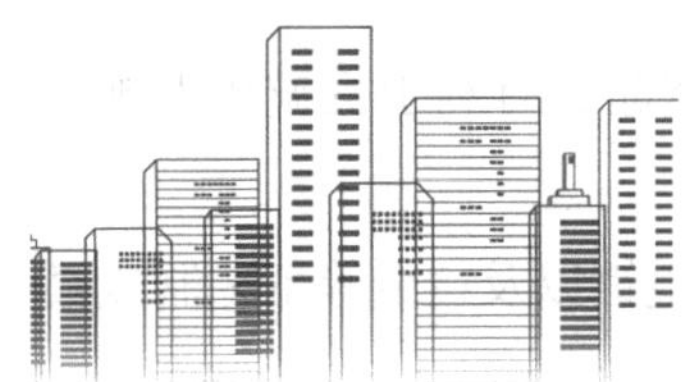

第十章　防水材料及其应用和性能检测

第一节　防水材料科学原理

一、防水材料的基本成分

刚性防水材料（防水砂浆和防水混凝土）的基本成分是水泥、砂石和防水剂，将在后面介绍。柔性防水材料的基本成分是有机化合物，主要有沥青和聚合物（橡胶、塑料）及相应的辅助材料。

（一）沥青

沥青是人类较早使用的防水材料。它包括石油沥青、煤沥青和煤焦油。长期以来，沥青是防水材料的主要原料。以沥青为原料制造的防水材料仍是用量最多的防水材料之一，如沥青防水卷材（或称沥青油毡）、沥青溶液（冷底子油）、乳化沥青、沥青胶、沥青砂浆和混凝土、沥青防水涂料、沥青油膏、沥青麻止水填料等。沥青防水材料具有良好的憎水性、黏结性和塑性（延性），能耐酸、碱、盐的腐蚀，抗冲击性能较好，价格便宜，因此得到最广泛的应用。沥青防水材料的缺点是大气稳定性和温度稳定性差，冬天易龟裂，夏天易流淌，强度偏低。

沥青是一种主要由烃类和非烃类有机化合物组成的复杂混合物。在常温下呈固体、半固体或液体形态，颜色呈辉亮褐色以及黑色，不溶于水，能溶于二硫化碳、四氯化碳、苯及其他有机溶剂中。具有良好的黏结性、塑性、不透水性及耐化学腐蚀性。其组成和性能依来源不同而不同。

1.沥青的分类

天然沥青是由地下原油通过岩石隙绕流到地上，或浸入岩石之中，经过光照、空气的作用，轻馏分逐渐挥发掉，重馏分产生氧化、聚合作用以后而形成沥青材料。在自然界主要是以沥青湖、沥青脉的形式存在，或浸泡在岩石、土壤之中。天然沥青就是由这些沥青矿提炼制得的。

石油沥青是原油经过提炼后剩余的残渣再经过加工而制得的一种物质。显然，石油沥青与天然沥青的差别是轻馏分分离的过程不同，石油沥青是原油经过人工分离轻馏分所得残渣，而天然沥青是经过自然分离轻馏分所得残渣。因此，石油沥青性质与天然沥青是相近的。

焦油沥青是由各种有机物（如煤、泥炭、木材等）经干馏加工得到的焦油，再经加工而制成的沥青类物质。例如，煤经高温干馏时排出的挥发性物质，经冷却而得到的黏稠物质，称为煤焦油。煤焦油经蒸馏加工而制得的残留物，称为煤焦油沥青，简称煤沥青；木材经干馏得到木焦油，木焦油蒸馏后的沥青类物质，称为木沥青。

页岩沥青是油页岩提炼石油后的页岩残渣经脱酸、蒸馏而制得的沥青类物质。因页岩沥青的制取方法与煤焦油沥青相似，故划为焦油沥青类。

在蒸馏高沸点有机物时，被分解作用或经树脂化作用而生成的脂肪酸沥青，也属于焦油沥青类。

焦油沥青俗称柏油，为黏稠的液体或固体，黑色而有光泽，且有臭味。熔化时易燃烧并有毒，与石油沥青相比，黏结性、抗水性和温度稳定性都比较差，但防腐性能好。

2.石油沥青

（1）石油沥青的组成。石油沥青是由许多分子量较高的碳氢化合物及其非金属（主要为氧、硫、氢等）衍生物组成的复杂混合物。含有的主要元素有C、H、O、S、N及某些微量金属元素，其中C和H占90%～95%。沥青的化学组成复杂，对组成进行分析很困难，因此一般不做沥青的化学分析，只从使用角度将沥青中化学成分及性质极为接近，并且与物理力学性质有一定关系的成分划分为若干个组，称为组分。

（2）石油沥青的胶体结构。石油沥青的结构是以沥青质为核心（胶胞），周围吸附部分树脂和油分构成胶团，无数胶团分散在油分中而形成的胶体结构。在这个分散体系中，分散相为吸附部分树脂的沥青质，分散介质为溶有树脂的油分。在胶体结构中，从沥青质到油分是均匀递变的，并无明显界面。

根据胶胞和胶团粒子大小和数量以及在连续相中的分散状态，沥青的胶体结构可以分为溶胶型（sol）、凝胶型（gel）和溶–凝胶型（sol–gel）。

石油沥青的胶体结构和性质随各组分的数量不同而变化。当油分和树脂较多时，胶团外膜较厚，胶团之间相对运动较自由，这种胶体结构的石油沥青称为溶胶型石油沥青。其特点是流动性好和塑性较好，开裂后自行愈合能力较强，但对温度的稳定性差，温度过高会流淌。当油分和树脂含量较少时，胶团外膜较薄，胶团靠近聚集，相对吸引力增大，胶团间相互移动比较困难，这种胶体结构的沥青称为凝胶型石油沥青。其特点是弹性和黏性较高，温度敏感性较小（即对温度的稳定性较好），但开裂后自行愈合能力较差，流动性和塑性较低。在溶胶型和凝胶型之间的结构称为溶–凝胶型结构，其组分含量和性质也介于溶胶型和凝胶型之间。

对于建筑防水沥青最好使用凝胶型沥青，这种沥青具有良好的高温抗流淌、低温抗裂的性能。

此外，也有人认为石油沥青是一种高分子溶液。分散相（地沥青质，相当于前述沥青质）与分散介质（地沥青脂，相当于前述树脂和油分）具有很强的亲和力，在每个地沥青质分子的表面上紧紧地保持着一层沥青脂的溶剂分子，形成高分子溶液。石油沥青高分子溶液对电解质具有较大的稳定性，即加入电解质不能破坏高分子溶液。较浓的高分子溶液，地沥青质含量多，相当于前面所讲的凝胶型石油沥青；较稀的高分子溶液，地沥青质含量少，地沥青脂含量多，相当于溶胶型石油沥青；浓度居中者相当于溶–凝胶型石油沥青。

（3）石油沥青的分类及选用。可以用多种方法对石油沥青加以分类。

①按生产方法，分为直馏沥青、溶剂脱油沥青、氧化沥青、调和沥青、乳化沥青、改性沥青等。

②按外观形态，分为液体沥青、固体沥青、稀释液、乳化液、改性体等。

③按用途，分为道路沥青、建筑沥青、防水防潮沥青、以用途或功能命名的各种专用沥青等。

石油沥青的组分和性能与原油的成分和性能有关，所以，有按原油的成分或产地对石油沥青进行分类的方法。按原油的成分，石油沥青可分为石蜡基沥青、沥青基沥青和混合基沥青。石蜡基沥青由含大量的石蜡基原油提炼制得，沥青中的含蜡量一般大于5%。沥青基沥青是以沥青基石油提炼而制得，该类沥青含较多的脂环烃，含蜡质较少，一般小于2%，性能好，亦称无蜡沥青，广东茂名沥青即属此类。混合基沥青系以蜡质介于石蜡基和沥青基石油之间的原油提炼而制得，其含蜡2%～5%，玉门沥青、兰州沥青均属此类。此外，也有按石油沥青的生产方法进行分类的，分成残留沥青、蒸馏沥青、氧化沥青、裂化沥青、酸洗沥青等。除残留沥青为石油直馏后的残渣外，其余均是将残渣再进行加工而制得的沥青。

多数国家按用途对石油沥青进行分类，根据使用场合制定出不同品种和牌号，由此制定出不同品种牌号的质量规格要求和实验方法标准，以此规范产品的品质。用户按规格标准检验和选用所需的产品。按我国标准，石油沥青可以分成道路石油沥青、建筑沥青等20多种产品。许多沥青都按针入度指标划分为若干牌号，牌号越高，针入度越大，而黏性越小，延伸度越大，软化点也就越低。

制造防水材料主要使用建筑石油沥青。在制造密封材料、黏结剂以及沥青涂料时也选用黏性较大和软化点较高的道路石油沥青。

选用沥青还要根据工程环境和要求而定。一般屋面用沥青材料的软化点应比本地区屋面最高温度高20℃，以避免夏季流淌。但也不宜过高，若软化点过高时，沥青延伸度小，冬季低温时易发硬变脆甚至开裂。

单一牌号的沥青往往不能满足工程技术要求，此时，可用不同牌号沥青进行调和。调和时，为使调和后的沥青胶体结构不被破坏，应选用表面张力相近且化学性质相似的沥青。同产源（同属石油沥青或同属煤沥青）的沥青掺配，容易保证掺配后沥青胶体结构的均匀性。

3.煤沥青和煤焦油

煤沥青和煤焦油不仅是制备防水材料的重要原材料，也是建筑防水材料行业应用较早的防水材料之一。

煤焦油是生产焦炭和煤气时的副产品，即由煤、褐煤等有机物质在隔绝空气和高温下进行干馏，冷凝其挥发物质而获得的黏稠液体。它是煤化学工业中最重要的产品，大部分用于化工，少部分用于制造建筑防水材料。依煤干馏温度不同，所得煤焦油有高温（800～1300℃）煤焦油和低温（600℃以下）煤焦油之分。一般用高温煤焦油制作建筑防水材料。

煤沥青是将煤焦油进行蒸馏，蒸去水分和所有的轻油及部分中油、重油和蒽油后所得的残渣。根据蒸馏程度不同，煤沥青又分为低温沥青、中温沥青和高温沥青。建筑中采用的多为黏稠或半固体的低温沥青。

煤沥青主要由某些芳香化合物组成，包括4～5个芳环的简单分子，还有分子量在2000以上的化合物。煤沥青也可分出三个组分：油分、树脂质和游离碳。油分主要是芳香类化合物，对流动性影响较大；树脂质可根据黏滞度大小分为软、硬树脂质，对黏结性影响显著；游离碳是高分子化合物的固态碳质微粒，有很好的稳定性，对黏滞度和脆性影响较大。

与石油沥青相比，煤沥青温度敏感性较大，夏天易软化流淌，冬天易脆裂、塑性差、老化快。但在受震动的工程部位和冬季施工要求较大延伸度时，不宜选用。煤沥青因含有蒽、酚等，有刺激臭味且有毒性，但防腐能力较好，适用于地下防水工程和用作防腐材料。此外，煤沥青含有较多表面活性物质，与矿物表面的黏附力较好。

4.沥青的改性

沥青具有较好的塑性，能加工成良好的柔性防水材料。但沥青耐热性与耐寒性较差，即高温下强度低，低温下缺乏韧性，这是沥青防水屋面渗漏现象严重、使用寿命短的原因之一。如前所述，沥青是由分子量为几百到几千的分子量较高的化合物组成的复杂混合物，但分子量比通常高分子材料（几万到几百万以上）小得多，而且其分子量最高（几千）的组分在沥青中占的比例还比较小，因此决定了沥青材料的强度不高，弹性不好。

为此，常添加高分子的聚合物对沥青进行改性，高分子的聚合物分子和沥青分子相互扩散、发生缠结，形成凝聚的网状结构，因而具有较高的强度和较好的弹性。

常用于沥青改性的聚合物有橡胶、热塑性弹性体和树脂。橡胶如氯丁橡胶、丁苯橡胶和再生橡胶等。热塑性弹性体如丁二烯–苯乙烯–丁二烯三嵌段共聚物，简称SBS；苯乙烯–异戊二烯–苯乙烯三嵌段共聚物，简称SIS。树脂如古马隆树脂、聚乙烯、聚丙烯、酚醛树脂和天然松香等。橡胶的掺量一般为2%～5%，树脂的掺量为7%～40%。也可兼用橡胶和树脂对沥青进行改性。聚合物改性沥青防水材料大有取代纯沥青防水材料之势，关于改性用聚合物以及其他助剂的作用原理和方法的研究还在不断发展，有兴趣的读者可进一步参阅其他文献。

（二）聚合物

聚合物作为柔性防水材料的主要原材料，主要是因为其具有很好的柔韧性。此外，作为建筑材料，它应该还具有与建筑物或土木工程相适应的耐久性。本节主要针对聚合物的柔韧性和耐老化性做一些基本的讨论，使读者能够稍微了解聚合物柔韧性和老化的原理，以便更好地选择和利用其作为优秀的防水材料。

1.聚合物的柔性

聚合物材料的柔韧性本质上来自其分子中连接两个原子。共价键的对称性允许相连的原子绕这个化学键的对称轴进行旋转。由于聚合物分子主链含成千上万个σ共价键，每个σ共价键上的原子的旋转使得聚合物分子链在空间具有几乎是无穷多的形态（称为构象），比“变形金刚”有更多的变化能力。许多具有无穷变形能力的聚合物分子聚集在一起，相互缠结所组成的柔性材料，既能在外力作用下产生很大的变形，又因为分子之间的缠结，能保持整体（分子之间的相对位置基本固定），并且在外力撤除后，通过σ共价键上原子的旋转，恢复到自由卷曲状态，宏观上呈现出巨大的伸长和回弹能力。

沥青材料和聚合物有相似之处，它们也是由含有许多共价键的有机分子（碳氢化合物）构成的。但沥青材料中有机分子的分子量大多数都比较低，分子之间的缠结不太牢固，受到外力作用而变形时，分子之间的相对位置容易变化，当外力去除后，被拉伸的分子就地卷曲，因而宏观上表现为材料不产生明显的回弹，显得韧性不足。

2.聚合物的老化和耐久性

前文说过，作为建筑材料，它还具有与建筑物或土木工程相适应的耐久性。当然，这里所说的耐久性，不是要求聚合物材料与混凝土有一样的使用寿命，因为聚合物作为有机材料，相对于无机材料，在大气中更容易老化。因此，所谓与建筑物相适应的耐久性，应该是一种人们能够接受的维修更换年限。

聚合物的老化是指聚合物材料在加工、储存和使用过程中，由于内外因素的综合影响，逐步失去原有的优良性能以致最后丧失使用价值的过程。从微观的分子结构角度来看，聚合物的老化随着分子链的断裂（即相对分子量的降低，称为降解）过程，同时会出现分子量增大的过程（称为交联反应过程），但一般以前者为主。所以，聚合物的老化常用降解来指称。随着聚合物降解的进行，聚合物的力学性能变差。

聚合物材料的老化现象相当普遍，例如，橡胶制品在放置或使用过程中会逐渐变软发黏或变脆龟裂，塑料制品（特别是经受阳光照射的制品）逐渐出现表面失去光泽、变脆、机械强度大大下降和出现龟裂等现象。由于日常生活中接触到的聚合物材料的老化现象太多，特别是某些日用品的老化速度很快，不少人都有谈老化色变的心理，害怕使用聚合物材料，并对无机材料没有老化之忧推崇备至。容易老化确实是聚合物材料的一个主要缺点，但因此而无视聚合物的许多优点（比重小、韧性和高弹性、耐腐蚀等）则是一种偏见。特别是在我们了解了聚合物的老化机理，知道聚合物的老化是可以防止或延缓的时候，更不必对使用聚合物材料持怀疑态度了。在西欧，塑料水管和塑料门窗已经安全使用了50多年，不仅使用寿命优于钢铁，生产和使用过程中的能耗也比钢铁制品少得多。可以从某种程度上说，聚合物材料是比传统的钢铁更优秀的绿色建材。

二、防水机理

防水材料有两种截然不同的防水机理：一类是靠材料自身的密实性起防水作用；另一类是利用疏水性毛细孔的反毛细管压力来防水。但就房屋或结构的防水而言，防水应该是疏堵结合的，一方面，使用致密的材料来堵水；另一方面，通过良好的结构设计来排水。

绝大多数防水材料都是以自身密实性机理来防水的。材料的密实性可以用它的孔隙率来表征，而材料的孔隙率与它的透水性或者说水渗透系数有密切关系。

第二节　建筑防水材料综述

一、防水材料定义和范围

防水材料自古以来是房屋建筑、水利工程防渗、防水采用最早的材料。从“秦砖汉瓦”开始，茅草、黏土瓦、琉璃瓦、三合土等发展至今，种类繁多的防水材料。防水材料定义为：用于建筑物、构筑物防潮、防渗、防水、保护的多功能材料。主要包括防水卷材、防水涂料、刚性防水材料、防水灌浆材料、防水密封材料。

（一）防水卷材

（1）沥青基及聚合物改性沥青系列防水卷材，是由石油沥青、SBS合成橡胶或APP树脂等改性材料、高温溶剂油、填料及不同胎基构成的产品。常采用的如弹性体（SBS）改性沥青防水卷材、塑性体（APP）改性沥青防水卷材、自粘聚合物沥青防水卷材、预铺/湿铺防水卷材、种植屋面用防根穿刺防水卷材等。沥青防水卷材在建筑市场上应用广泛，其占有率在60%以上。

（2）高分子防水卷材又分为橡胶类高分子防水卷材和树脂类高分子防水卷材。橡胶类采用各种助剂、润滑剂及填料，通过搅拌、密炼、混炼、压延、硫化等工艺制备而成，如三元乙丙橡胶防水卷材、丁基橡胶防水卷材等；树脂类采用树脂、分散剂、防老剂、填料及助剂通过拌和、热塑化、挤出、压延加工而成，如聚氯乙烯防水卷材、聚乙烯防水卷材、聚烯烃TPO防水卷材、EVA防水卷材等。橡胶类高分子防水卷材被广泛地应用于建筑工程、地铁工程、隧道工程、地下工程等。市场占有率为20%。目前正在逐渐扩大市场占有率。在欧美国家，高分子防水卷材尤其是树脂类卷材占有率达到60%以上，其原因是环保生产和环保施工。

（二）防水涂料

防水涂料是指以水或溶剂为介质，以沥青、橡胶、树脂乳液为成膜材料，并辅以不同助剂和填料经拌和或初级反应制备而成的一种液态产品。

1.水性防水涂料

水性防水涂料是一类以水为分散介质，通过乳化分散作用，将合成树脂乳液或液体沥青进行乳化分散研磨，再与各种性能添加剂和填料一起混合调制而成。例如，水乳型氯丁橡胶沥青防水卷材、聚合物水泥防水涂料、水性聚氨酯防水涂料、聚合物乳液防水涂料等，被广泛地用于建筑工程屋面、厨卫间、地暖防水工程、桥面防水工程、水利工程等。

2.溶剂型或无溶剂型防水涂料

（1）溶剂型防水涂料是采用橡胶或树脂和稀释溶剂同各种功能助剂、颜料及填料共同研磨分散而成，如溶剂型橡胶防水涂料、聚氨酯防水涂料、聚脲防水涂料。

（2）无溶剂型防水涂料是采用橡胶或树脂同反应型活性烯烃通过交联反应与各种功能助剂和填料调配而成，如无溶剂环氧涂料、无溶剂聚氨酯防水涂料。

（三）刚性防水涂料

1.混凝土自防水

混凝土自防水混凝土自防水是在混凝土配比中通过加入防水剂、膨胀剂、减水剂等技术使混凝土硬化后形成很致密的构造，并成为一道结构自防水，这是一种建筑工程尤其是地下工程、隧道工程、水利工程等广泛采用的技术。

2.水泥结晶渗透型防水材料

水泥结晶渗透型防水材料是在混凝土中掺加此类材料或在硬化后混凝土表面涂刷此类材料。该类材料富含活性硅质材料，在水泥混凝土中与水泥反应生成的Ca（OH），反应生成水化硅酸盐或水化铝酸盐，使混凝土结构密实，孔隙受到堵塞，从而提高混凝土防水功能。

3.快速堵漏修补材料

快速堵漏修补材料其为快硬水泥、高效速凝剂、聚合物材料和石英砂混配而成的，可修补、堵漏混凝土孔洞等漏、渗水处。

（四）防水灌浆材料

防水灌浆材料是由环氧树脂或聚氨酯超细水泥和各种助剂及填料构成的，具有高流动性、高强度、不收缩或微膨胀功能，用于混凝土工程裂缝、灌缝、堵漏、修补，达到防水目的。主要用于大体积混凝土工程，如水库大坝、地下工程、隧道及地铁工程等。

（五）防水密封材料

防水密封材料是以具有一定弹（柔）性的聚氨酯、丙烯酸酯类聚合物、聚硫、硅酮（即聚硅氧烷）等为基础，通过添加各种助剂形成一种膏状、弹性高、黏结度强、高流平性、高耐候性的产品，被广泛地用于建筑工程各种缝隙填补、门窗与墙体密封、地下工程后浇带密封、各种幕墙填缝密封等。

二、防水材料质量控制

防水材料广泛地应用于我国的各种工业与民用建筑工程、水利工程、铁路、公路、地铁等重要工程，确保工程的防潮、防渗漏、防火、防护，为达此目的，防水材料自身的质量不仅要过关，还要符合各种材料的产品标准。要保证防水工程的质量关键是在生产过程中各个环节要做好对质量的控制，为此，企业应编制一本产品技术手册，成为企业的生产“规章”。

（1）控制好原材料的质量。生产各种防水材料与之相配套的原材料也不相同，应按

ISO9000质量管理认证要求，要控制好生产中所用原材料，为此应做到认真审查原材料的供应商，对进厂原材料要进行质量检验和控制，不允许不合格的材料进厂、不得进入生产线，凡是进入生产线的原材料必须符合相应产品的规定。每个生产企业的“检验室”是控制原材料质量的最重要的部门。

（2）控制生产产品的技术配方。每种产品的技术关键之一是产品技术配方，这是由企业的技术管理部门根据大量试验和总结以往的生产经验，按照所生产产品的标准要求和订货合同要求制定出来的。生产车间必须按此配方和相应的工艺技术参数不折不扣地认真执行，只有这样才能保证产品质量。

（3）控制生产过程中的工艺参数是对生产过程的控制。而工艺参数又是一个关键因素。在产品加工过程中工艺参数包括温度、压力、速度、时间、加料程序等，如生产SBS改性沥青防水卷材工艺参数、沥青加热脱水过程中温度和脱水时间的控制、SBS改性沥青制备温度的控制、研磨时间、对槽内温度的控制、对整条生产线行车速度的控制等。

另外，在生产过程中对半成品质量控制尤为重要。SBS半成品就是一个重要的半成品，应从生产线定时取样，送检验室分析是否达到半成品的质量要求，若不合格应调整温度或研磨时间，若不控制就则很难保证产品质量。

（4）对产品质量的控制产品生产出来，首先应按产品标准对车间产品的检验合格后入库，对产品进行产品标准的出厂检验项目进行检验，以保证出厂产品100%合格，同时半年或一年送国家检验机构进行检验。

（5）采用的生产设备及生产工艺应符合所生产产品要求、生产线设计及设备选型、安装、调试等各环节都是控制产品质量的重要因素。2010 年，国家对沥青类防水卷材实行生产许可证管理，要求企业是 500 万平方米 / 年生产线，并列出设备清单，2015 年以后预计将生产线规模提高到 1000 万平方米 / 年，对高分子防水卷材生产线规模规定为 300 万平方米 / 年。

（6）控制质量的核心部门——企业检验室。企业检验室企业检验室是控制从原材料到产品出厂全过程的核心部门，因此应按国家有关规定和产品标准要求的环境、仪器等建立企业检验室，并配备相应的检验员，检验员应经培训并取得上岗资格证书。

第三节　传统防水材料概述

传统建筑防水材料是指传统的石油沥青纸胎油毡、沥青涂料等防水材料。包括石油沥青、煤沥青和煤焦油。例如，沥青防水卷材（沥青油毡）、沥青溶液、乳化沥青、沥青胶（沥青马蹄脂）、沥青砂浆和混凝土、沥青防水涂料、沥青石膏、沥青麻止水填料等。下面主要介绍几种常用的传统防水材料。

一、沥青防水卷材

（一）沥青防水卷材的定义

凡用原纸或玻璃布、石棉布、棉麻织品等胎料浸渍石油沥青（或焦油沥青）制成的卷状材料，称为浸渍卷材（有胎卷材）；将石棉、橡胶粉等掺入沥青材料中，经碾压制成的卷状材料称为碾压卷材（无胎卷材）。这两种卷材统称为沥青防水卷材。

沥青防水卷材由于质量轻、价格低廉、防水性能良好、施工方便、并能适应一定的温度变化和基层伸缩变形，故多年来在工业与民用建筑的防水工程中得到了广泛的应用。目前，我国大多数屋面防水工程仍采用沥青防水卷材。通常根据沥青和胎基的种类对油毡进行分类，如石油沥青纸胎油毡、石油沥青玻纤油毡等。

（二）沥青防水卷材的分类

1.石油沥青纸胎油纸、油毡

凡用低软化点热熔沥青浸渍原纸而制成的防水卷材称油纸；在油纸两面再浸涂软化点较高的沥青后，撒上防粘物料即成油毡。表面撒石粉做隔离材料的称作粉毡，撒云母片做隔离材料的称为片毡。

油纸和油毡均以原纸每平方米质量克数划分标号。石油沥青油纸分为200、350两个标号，石油沥青油毡分为200、350、500三个标号，煤沥青油毡分为200、270、350三个标号。油纸和油毡幅宽有915mm、1000mm两种，每卷面积为（20 ± 0.3）m^2。

油纸主要用于建筑防潮和包装，也可用于多叠层防水层的下层或刚性防水层的隔离层。油毡适用面广，但石油沥青纸胎油毡的防水性能差、耐久年限低。

2.煤沥青纸胎油毡

煤沥青纸胎油毡是先用低软化点煤沥青浸渍原纸，然后用高软化点煤沥青涂盖油纸两面，再涂或撒隔离材料所制成的一种纸胎防水材料。

煤沥青纸胎油毡幅宽为915mm和1000mm两种规格。

煤沥青纸胎油毡按技术要求分为一等品和合格品，按所用隔离材料分为粉状面油毡和片状面油毡两个品种。

煤沥青纸胎油毡的标号分为200号、270号和350号三种。

3.其他新型有胎沥青防水卷材

新型有胎沥青防水卷材主要有麻布油毡、石棉布油毡、玻璃纤维布油毡、合成纤维布油毡等。这些油毡的制法与纸胎油毡相同，但抗拉强度、耐久性等都比纸胎油毡好得多，适用于防水性、耐久性和防腐性要求较高的工程。

二、沥青防水涂料

（一）沥青胶

沥青胶又称沥青玛瑞脂，它是在熔（溶）化的沥青中加入粉状或纤维状的填充料经均匀混合而成的。填充料粉状的如滑石粉、石灰石粉、白云石粉等，纤维状的如石棉屑、木纤维等。沥青胶的常用配合比为沥青70%～90%、矿粉10%～30%。如采用的沥青黏性较低，矿粉可多掺入一些。一般矿粉越多，沥青胶的耐热性越好，黏结力就越大，但柔韧性降低，施工流动性也变差。

沥青胶有热用和冷用两种，一般工地施工选取热用。配制热用沥青胶时，先将矿粉加热到100～110℃，然后慢慢地加入已熔化的沥青中，继续加热并搅拌均匀即成。热用沥青胶用于黏结和涂抹石油沥青油毡。冷用时需加入稀释剂将其稀释后于常温下施工应用，它可以涂刷成均匀的薄层。

（二）冷底子油

冷底子油是用汽油、煤油、柴油、工业苯等有机溶剂与沥青材料熔合制得的沥青涂料。它的黏度小，能渗入混凝土、砂浆、木材等的毛细孔隙中，待溶剂挥发后，便与基材牢固结合，使基面具有一定的憎水性，为黏结同类防水材料创造了有利条件。因它多在常温下用作防水工程的打底材料，故名冷底子油。冷底子油常随配随用，通常采用30%～40%的30号或10号石油沥青，与60%～70%的有机溶剂（多用汽油）配制而成。

（三）乳化沥青

乳化沥青是沥青以微粒（粒径1μm左右）分散在有乳化剂的水中而成的乳胶体。配制时，首先在水中加入少量乳化剂，再将沥青热熔后缓缓倒入，同时高速搅拌，使沥青分散成微小颗粒，均匀地分布在溶有乳化剂的水中。由于乳化剂分子一端强烈吸附在沥青微小颗粒表面，另一端则与水分子很好地结合，产生有益的桥梁作用，使乳液获得稳定。

乳化剂是一种表面活性剂。工程中所用的阴离子乳化剂有钠皂或肥皂、洗衣粉等。阳离子乳化剂有双甲基十八烷溴胺和三甲基十六烷溴胺等。非离子乳化剂有聚乙烯醇、平平加（烷基苯酚环氧乙烷缩合物）等。矿物胶体乳化剂有石灰膏及膨润土等。

乳化沥青涂刷于基材表面，或与砂、石材料拌和成型后，其中水分逐渐散失，同时沥青微粒靠拢而将乳化剂薄膜挤破，从而相互团聚而黏结，这个过程称为乳化沥青成膜。乳化沥青可涂刷或喷涂在材料表面作为防潮或防水层，也可粘贴玻璃纤维毡片（或布）做屋面防水层，或用于拌制冷用沥青砂浆和沥青混凝土。

（四）橡胶沥青防水涂料及水性沥青基薄质防水涂料

橡胶沥青防水涂料是以沥青为基料，加入改性材料橡胶和稀释剂及其他助剂等而制成的黏稠液体。

橡胶沥青防水涂料的特点是耐水性强。由于橡胶的加入改善了沥青涂膜的性质，故在水的长期作用下，涂膜不脱落、不起皮、抗渗性好、抗裂性优异，有较好的弹性和延伸性，尤其是低温下的抗裂性能更好，故适用于基层易开裂的屋面防水层。又因其耐化学腐蚀性好，故也可做木材、金属管道等的防腐涂层。

以化学乳化剂配制的乳化沥青为基料，掺入氯丁胶乳或再生橡胶等形成的防水涂料，称为水性沥青基薄质防水涂料。

第四节　新型防水材料概述

新型建筑防水材料是相对传统石油沥青油毡及其辅助材料等传统建筑防水材料而言的，其“新”字一般来说有两层含义：一是材料“新”，二是施工方法“新”。改善传统建筑防水材料的性能指标和提高其防水功能，使传统防水材料成为防水“新”材料，是一条行之有效的途径。

主要的新型防水材料有合成高分子防水卷材、高聚物改性沥青防水卷材、防水涂料、防水密封材料、堵漏材料以及刚性防水材料等。下面主要介绍几种常用材料。

一、合成高分子防水卷材

合成高分子防水卷材是以合成橡胶、合成树脂或两者的共混体为基材，加入适量的化学助剂、填充料等，经过塑炼、混炼、压延或挤出成型、硫化、定型、检验、分卷、包装等工序加工制成的无胎防水材料。其具有抗拉强度高、断裂延伸率大、抗撕裂强度好、耐热耐低温性能优良、耐腐蚀、耐老化、单层施工及冷作业等优点，是继改性石油沥青防水卷材之后发展起来的性能更优的新型高档防水材料，有其独特的优异性，在我国虽仅有十余年的发展史，但发展十分迅猛。现在可生产三元乙丙橡胶、丁基橡胶、氯丁橡胶、再生橡胶、聚氯乙烯、氯化聚乙烯、氯磺化聚乙烯等几十个品种。

（一）三元乙丙橡胶防水卷材

三元乙丙橡胶防水卷材是以乙烯、丙烯和双环戊二烯三种单体共聚合成的三元乙丙橡胶为主体，掺入适量的丁基橡胶、硫化剂、促进剂、软化剂、补强剂和填充剂等，经密炼、拉片、过滤、挤出（或压延）成型、硫化、检验、分卷、包装等工序加工制成的高弹性防水材料。三元乙丙橡胶防水卷材，与传统的沥青防水材料相比，具有防水性能优异，耐候性好、耐臭氧性及耐化学腐蚀性强、弹性和抗拉强度高，对基层材料的伸缩或开裂变形适应性强、质量轻、使用温度范围宽（–60～120℃）、使用年限长（30～50年）、可以冷施工、施工成本低等优点。适用于防水要求高、使用年限长的防水工程，可单层使用，也可复合使用。施工用冷粘法或自粘法。

（二）聚氯乙烯防水卷材

聚氯乙烯防水卷材是以聚氯乙烯树脂为主要原料，加入一定量的稳定剂、增塑剂、改性剂、抗氧化剂及紫外线吸收剂等辅助材料，经捏合、混炼、造粒、挤出或压延等工序制成的防水卷材，是我国目前用量较大的一种卷材。这种卷材具有较高的拉伸和撕裂强度，延伸率较大，耐老化性能好，耐腐蚀性强。其原料丰富、价格便宜、容易黏结。适用于屋面、地下防水工程和防腐工程，单层或复合使用，冷粘法或热风焊接法施工。

聚氯乙烯防水卷材，根据基料的组分及其特性分为两种类型，即S型和P型。

S型是以煤焦油与聚氯乙烯树脂混溶料为基料的柔性卷材，P型是以增塑聚氯乙烯为基料的塑性卷材。

（三）氯化聚乙烯防水卷材

氯化聚乙烯防水卷材，是以含氯量为30%～40%的氯化聚乙烯树脂为主要原料，掺入适量的化学助剂和大量的填充材料，采用塑料（或橡胶）的加工工艺，经过捏合、塑炼、压延等工序加工而成的。属于非硫化型高档防水卷材。

氯化聚乙烯防水卷材适用于各类屋面、地下防水和防潮工程，以及冶金、化工、水利等防水防渗工程。

其规格厚度可分为1.00mm、1.20mm、1.50mm、2.00mm，宽度为900mm、1000mm、1200mm、1500mm。

（四）氯化聚乙烯–橡胶共混防水卷材

氯化聚乙烯–橡胶共混防水卷材是以氯化聚乙烯树脂与合成橡胶为主体，加入硫化剂、促进剂、稳定剂、软化剂及填料等，经塑炼、混炼、过滤，压延或挤出成型及硫化等工序制成的防水卷材。

这类卷材既具有氯化聚乙烯的高强度和优异的耐久性，又具有橡胶的高弹性和高延伸性以及良好的耐低温性能。其性能与三元乙丙橡胶防水卷材相近，使用年限保证10年以上，但价格却低得多。与其配套的氯丁黏结剂，较好解决了与基层黏结问题。其中，高档防水材料可用于各种建筑、道路、桥梁、水利工程的防水，尤其适用于寒冷地区或变形较大的屋面。单层或复合使用，冷粘法施工。

（五）聚氨酯防水涂料

聚氨酯防水涂料有单组分和双组分两类。其中单组分涂料的物理性能和施工性能均不及双组分涂料，故我国自20世纪80年代聚氨酯防水涂料研制成功以来，主要应用双组分聚氨酯防水涂料。双组分聚氨酯防水涂料产品，甲组分是聚氨酯预聚体，乙组分是固化剂等多种改性剂组成的液体，按一定的比例混合均匀，经过固化反应，形成富有弹性的整体防水膜。

聚氨酯防水涂料又分为有焦油型和无焦油型两类。有焦油型聚氨酯防水涂料即是以焦油等填充剂、改性剂组成固化剂。有焦油型聚氨酯防水涂料的耐久性和反应速度、性能稳定性及其他性能指标低于无焦油型聚氨酯防水涂料。

这两类聚氨酯防水涂料形成的薄膜具有优异的耐候性、耐油性、耐碱性、耐臭氧性、耐海水侵蚀性，使用寿命为10～15年，而且强度高、弹性好、延伸率大（可达350%～500%）。

聚氨酯防水涂料与混凝土、马赛克、大理石、木材、钢材、铝合金黏结良好，且耐久性较好。其中无焦油型聚氨酯防水涂料色浅，可制成铁红、草绿、银灰等彩色涂料，且涂膜反应速度易于控制，属于高档防水涂料。主要用于中高级建筑的屋面、外墙、地下室、卫生间、储水池及屋顶花园等防水工程。有焦油型聚氨酯防水涂料，因固化剂中加入了煤焦油，从而使涂料黏度降低，易于施工，且价格相对较低，使用量大大超过无焦油型聚氨酯防水涂料，但煤焦油对人体有害，不能用于冷库内壁和饮用水防水工程，其他适用范围同无焦油型聚氨酯防水涂料。

（六）丙烯酸酯防水涂料

丙烯酸酯防水涂料是以丙烯酸树脂乳液为主，加入适量的颜料、填料等配置而成的水乳型防水涂料。具有耐高低温性好、不透水性强、无毒、无味、无污染、操作简单等优点，可在各种复杂的基层表面上施工，并具有白色、多种浅色、黑色等，使用寿命为10～15年。丙烯酸酯防水涂料被广泛应用于外墙防水装饰及各种彩色防水层。丙烯酸酯防水涂料的缺点是延伸率较小，为此可加入合成橡胶乳液予以改性，使其形成橡胶状弹性涂膜。

（七）聚氨酯建筑密封膏

聚氨酯建筑密封膏是由多异氰酸酯与聚醚通过加聚反应制成预聚体后，加入固化剂、助剂等在常温下交联固化成的高弹性建筑用密封膏。这类密封膏分单组分、双组分两种规格。按产品的流变性分为非下垂型（N型）和自流平型（L型）两类。聚氨酯建筑密封膏的标记为PU，按拉伸-压缩循环性能分级别。产品外观应为均匀膏状物，无结皮凝胶或不易分散的固体物。

这类密封膏弹性高、延伸率大、黏结力强，耐油、耐磨、耐酸碱抗疲劳性和低温柔性好，使用年限长。适用于各种装配式建筑的屋面板、楼地板，墙板、阳台、门窗框、卫生间等部位的接缝及施工密封，也可用于储水池、引水渠等工程的接缝密封、伸缩缝的密封、混凝土修补等。

二、高聚物改性防水卷材

高聚物改性防水卷材是目前应用广泛的沥青防水卷材，常用的该类防水卷材有SBS改性沥青防水卷材和APP改性沥青防水卷材等。

（一）SBS改性沥青防水卷材

弹性体沥青防水卷材，是指苯乙烯-丁二烯—苯乙烯SBS改性沥青，浸涂和涂盖在玻纤胎或聚酯胎上，其上表面再用矿物粒（片）料或粉砂、砂粒、聚乙烯膜等覆盖材料而制成的一种高档沥青防水卷材。通常简称弹性体SBS改性沥青卷材。

该类卷材使用聚酯毡和玻纤毡两种胎基。聚酯毡不仅机械性能很好，耐水性、耐腐蚀性也很好，玻纤毡耐水性、耐腐蚀性较好，价格低，但强度低，无延展性。

（二）APP改性沥青防水卷材

塑性体改性沥青防水卷材，是指无规聚丙烯或丙烯与乙烯共聚物改性沥青，浸涂玻纤胎或聚酯胎，上表面的矿物粒（片）料或用砂粒、粉砂、乙烯膜为隔离材料制成的高档沥青防水卷材，通常简称APP改性沥青卷材。

APP改性沥青防水卷材的性能接近SBS改性沥青卷材。其最突出的特点是耐高温性能较好，130℃高温下不流淌，特别适合高温地区或太阳辐射强烈地区使用。在桥面防水工程用耐高温性能可达160℃。另外，APP改性沥青防水卷材热熔性非常好，特别适合热熔法施工，也可用冷粘法施工。

适应范围：广泛用于一、二、三级建筑屋面、地下、防水工程，由于该材料具有耐热性能，更适于较炎热环境，以及道路、桥梁的防水。

（三）自粘聚合物改性沥青防水卷材

自粘聚合物改性沥青防水卷材是一种有广泛发展前景新型建筑防水材料。具有不透水性、低温柔性，延伸性能高。自愈性、黏结性能好等特点，易于施工，施工速度快，能保证建筑防水工程质量，适用于屋面、地下与室内的防水工程。

三、防水涂料

防水涂料是以高分子材料为主体，在常温下呈无定形液态，经涂刷后能在结构物表面固化形成具有相当厚度并有一定弹性的防水膜的物料总称。按组成成分分为单组分产品和双组分产品；按成分分为沥青基防水涂料、高聚物改性沥青基防水涂料合成高分子防水涂料；按分散介质分为溶剂型和水性两大类防水涂料，适用于屋面、地面、墙面、地下、室内等各类建筑部位。防水涂料的基本性能特点如下。

（1）单组分防水涂料在常温下呈黏稠液体，经涂刷固化后，能形成无接缝的防水涂膜。

（2）防水涂料特别适宜在立面、阴阳角、穿结构层管道、凸起物、狭窄场所等细部构造处进行防水施工，固化后，能在这些复杂的部位表面形成完整的防水膜。

（3）防水涂料施工属于冷水作业，操作简便，劳动强度低。

（4）固化后形成的涂膜防水层自重轻，对于轻型薄壳等异型屋面大都采用防水涂料进行施工。

（5）涂膜防水层具有良好的耐水、耐候、耐酸碱特性和优异的延伸性能，能适应基层局部变形的需要。

（6）涂膜防水层的拉伸强度可以通过加贴胎体增强材料来得到加强，对于基层裂缝、结构缝、管道根等一些容易渗漏的部位，极易进行增强、补强、维修等处理。

（7）防水涂膜一般依靠人工涂布，其厚度很难做到均匀一致。所以在施工时，要求严格按照操作方法进行重复多遍的涂刷，以保证单位面积内的最低使用量，从而确保涂膜防水层的施工质量。

（8）采用涂膜防水。施工以往采用的是人工涂刷的方法，现在大多采用专用涂料喷涂设备，不仅提高了施工速度和工程质量，而且保证了人身安全和环境，同时降低了劳动强度。

四、防水密封材料

建筑用防水密封材料是指嵌填于建筑物的接缝、门窗框四周、玻璃镶嵌部及建筑裂缝等处，能起到水密、气密作用的材料。根据材料的形态可分为定型密封材料和不定型密封材料两大类。不定型密封材料是膏糊状材料，如腻子、密封胶、胶泥等；定型密封材料是根据工程要求制成的带、条等具有各种异形截面形状的弹性固体材料。

（一）不定型密封材料

这种密封材料在施工前是膏状的，具有一定的流动性，但嵌填于建筑物接缝后，通过溶剂或水的蒸发、化学反应、加热等过程，能够转变成具有一定强度的固体材料，起到密封作用。它可以根据原料的组成分成两类：一类是以煤焦油、沥青、松焦油等油类为基料，掺入填料和助剂，常常加入聚合物作为改性剂配制而成的密封材料，一般称之为油膏，如加入聚氯乙烯改性时叫塑料油膏，也称为聚氯乙烯胶泥；另一类是密封材料是以聚合物为基料的，一般称为密封胶，常用聚合物有硅酮橡胶、聚硫橡胶、聚氨酯、聚丙烯酸酯、丁基橡胶、氯丁橡胶、丁苯橡胶等。

1.改性沥青嵌缝油膏

水改性沥青密封材料是以石油沥青为基料，配以适量的聚合物、稀释剂、填充料和其他化学助剂进行改性，配制而成的膏体状密封材料。常用的稀释剂有松焦油、松节重油和机油。其中，松焦油能使得沥青质分散，松节重油是挥发性较慢的植物油，能使油膏早期结膜，保护油膏内层柔韧性。稀释剂使油膏在常温下有适宜的施工度，填料能改善耐热性。目前，常见的品种有沥青废橡胶防水油膏、桐油废橡胶沥青防水油膏、SBS沥青弹性密封胶、聚氯乙烯建筑密封材料等。

没有加入聚合物改性的油膏性能较差，现在已经基本不用了。改性沥青嵌缝油膏仍然有改性沥青密封材料的成膜、胶结材料主要为改性石油沥青，改性材料为聚合物材料包括废橡胶、重松节油、桐油渣等；并以松焦油为分散剂，机械油为稀释剂，硫黄作为硫化剂；填充料有滑石粉、石棉绒等。该密封材料的特点：冷施工，操作简便、安全，夏天不流淌，冬天低温至-20℃不开裂；优良的黏结性和防水性；塑性为主，延伸性好，回弹性差；较好的耐久性以及价格较低廉。

2.密封胶

密封胶或合成高分子密封材料是以合成高分子材料为主体，加入适量的化学助剂，填充料和着色剂，经过特定的生产工艺加工而成的膏状密封材料。它以优异的性能，如高弹性、优良的耐候性、黏结性及耐疲劳性，越来越得到广泛的应用。

（1）密封胶基本性能：

①良好的挤注、嵌填施工性能、储存稳定、无毒性或低毒性；

②低渗透率，耐介质侵蚀；

③在接缝中能承受相应的接缝位移；

④经相应位移变形后，能充分恢复原有性能的状态；

⑤与接缝界面有足够的胶粘性能，不剥离；

⑥自身不发生内聚破坏，在承受使用压力或高温下不过度软化溢出；

⑦耐气候、不粉化、不龟裂、不溶解或过度收缩，有足够的使用寿命。

（2）常用的高分子密封胶。

制备密封胶的主要聚合物有硅橡胶、聚氨酯、聚丙烯酸酯类、聚硫、氯磺化聚乙烯等。除聚合物外，配制密封胶还要很多助剂。主要有填料、固化系统助剂（包括硫化剂或交联剂、引发剂、促进剂等）增塑剂及溶剂、稳定剂或防老剂等。

①硅橡胶（硅酮）密封胶。

硅橡胶是一种线型的以硅—氧键为主链、以有机基团（烷基或苯基）为侧基的聚合物。根据硅原子上所连接的有机侧基不同，硅橡胶有二甲基硅橡胶、甲基乙烯基硅橡胶、甲基苯基乙烯基硅橡胶、乙基硅橡胶、氟硅橡胶及亚苯基硅橡胶等品种。

硅橡胶分子量从几万到几十万不等，它们必须在固化剂及催化剂的作用下才能结合成为有若干交联点的弹性体。硅橡胶按其硫化方式可分为高温硫化和室温硫化两大类。

通常分子量在50万～80万的直链聚硅氧烷属于高温硫化硅橡胶，通常采用过氧化物做交联剂，并配以各种添加剂（如补强填料、热稳定剂、结构控制剂等），在炼胶机上混炼成均匀橡胶料，然后采用模压、挤出、压延等方法高温硫化成各种橡胶制品。室温硫化硅橡胶通常是以羟基封端的、分子量在1万～8万的直链聚硅氧烷，亦称液体硅橡胶。这种羟基封端的硅橡胶采用多功能团的有机硅化合物（如正硅酸乙酯、甲基三乙酰氧基硅烷等）做交联剂，并用有机金属化合物（如二月桂酸二丁基锡）做催化剂，并配合其他添加剂后可在室温下缓慢缩聚成网状结构的橡胶制品。

以硅橡胶为基料的室温硫化型硅橡胶（RTV）是应用最为广泛的。这种20世纪60年代问世的橡胶最显著的特点是在室温下无须加热、加压即可就地固化，使用极其方便。室温硫化硅橡胶按成分、硫化机理和使用工艺不同可分为三大类型，即单组分室温硫化硅橡胶、双组分缩合型室温硫化硅橡胶和双组分加成型室温硫化硅橡胶，其中，单组分室温硫化硅橡胶最普遍。

单组分室温硫化硅橡胶作为密封胶使用时，常常被称为硅酮密封胶或直接简称为硅胶。单组分室温硫化硅橡胶密封胶具有下列特性：

a.使用温度范围广。可在-65～232℃的范围内长期使用，短期最高使用温度可达260℃。

b.卓越的耐候性。不受雨、雪、冰雹、紫外线辐射和臭氧的影响，在极端的温度下不硬化、不龟裂、不坍塌或老化变脆。

c.良好的化学稳定性。在苛刻环境中具有较高的抗化学腐蚀能力，可长期承受绝大多数有机、无机化学品、润滑剂和一些溶剂的侵蚀。

d.良好的黏接强度。对各种表面如玻璃、木材、硅树脂、硫化橡胶、天然和合成纤维、上漆表面以及多种塑料和金属都具有卓越的黏接强度。能在恶劣环境中保持优良的黏接力、强度和弹性，尤其是低模量的密封胶，即使在拉伸160%或压缩50%体积范围内仍具有良好的密封黏接性能。

e.很高的抗变形能力、良好的承受热胀冷缩效果。

单组分硅酮密封胶是在隔绝空气的条件下，把主剂有机硅氧烷聚合物和硫化剂、填料及其他添加剂混合均匀后，装于密闭包装筒内备用，施工时将包装筒中的密封胶体嵌填于作业缝内，同时膏体吸收空气中的水分进行交联反应，从表面开始固化形成橡胶状弹性体。

双组分硅酮密封胶的主剂与单组分相同，但所用硫化剂及硫化机理不同，它是把聚硅氧烷、填料、助剂、催化剂混合后作为一个组分盛于一个容器中，将交联剂作为另一组分盛于另一个容器中。使用时两组分按比例搅拌均匀后嵌填于作业缝隙内，从膏体表面和内部同时起交联反应，均匀固化成三维网状结构的橡胶状弹性体。固化速度一般比单组分快。

硅酮密封胶按用途可分为建筑结构密封和非建筑结构密封两类；按硫化剂种类的不同可分为醋酸型、酮肟型、醇型、胺型、酰胺型和氨氧型等类型。一般高模量产品采用醋酸型和醇型两种硫化体系；中模量产品采用醇型硫化体系；低模量产品采用酰胺型硫化体系。

②聚硫橡胶。聚硫橡胶是以甲醛或二氯化物和多硫化钠为基本原料，通过缩聚反应

制得。

③聚氨酯。聚氨酯密封胶与硅酮密封胶和聚硫橡胶密封胶并称为三大密封胶，并逐步取代聚硫橡胶密封材料的位置。用聚氨酯配制密封胶时有双组分和单组分两种。

单组分是制成氨基甲酸酯预聚体，通过端异氰酸酯基和空气中的水分反应而固化。

双组分配方是以含异氰酸酯的化合物（预聚体）为一个组分，以含活泼氢化合物如含羟基、氨基、羧基等的化合物及催化剂为另一组分，使用时按比例混合均匀。

市场上最早出现的是双组分聚氨酯密封胶，其具有交联速度快、性能好的优点，但也存在使用不便、冬夏配方不同等缺点。单组分聚氨酯密封胶一般是硬铝管或铝塑复合软管包装，可用密封胶枪施工。其优点是无须调配、使用方便，因此它在聚氨酯密封胶中所占的比例正逐渐上升。但缺点是由表层到内部缓慢固化，在干燥环境下固化更缓慢。用于建筑领域的单组分聚氨酯密封胶对固化速度要求不是很高。

原料品种繁多、配方和性能可调是弹性聚氨酯材料的基本特点。聚氨酯密封胶用途广泛，根据性能要求配方体系有所不同。聚氨酯密封胶具有以下优点：

a.具有极佳的水密和气密性、良好的低温柔韧性，使用温度范围宽。

b.可根据应用目的不同选择不同的模量，性能可调节范围广。

c.具有优良的耐磨性和耐疲劳性能。

d.撕裂强度大且裂痕的传播能力小。

e.弹性好，长时间变形和永久性变小；具有优良复原性，补偿能力强，可适合于动态接缝。

f.耐候性好，使用年限为15～20年；耐油性优良，耐生物老化。

g.对许多表面的黏结性好。

h.价格适中。

聚氨酯密封胶也有一些缺点。例如：不能长期耐热；浅色配方易受紫外线照射而变黄；单组分胶储存稳定性受包装和外部环境影响很大，通常固化缓慢；高温热环境下可能产生气泡和裂纹。用于土木建筑的聚氨酯密封胶，以密封为主、黏接为辅，大多以高弹性、低模量为特点，以适应动态接缝。

用于土木建筑的单组分聚氨酯密封胶中有一种发展较快的特殊产品——单组分聚氨酯泡沫填缝剂，这是一种特殊的湿固化单组分聚氨酯膨胀填缝胶，也有人把它称作密封胶。它是一种气雾罐装的聚氨酯预聚物和气雾剂的混合物，注入到需要填充的缝隙、空洞时，低沸点气雾剂（发泡剂）气化使得高黏度预聚体发泡，形成密封胶条，与空气中和缝隙、孔洞壁上的水分发生化学交联反应而固化。它与传统的弹性聚氨酯密封胶配方体系不同，一般不含填料，施工时产生低密度半硬质泡沫塑料，与基材黏接后填充缝隙。该密封胶主要用于建筑领域的门窗框嵌缝、空调管道的安装及密封，还用于汽车厢体等缝隙的填充。

除填充缝隙，还具有保温、隔音效果。目前的密封胶发泡剂采用环保的二甲醚、丙丁烷及HFC发泡剂，不用CFC发泡剂。

④丙烯酸酯。聚丙烯酸酯类树脂的结构和性能可因原料单体的选择而有很大的变化。主要是以丙烯酸、丙烯酸α-乙基己酯、丙烯腈单体共聚乳液为基料，配以填料、着色剂、分散剂等制成的单组分乳液型密封胶。

这类密封膏的特点是单组分、水乳型（无污染），有触变性从而下垂度小，施工方便，在聚合物基密封胶中价格是较低的。同时具有优良的黏结性（因含有丙烯酸单体）、低温柔性和耐老化性。水乳型丙烯酸酯密封胶具有低毒、无味、无污染和耐久性优良等优点，尤其适用于需要大量填缝密封，对抗位移能力要求不高、挥发性有机化合物排放量较低的室内。据统计，此类密封胶在国外胶黏剂市场占有率达到20%左右。

（二）定型密封材料

定型密封材料在习惯上可分为刚性和柔性两大类。大多数刚性定型密封材料是由金属制成的，如金属止水带、防雨披水板等，柔性定型密封材料一般是采用天然橡胶、合成橡胶、聚氯乙烯等材料制成的，用于止水带、密封垫和其他各种密封目的。

定型密封防水材料具有以下特点：①良好的弹塑性和强度，不会因构件的变形、振动而产生脆裂和脱落；②良好的防水、耐热和耐低温性能；③优良的压缩变形及恢复功能；④密封性能好，使用寿命长；⑤制品的尺寸精度高。

由于刚性定型密封防水材料是由钢或铜等金属制成，并常用于水坝等大型工程，故在本节中不予介绍。

定型密封材料可按用途分为两类：一类是用于建筑物或地下构筑物接缝的；另一类是用于门窗玻璃的镶嵌密封。前者有止水带和遇水膨胀橡胶，后者常称为密封条或密封垫。

定型密封材料的密封原理是，因为它在接缝中处于受压的状态，必须依靠其自身的弹性恢复力压紧在接缝的两面，从而密封渗漏通道。就在接缝因各种原因变宽的时候，其中的定型密封材料仍应处在受压状态，才能起到密封作用，这是与非定型密封材料完全不同的特点。所以，对定型密封材料的一个重要要求之一是较小的压缩永久变形。

定型密封材料都是用挤出成型方法来生产的，具有一定断面形状的连续异形材，使用时根据需要剪断。

1.止水带

止水带也叫封缝带，它是处理建筑物或地下构筑物接缝用的一种条带状密封防水材料。传统的止水带是用金属与沥青材料所制成的。随着高分子工业的发展，塑料止水带和橡胶止水带的应用已逐渐增多，几乎已取代了金属沥青止水带。虽然市场上有橡胶止水带、塑料止水带之分，但它们本质上都是高弹性的材料。所谓塑料止水带，是指用聚氯乙烯为主要原料生产的止水带。做止水带时，通过加入增塑剂（可以是低分子，也可以是高分子，或两者都用），使聚氯乙烯的玻璃化温度降到室温以下，成为高弹态材料。塑料止水带的优点是原材料便宜，生产工艺简单，无须硫化；缺点是压缩永久变形较大，增塑剂有迁移损失的问题。

还有一种橡胶钢片组合止水带，是由橡胶和两边配有的镀锌钢片组合而成。其特点是，主要靠中间的橡胶段在混凝土变形缝间被压缩或拉伸，从而起到密封止水作用。一般来说，混凝土和橡胶的黏附力较差，在常规施工中，又因橡胶是柔软的弹性体，使混凝土在浇筑时不易被捣实，故在混凝土接缝处膨胀、扯离、扭转时会经常出现橡胶止水带松动和脱落，以致在水头压力较高情况下会产生渗漏现象。对变形缝大的接缝来说，问题就更为突出。采用橡胶钢片组合式止水带，基本上可以克服纯橡胶桥式止水带的这些不足。而且这种组合式止水带还具有双重功能，即一方面可以延长渗水途径，延缓渗水速度；另一方面镀锌钢带和混凝土有着良好的黏附性，使止水带能承受较大的拉力和扭力，从而保证橡胶止水带在混凝土中的有效变形范围内不会产生松动和脱落现象，从而提高止水效果。

2.遇水膨胀橡胶

遇水膨胀橡胶止水材料是在橡胶中加入了高吸水性的材料制成的密封材料。它既有一般橡胶制品的高弹性特性，即靠受压缩状态下的弹性恢复力起密封作用，又能在遇水后自行膨胀，所以在接缝变宽超过普通橡胶的弹性复原率以外时，这种橡胶仍能靠体积膨胀作用起到密封止水的作用。

遇水膨胀橡胶有制品型与腻子型两种。腻子型除具一定弹性和遇水膨胀的特点外，还具有极大的可塑性，遇水膨胀后塑性进一步加大，最适宜于现场浇筑的混凝土施工缝，混凝土构件间任意形状的接缝和混凝土裂缝漏水的治理。依所用吸水材料的品种和数量的不同，制品型的静水体积膨胀率为20%～200%，腻子型的膨胀率为300%～500%。从分类讲，腻子型应归类到前一节不定型密封材料的密封胶中。

五、堵漏材料

堵漏材料，顾名思义，是一种能堵塞工程及结构上渗漏水的防水材料。其有两种渗漏水的情形，一种是正在渗水漏水，需要立即封堵；另一种是出现了渗漏水孔缝，现在暂时还没有漏水，需要对这种孔缝进行修补。因此，堵漏材料可根据这两种应用情形分成两类，前者可称为堵水材料，后者可称为补漏材料。另外，人们也习惯按堵漏材料的施工方法将其分为抹面堵漏材料和灌浆堵漏材料两类。抹面堵漏材料主要是特制的水泥（砂）浆。本节主要介绍灌浆堵漏材料，也叫化学灌浆材料。使用时，先将这种材料配制成黏度较小的浆液，再用高压泵将其灌入渗漏水的孔缝，使其扩散，然后材料发生胶凝或固化，从而堵塞渗水的通道。这种技术也叫化学灌浆。

一般来说，化学灌浆材料应尽量满足下列要求：

（1）黏度小，可灌性好；

（2）胶凝时间应便于调节控制；

（3）固化物耐久性好，能长期承受酸、碱、微生物等的侵蚀而不破坏；

（4）固化时的收缩率要小；

（5）固化物本身应有良好的强度和抗渗性；

（6）与被灌体有良好的黏合性；

（7）价格便宜，原料来源丰富。

第五节　防水材料的应用

一、沥青防水材料和防水卷材的应用

沥青的颜色主要包括黑色、黑褐色，常温作用下其具有较好的黏性。沥青属于高分子化合物，呈现出液态和固态两种形式，能与日常生活中所见到的煤油、汽油等相互融合，具有很好的抗腐蚀性能。沥青还有很好的防水性，因此，沥青经常被用于建筑工程中。防水卷材是将纤维和塑料等材料经过一系列化学加工而形成的防水材料，其在抗拉能力、耐低温能力等方面具有较大优势。它分为不同的类型，如改性沥青防水卷材、涤纶防水卷材等。以改性沥青防水卷材为例，其主要应用于居民用房中，通过热熔法将卷材表面的沥青融入建筑表面，借助滚轮卷压实，保障沥青与建筑物表面紧紧贴住，建筑物表面不会因外界温度变化而产生裂缝等问题。以SBS改性沥青防水卷材为例，屋面防水工程应用这一防水材料，施工时较为便捷，采用黏结剂与热沥青胶结料等相互铺贴，还可以采用冷黏法进行施工。应用聚氨酯纤维无纺布开展节点密封处理，将胶黏剂均匀地涂刷在防水卷材上，等到晾干后粘贴卷材，通过滚压将卷材下面的空气挤出来，使卷材更加平整、紧密。

二、地下室防水领域构造处理措施以及防水材料选择

由于独特的结构特征和地质情况，地下室容易出现漏水以及溶液渗透等情况，而进行地下室防水处理就显得尤为重要。这需要根据实际情况来选择防水材料和结构处理措施，可以将地下室防水划分为自流排水、材料防水等多个类型。在开展地下室防水构造处理措施选择以及防水材料挑选的过程中应当体现出实事求是和综合治理的原则。研究者需要首

先考虑自流排水以及防水混凝土自防水具体构成结构。如比较容易受到震动影响的工程，那么在防水工程领域就会使用防水卷材或者外置涂装等方案，搭配相应的防水材料，进而提高防水的效率和水平。如果建筑结构处于动土层中，则应当使用混凝土具体构成结构，在进行施工时应保证混凝土沥青的抗冻容循环次数不少于100。如果该工程具备一定的自流排水条件，那么应当单独设置滞留水排水系统，如果在施工现场没有自流排水条件，或者出现了渗透水，应急排水，则应当提供一定的机械排水系统和装置来达到排水的效果。地下室防水工程施工过程中应当对于构造处理措施进行优化，在建筑物地下室的下面建出相应的盲沟，可以创造良好的自流排水的条件。如果施工现场在没有任何自流条件的情况下，可以运用相应的盲沟将水导入集水井中。然后可以用水泵进行抽取，完成相关任务以后可以降低水对于地下工程的渗压作用，体现出相应的防水效果。防水混凝土具体构成结构防水，在进行相关技术运用的过程中需要切实提高混凝土的密实度，从而达到提高混凝土具体构成机构抗渗透性能的目标，此时相关建筑结构的抗侵蚀性以及抗动容性的能力也会得到相应的增强。刚性抹面防水构造处理措施，是针对建筑物的表面所开展的抹面工作，可以对水泥砂浆以及添加试剂的防水性水泥砂浆进行应用，进而在施工的过程中可以表现出更强的防水性能。在开展地下室防水结构优化以及材料选择的过程中，应当根据具体的地质结构、防水要求来开展相应的工作。

三、水固化聚氨酯防水材料的应用

水固化聚氨酯防水材料由多种原材料构成，如多异氰酸酯，水作为其中的固剂，通过将其固化成膜，即异氰酸酯与水等共同作用下生成氨基甲酸，由于其不太稳定，逐步分解成了二氧化碳、胺等。异氰酸酯的含量相对较多，胺与异氰酸酯等相互结合，又生成新的物质。这种防水材料在应用时具有较强的弹性，其断裂延伸率相对于其他材料有明显的优势：其具有较高的耐高温和耐低温性，能够应用在-40～95℃中；属于环保类产品，符合施工要求。

（1）在地下防水工程中，运用“外防内涂法”，根据具体厚度的要求，在平面部位涂抹1～2遍，立面涂抹2～3遍，其中第一遍运用黏度小的涂料进行涂抹，立面再刮涂2～3遍。为了防止后面出现流淌，将涂料用水搅拌，放置10多分钟，增大黏度再进行重复涂刷。这样不仅能使厚度达到标准要求，还不会出现流淌的问题。

（2）水固化聚氨酯防水材料适用于潮湿的基层中，施工时经常遇到降水情况，基层由于反复见水，底板容易潮湿。如果施工人员使用水固化聚氨酯防水材料，就能取得较好效果。施工人员在刮涂3小时后，待表面达到干燥标准要求后，隔8小时涂刷第二遍，这种防水材料相对于其他材料更节省时间，且在施工时不会出现任何异味，有利于施工人员顺利完成防水施工。

四、屋面防水领域的构造处理措施以及防水材料选择

屋面防水是建筑结构设计过程中所考虑的重点内容，通过设置坡度，选择合适的材料以及加工工艺来达到相应的目的，防水材料的选择需要根据建筑物的实际情况来进行，如柔性卷材、防水材料、刚性防水材料等。对于相关的施工材料也要进行合理的挑选，如黏土瓦以及水泥瓦，在此基础上需要做好缝隙的粘贴工作，进而提高房屋施工的效率。屋顶的坡度设置可以适当增大，还可以选择平瓦以及板瓦等屋面形式。为进一步提高其坡度，使其保证在1：4～1：2。在对防水性能相对较强的材料进行选择和应用的基础上，可以形成整体性的防水材料屋面，可以适当减小屋面的坡度，使其保持在3%～5%，根据平房或者楼房等具体的设计情况来选择屋面防水的材料和策略，进一步提高建筑防水材料应用与构造处理的效率，同时可以为工程职业技术大学正常的教学活动提供更多案例，方便教师开展相应的实践教学和指导活动。在进行屋面防水的过程中，要考虑建筑结构、建筑构造、建筑设计等诸多方面的内容，并结合当地的民风民俗以及设计习惯来开展设计工作，才能进一步提高建筑防水工程构造处理措施的有效性，同时要进行均衡考量，平衡施工成本和施工要求之间的关系。

第六节　防水材料的性能检测

一、石油沥青性能测定

本试验按《沥青软化点测定法环球法》（GB/T 4507—2014）、《沥青延度测定法》（GB/T 4508—2010）和《沥青针入度测定法》（GB4509—2010）标准，测定石油沥青的软化点、延度及针入度等技术性质，以评定其牌号与类别。

取样方法：同一批出厂，并且类别、牌号相同的沥青，从桶（或袋、箱）中取样，应在样品表面以下及距容器内壁至少5cm处采取。当沥青为可敲碎的块体，则用干净的工具将其打碎后取样；当沥青为半固体时，则用干净的工具切割取样。取样数量为1～1.5kg。

（一）针入度测定

针入度以标准针在一定的荷载、时间及温度条件下垂直穿入试样的深度表示单位为1/10mm。

1.主要仪器设备

（1）针入度计。

（2）标准针。由经硬化回火的不锈钢制成，洛氏硬度为54～60，针与箍的组件质量应为（2.5±0.05）g，连杆、针与砝码共重（100±0.05）g。

2.恒温水浴

恒温水浴（容量不少于10L，温度控制精确至0.1℃）、试样皿、温度计（0～50℃，精确至0.1℃）、秒表（精确至0.1s）等。

3.试验步骤

（1）试样制备。将石油沥青加热至120～180℃，且不超过软化点以上90℃温度下脱水，加热时间不超30min，用筛过滤注入盛样皿内，注入深度应比预计针入度大10mm，置于15～30℃的空气中冷却1～2h。然后将盛样皿移入规定温度的恒温水浴中，恒温1～2h，浴中水面应高出试样表面10mm以上。

（2）调节针入度计使之水平，检查指针、连杆和轨道，以确认无水和其他杂物，无明显摩擦，装好标准针、放好砝码。

（3）从恒温水浴中取出试样皿，放入水温为（25±0.1）℃的平底保温皿中，试样表面以上的水层高度应不小于10mm。将平底保温皿置于针入度计的平台上。

（4）慢慢放下针连杆，使针尖刚好与试样表面接触时固定。拉下活杆，使与针连杆顶端相接触，调节指针或刻度盘使指针指零。然后用手紧压按钮，同时启动秒表，使标准针自由下落穿入沥青试样，5s后停止按钮，使指针停止下沉。

（5）再拉下活杆使之与标准针连杆顶端接触。这时刻度盘指针所指的读数或与初始值之差，即为试样的针入度，用1/10mm表示。

（6）同一试样重复测定至少3次，每次测定前都应检查并调节保温皿内水温使其保持在（25±0.1）℃，各测点之间及测点与试样皿内壁的距离不应小于10mm，每次测定后都应将标准针取下，用浸有溶剂（甲苯或松节油等）的布或棉花擦净；当针入度超过200mm时，至少用三根针，每次试验用的针留在试样中，直到三根针扎完时再将针从试样中取出。

4.结果评定

取3次针入度测定值的平均值作为该试样的针入度（1/10mm），结果取整数值。

（二）延度测定

延度一般指沥青试样在（25±0.5）℃温度下，以（5±0.25）cm/min速度拉伸至断裂时的长度，以cm计。

1.主要仪器设备

（1）延度仪。由长方形水槽和传动装置组成，由丝杆带动滑板以每分钟（50±5mm）的速度拉伸试样，滑板上的指针在标尺上显示移动距离。

（2）“8”字模。由两个端模和两个侧模组成。

2.试验步骤

（1）制备试样。将隔离剂（甘油：滑石粉=2：1）均匀地涂于金属（或玻璃）底板和两侧模的内侧面（端模勿涂），将模具组装在底板上。先将加热熔化并脱水的沥青经过滤后，以细流状缓慢自试模一端至另一端注入，经往返几次而注满，并略高出试模。然后在15~30℃环境中冷却30~40min，放入（25±0.1）℃的水浴中，保持30min再取出，用热刀将高出模具的沥青刮去，试样表面应平整光滑，最后移入（25±0.1）℃水浴中恒温85~95min。

（2）检查延度仪滑板移动速度是否符合要求，调节水槽中水位（水面高于试样表面不小于25mm）及水温为（25±0.5）℃。

（3）从恒温水浴中取出试件，去掉底板与侧模，将其两端模孔分别套在水槽内滑板及横端板的金属小柱上，再检查水温，并保持在（25±0.5）℃。

（4）将滑板指针对零，开动延度仪，观察沥青拉伸情况。测定时，若发现沥青细丝浮于水面或沉入槽底时，则应分别向水中加乙醇或食盐水，以调整水的密度与试样密度相近为止，然后再继续进行测定。

（5）当试件拉断时，立即读出指针所指标尺上的读数，即为试样的延度，以cm表示。

3.试验结果

取平行测定的3个试件延度的平均值作为该试样的延度值。若3个测定值与其平均值之差不都在其平均值的5%以内，但其中两个较高值在平均值的5%以内，则弃去最低值，取2个较高值的算术平均值作为测定结果，否则重新测定。

（三）软化点测定

沥青的软化点是试样在规定条件下，因受热而下坠达25mm时的温度，以℃表示。

1.主要仪器设备

（1）软化点测定仪（环与球法），包括800mL烧杯、测定架、试样环、套环、钢球、温度计（30~180℃，最小分度值为0.5℃）等。

（2）电炉或其他可调温的加热器、金属板或玻璃板、筛等。

2.试验步骤

（1）试样制备。将黄铜环置于涂有隔离剂的金属板或玻璃板上，将已加热熔化、脱水且过滤后的沥青试样注入黄铜环内至略高出环面为止。（若估计软化点在120℃以上时，应将黄铜环与金属板预热至80～100℃）。将试样在10℃的空气中冷却30min，用热刀刮去高出环面的沥青，使与环面齐平。

（2）烧杯内注入新煮沸并冷却至约（5±1）℃的蒸馏水（估计软化点30～80℃的试样）或注入预热至（30±1）℃的甘油（估计软化点80～157℃的试样），使液面略低于连接杆上的深度标记。

（3）将装有试样的铜环置于环架上层板的圆孔中，放上套环，把整个环架放入烧杯内，调整液面至深度标记，环架上任何部分均不得有气泡。将温度计由上层板中心孔垂直插入，使水银球与铜环下面齐平，恒温15min。水温保持（5±1）℃[或甘油温度保持（30±1）℃]。

（4）将钢球放在试样上（须使环的平面在全部加热时间内完全处于水平状态），立即加热，使烧杯内水或甘油温度在3min后保持每分钟上升（5±0.5）℃，否则重做。

（5）观察试样受热软化情况，当其软化下坠至与环架下层板面接触（即25.4mm）时，记下此时的温度，即为试样的软化点（精确至0.5℃）。

3.试验结果

取平行测定的两个试样软化点的算术平均值作为测定结果。两个软化点测定值相差超过1℃时，则重新试验。

4.试验结果评定

（1）石油沥青按针入度来划分其牌号，而每个牌号应保证相应的延度和软化点。若后者某个指标不满足要求，应予以注明。

（2）石油沥青按其牌号，可分为道路石油沥青、建筑石油沥青、防水防潮石油沥青和普通石油沥青。由上述试验结果，按照标准规定的各技术要求的指标可确定该石油沥青的牌号与类别。

二、防水卷材取样及性能测定

（一）试样与抽样

1.试样和试件

（1）温度条件。在裁取试样前样品应在（20±10）℃放置至少24h。无争议时可在产品规定的展开温度范围内裁取试样。

（2）试样。在平面上展开抽取的样品，根据试件需要的长度在整个卷材宽度上裁取试样。若无合适的包装保护，应将卷材外面的一层去除。试样用能识别的材料标记卷材的上表面和机器生产方向，若无其他相关标准规定，在裁取试件前试样应在（23±2）℃条件下放置至少20h。

（3）试件。在裁取试件前检查试样，试样不应有由于抽样或运输造成的折痕，保证试样没有《建筑防水卷材试验方法，第2部分：沥青防水卷材、外观》（GB/T328.2—2007）或《建筑防水卷材试验方法，第3部分：高分子防水卷材、外观》（GB/T328.3—2007）规定的外观缺陷。根据相关标准规定的检测性能和需要的试件数量裁取试件。试件用能识别的方式来标记卷材的上表面和机器生产方向。

2.抽样报告

抽样报告至少包含以下信息。

（1）相关标准中产品试验需要的所有数据。

（2）与产品或过程有关的折痕或缺陷。

（3）抽样地点和数量。

（二）厚度测定

1.原理

卷材厚度在卷材宽度方向平均测量10点，这些值的平均值记录为整卷卷材的厚度，单位为mm。

2.仪器设备

测量装置能测量厚度精确到0.01mm，测量面平整，直径10mm，施加在卷材表面的压力为20kPa。

3.抽样和试件制备

（1）抽样。按《建筑防水卷材试验方法，第1部分：沥青和高分子防水卷材抽样规则》（GB/T328.1—2007）抽取未损伤的整卷卷材进行试验。

（2）试件制备。从试样上沿卷材整个宽度方向裁取至少100mm宽的一条试件。

（3）试验试件的条件。通常情况常温下进行测量有争议时，试验在（23±2）℃条件下进行，并在该温度放置不少于20h。

4.步骤

保证卷材和测量装置的测量面没有污染，在开始测量前检查测量装置的零点，在所有测量结束后再检查一次。在测量厚度时，测量装置慢慢落下避免使试件变形，在卷材宽度方向均匀分布10点测量并记录厚度，最外侧的测量点应距卷材边缘100mm。

5.结果表示

（1）计算。计算按步骤中测量的10点厚度的平均值，修约到0.1mm表示。

（2）精确度。试验方法的精确度没有规定。推论厚度测量的精确度不低于0.1mm。

（三）厚度测定

1.原理

卷材厚度在卷材宽度方向平均测量10点，这些值的平均值记录为整卷卷材的厚度，单位为mm。

2.仪器设备

测量装置能测量厚度精确到0.01mm，测量面平整，直径为10mm，施加在卷材表面的压力为20kPa。

3.抽样和试件制备

（1）抽样。按《建筑防水卷材试验方法，第1部分：沥青和高分子防水卷材抽样规则》（GB/T328.1—2007）抽取未损伤的整卷卷材进行试验。

（2）试件制备。从试样上沿卷材整个宽度方向裁取至少100mm宽的一条试件。

（3）试验试件的条件。通常情况常温下进行测量有争议时，试验在（23±2）℃条件进行，并在该温度放置不少于20h。

4.步骤

保证卷材和测量装置的测量面没有污染，在开始测量前检查测量装置的零点，在所有测量结束后再检查一次。在测量厚度时，测量装置慢慢落下避免使试件变形，在卷材宽度方向均匀分布10点测量并记录厚度，最外侧的测量点应距卷材边缘100mm。

5.结果表示

（1）计算。计算按步骤中测量的10点厚度的平均值，修约到0.1mm表示。

（2）精确度。试验方法的精确度没有规定。推论厚度测量的精确度不低于0.1mm。

（四）沥青防水卷材最大拉力、最大拉力时延伸率、断裂延伸率测定

1.仪器设备

电子拉力试验机DL-5000型。

2.试样制备

整个拉伸试验应制备两组试件，一组纵向5个试件，另一组横向5个试件。试件在试样上距边缘100mm以上用裁刀任意裁取，矩形试件宽为（50±0.5）mm，长为（200mm+2×加持长度）长度方向为试验方向。表面的非持久层应去除。试件在试验前在（23±2）℃和相对湿度（30±70）%的条件下至少放置20h。

3.步骤

将试件紧紧地夹在试验机的夹具中，注意试件长度方向的中线与试验机夹具中心在一条线上。夹具间距离为（200±2）mm，为防止试件从夹具中滑移应做标记。试验在

（23±2）℃条件下进行，夹具移动的恒定速度为（100±10）mm/min。连续记录拉力和对应的夹具间距离。

4.计算

记录得到的拉力和距离，或数据记录，最大的拉力和对应的夹具间距离与起始距离的百分率计算的延伸率。去除任何在夹具10mm以内断裂或在试验机夹具中滑移超过极限值的试件的试验结果，用备用件重测。最大拉力单位为N/50mm，对应的延伸率用百分率表示，作为试件同一方向结果。分别记录每个方向5个试件的拉力值和延伸率，计算平均值。拉力的平均值修约到5N，延伸率的平均值修约到1%。同时对于复合增强的卷材在应力应变图上有两个或更多的峰值，拉力和延伸率应记录两个最大值。

（五）高分子防水卷材最大拉力、最大拉力时延伸率、断裂延伸率

1.仪器设备

电子拉力试验机DL-5000型。

2.试样制备

除非有其他规定，整个拉伸试验应制备两组试件，一组纵向5个试件，另一组横向5个试件。试件在距试样边缘（100±10）mm以上用裁刀裁取，矩形试件为（50±0.5）mm×200mm。表面的非持久层应去除。试件中的网格布、织物层、衬垫或层合增强层在长度或宽度方向应裁一样的经纬数，避免切断筋。试件在试验前在（20±2）℃和相对湿度（50±5）%的条件下至少放置20h。

3.步骤

将试件紧紧地夹在试验机的夹具中，注意试件长度方向的中线与试验机夹具中心在一条线上。为防止试件产生任何松弛，推荐加载不超过5N的力。试验在（23±2）℃条件下进行，夹具移动的恒定速度为（100±10）mm/min。连续记录拉力和对应的夹具间分开的距离，直至试件断裂。试件的破坏形式应记录。对于有增强层的卷材，在应力应变图上有两个或更多的峰值，应记录两个最大峰值的拉力和延伸率及断裂延伸率。

4.计算

记录得到的拉力和距离，或数据记录，最大的拉力和对应的由夹具间距离与起始距离的百分率计算的延伸率。去除任何在夹具10mm以内断裂或在试验机夹具中滑移超过极限值的试件的试验结果，用备用件重测。记录试件同一方向最大拉力，对应的延伸率和断裂延伸率的结果。测量延伸率的方式，如夹具间距离。分别记录每个方向5个试件的值，计算算术平均值和标准方差，拉力的单位为N/50mm。拉伸强度MPa（N/mm^2）根据有效厚度计算。结果精确至N/50mm，延伸率精确至两位有效数字。

（六）卷材不透水性能测定

1.仪器设备

电动防水卷材不透水仪DTS–96型。

2.试样制备

试件在卷材宽度方向均匀裁取，最外一个距卷材边缘100mm。试件的纵向与产品的纵向平行并标记。试件直径不小于盘外径（约130mm），取3块。试验前试件在（23±5）℃条件下放置至少6h。

3.步骤

试验在（23±5）℃条件下进行，产生争议时，在温度为（23±2）℃，相对湿度为（50±5）%条件下进行。在不透水仪中充水直到满出，彻底排出水管中空气。试件的上表面朝下放置在透水盘上，盖上7孔圆盘，放上封盖，慢慢夹紧直到试件夹紧在盘上，用布或压缩空气干燥试件的非迎水面，慢慢加压到规定的压力。达到规定压力后，保持压力（30±2）min。试验时观察试件的不透水性（水压突然下降或试件的非迎水面有水）。

4.结果表示

所有试件在规定的时间不透水则认为不透水性试验通过。

（七）卷材耐热性测定

1.仪器设备

电热鼓风干燥箱101–2型。

2.试件制备

矩形试件尺寸（100±1）mm×（50±1）mm，一组3个。试件均匀在试样宽度方向裁取，长边是卷材的纵向。试件应距卷材边缘150mm以上，试件从卷材的一边开始连续编号，卷材上表面和下表面应标记。去除任何非持久保护层，适宜的方法是常温下先用胶带粘在上面，冷却到接近假设的冷弯温度，然后从试件上撕去胶带，假若不能去除保护膜，用火焰烤，用最少的时间破坏膜而不损伤试件。试件试验前至少在（23±2）℃条件下平放2h，相互之间不要接触或粘住。

3.步骤

干燥箱预热到规定试验温度，整个试验期间，试验区域的温度波动不超过±2℃。分别在距试件短边一端10mm处的中心打一小孔，用细铁丝或回形针穿过，垂直悬挂试件在规定温度干燥箱的相同温度，间隔至少30mm。此时干燥箱的温度不能下降太多，开关干燥箱门放入试件的时间不超过30s。放入试件后加热时间为（120±2）min。加热周期一结束，试件从干燥箱中取出，相互间不要接触，目测观察并记录试件表面的涂盖层有无滑动、流淌、滴落、集中性气泡（破坏涂盖层原型的密集气泡）。

4.结果表示

试件任一端涂盖层不应与胎基发生位移，试件下端的涂盖层不应超过胎基，无流淌、滴落、集中性气泡，为规定温度下耐热性符合要求。一组3个试件都应符合要求。

第七节　工程常见渗漏水问题及防水材料应用方法

一、防水卷材防水层渗漏

（一）质量问题

1.卷材开裂

引起卷材防水层开裂的原因，一般是下列情况之一：

（1）屋面基层变动、温度作用下热胀冷缩、建筑物不均匀下沉等引起屋面板端头缝处卷材防水层呈直线开裂；

（2）保温层铺设不平，水泥砂浆找平层厚薄不匀，在屋面基层变动时找平层开裂而引起卷材防水层不规则开裂；

（3）卷材搭接处因搭接长度较少、收头不良而拉裂；

（4）卷材防水层老化龟裂、起鼓的破裂、卷材有外伤、卷材质量不良、卷材延伸度较小、卷材抗拉力较差等，引起卷材开裂；

（5）冬季环境温度低，容易引起卷材脆裂；

（6）在屋面板端头缝处没有平铺一层卷材条，屋面板变动时，卷材没有伸缩余地而引起开裂。

2.起鼓

引起卷材防水层起鼓的主要原因：基层在起鼓处较潮湿；基层面不平，铺贴卷材时在基层凹陷处黏结不良或卷材局部含水分等。当气温升高时，水分汽化，造成一定气压，致使卷材起鼓。如果潮气增加，起鼓可能就越来越大。

3.卷材立面收口渗漏

引起卷材防水层立面收口渗漏的主要原因：防水层收口末端出现张口、开裂等现象导致屋面渗漏；防水层在立面收口高度不足。

4.细部节点渗漏

（1）穿出屋面管道、排汽道周边向下渗漏水。引起卷材防水层在穿出屋面管道、排汽道周边向下渗漏的主要原因：屋面管道、排汽道周边防水层细部处理问题；管道、排汽道周边无保温层引起冷凝水下流导致该区域渗水。

（2）泛水部位渗漏。山墙、女儿墙与屋面交接处的泛水部位，常见的损坏现象有：卷材收口处张开或脱落；压顶抹面风化、开裂或剥落；泛水卷材破坏；转角处卷材开裂；卷材老化或腐烂等。

引起上述损坏的原因：卷材收口没有钉牢或封口密封膏开裂后进水，经干湿、冻融交替循环，天长日久，密封膏剥落；压顶抹灰砂浆强度等级太低或产生干缩裂缝后进水，反复冻融而剥落，导致压顶滴水线破损，进而雨水沿墙进入卷材；山墙、女儿墙与屋面板缺乏牢固拉结，转角处没有做成钝角，墙面卷材与屋面卷材没有分层搭接，山墙、女儿墙外倾或不均匀沉陷；墙面上卷材的保护层未做，不但使卷材露面，且该处易积雪积灰，卷材容易老化腐烂。

（3）天沟部位渗漏。天沟部位常见损坏现象有：雨水斗高于天沟面，流水倒坡；天沟堵塞，排水不畅，从而造成天沟积水；雨水斗周围卷材过早老化或腐烂。

引起上述损坏原因：天沟纵向坡度太小（小于0.5%）；雨水斗短管没有紧贴屋面板；雨水斗周围卷材铺贴不严密或卷材层数不够等。

（二）防水材料修补操作方法

1.开裂的维修

先将裂缝两边各500mm左右宽度范围内的保护层材料铲除，用吹尘器将裂缝中的浮灰吹掉，即涂刷快挥发性基层处理剂一道，待基层处理剂干燥后，缝中嵌填防水密封膏，并高出上表面约1mm，缝上干铺一层300mm宽的卷材条，其上再铺设同屋面一样的卷材防水层及保护层。当裂缝拐弯时，干铺卷材条应切断，再搭接另一条，搭接长度不小于100mm。卷材铺贴时应顺水搭接，其搭接长度不小于150mm。卷材两边一定要封贴严密，不使其翘边。

2.起鼓的维修

（1）小面积起鼓维修。先将起鼓处及周围约 100mm 见方的范围内的保护层材料及其胶粘料铲除，并清扫干净；再用小刀将起鼓处戳破一个小洞，用手将起鼓处的空气从小洞赶出，使卷材复平；再铲除范围内上、左、右涂刷胶结料（即留出洞口及其下方部位不黏结），铺贴事先裁好的卷材（卷材面积大小与铲除面积相等）一层，这时要保证出气洞口及其下方不被黏结封死，使起鼓处的水汽能自由排出，并在新贴的卷材上再施工保护层。

（2）大面积起鼓维修。先将鼓泡周边大约100mm范围内的卷材层切除（一般应切成方形或长方形），再将切口外100mm卷材上的保护层材料铲除，并尽可能刮除其胶粘料。然后将切口内基层面清刮干净，并使其干燥，干燥后涂刷一层基层处理剂，待基层处理剂干燥后，在切口处铺贴卷材。底层卷材同切口同样大小，中层卷材比切口处卷材每边各大50mm，面层卷材同铲除保护层的范围相一致。如屋面只铺两层卷材，则在切口处不贴中层卷材，只贴底层卷材和面层卷材，再在面层卷材上再施工保护层。

3.卷材立面收口渗漏维修

（1）防水层收口末端出现张口、开裂。清理基层后将已张开的防水层内灰尘清理干净，涂刷基层处理剂，待基层处理剂干燥不粘手后，用胶黏剂将原防水层粘贴牢固。用200mm宽的同质防水卷材，上下宽度为100mm粘盖于原防水卷材收口处，要求上下粘盖的宽度要严密。当用热熔法时，搭接部位和末端部位要溢出沥青胶料；当使用冷粘法时，要求粘贴牢固，无空鼓、无张口、无褶皱现象；当采用冷粘法施工时，防水层的收口部位应该涂刷密封涂料。在新加的盖口条上每隔100cm钉金属垫片固定，并在盖口条的上部钉导水铁皮，导水铁皮应按预先准备好的尺寸进行安装。

（2）防水层在立面收口高度不足。将原有面层剔除，露出原防水层；清理基层，并检查原防水层是否破损，收边部位是否有张口现象；对原防水层进行修补，若有张口现象，用喷灯或胶黏剂将防水层粘贴牢固。确定防水层新的收头高度，要求新的防水层末端距地面面层的高度为不少于25cm；接长防水层，将新的防水层与老防水层连接，新防水层与原防水层的搭接长度为15cm；新防水层末端封口，并钉上镀锌导水铁皮，若基层不平整，可采用金属压片固定卷材收口部位，并用密封涂料密封。

4.细部节点渗漏维修

（1）穿出屋面管道、排汽道周边向下渗漏水维修。拆除管道、排汽道周边500mm宽的结构层，立面拆除露出防水层；在管道、排汽道的周边（结构面上）热熔3mm厚的SBS卷材一层，立面高度为高于结构板面100mm，平面宽度为300mm。立面基层采用1：3水泥砂浆找平，并恢复到原基面；新做防水层与原防水层连接；立面防水层到管道、排汽道的顶部，平面防水层与原防水层搭接宽度为100mm，双层卷材应错开60mm，最后恢复防水层表面的保护层。

（2）泛水部位渗漏维修。检查卷材质量，若卷材完好，则清除卷材张口、脱落处的旧胶结料，烤干基层，重新将旧卷材贴牢钉牢，再铺贴一层新卷材，收口处用密封膏密封；对已风化开裂和剥落的压顶抹灰砂浆，应凿除后重新抹面（用1：2或1：2.5水泥砂浆），并做好滴水线；对转角处开裂的卷材，应先在开裂处用刀把卷材剖开，经烘烤后分层剥离，清除旧胶结料，改做成圆弧形转角。转角处先平铺一层卷材，再用新卷材与旧卷材搭接铺贴，搭接宽度不少于150mm。

（3）天沟部位渗漏维修。若天沟纵坡太小或有倒坡现象，且卷材已老化、腐烂，应凿除天沟找坡层，再拉线找坡，重新铺设找坡层，重新铺贴卷材；雨水斗周围的卷材开裂严重时，应将该处卷材铲除，检查短管是否紧贴屋面板面，如浮搁在找平层上，应将该处找平层凿除，清理后安装好短管，再重新铺贴卷材，并做好雨水斗周围的卷材收口和密封；无组织排水檐口部位卷材张口部位，应先清除其旧胶粘料，再涂刷新的胶粘料重新铺贴卷材，将已老化的密封膏铲除，用新的密封膏嵌填卷材收口处，最后用1∶2水泥砂浆在檐口前沿抹出滴水线。

二、涂料防水层渗漏

（一）质量问题

1.涂膜开裂

引起涂膜防水层裂缝的原因，可能是下列情况之一：

（1）屋面板端缝处没有进行柔性密封处理，当屋面板产生变形时，易引起涂膜开裂；

（2）厚质防水涂料一次涂成，涂膜收缩和水分蒸发后易产生开裂；

（3）防水涂料质量较差，水分蒸发后产生开裂。

2.涂膜鼓泡

引起涂膜防水层鼓泡的主要原因是防水涂料质量较差，未能全部达到相应技术性能指标。

3.细部节点渗漏

引起天沟、檐口、檐沟、泛水等部位雨水渗漏的原因，可能是下列情况：

（1）天沟、檐沟、泛水处未增铺有胎体增强材料附加层或没有进行密封处理；

（2）无组织排水檐口，在涂膜收口处密封材料开裂或剥落，造成涂膜张口；

（3）水落口处少铺胎体增强材料，或伸入杯口内长度不够，在加铺附加层之前，没有做好密封处理。

（二）修补操作方法

1.开裂维修

先将开裂处及其附近（扩大到100～150mm）的涂膜防水层铲除，铲口周围留成斜搓，并清理基层，再用质量合格的同样防水涂料分遍涂刷，先涂的涂层干燥成膜后方可涂刷后一遍涂料，使其达到所要求的涂膜厚度。

2.鼓泡维修

先将鼓泡处及其附近的涂膜防水层铲除，铲口周边留成斜糕，并清理基层，再用质量好的同样的防水涂料分遍涂刷。

3.细部节点维修

（1）未增铺胎体增强材料的，应将原处涂膜防水层铲除，清理基层后，加铺胎体增强材料，再用新的防水涂料分遍涂抹；

（2）密封材料开裂或剥落，应将其铲除干净，用新的密封材料嵌填；

（3）节点处涂膜开裂按上述方法修补。

三、室内防水工程渗漏和修补

（一）调查渗漏的原因

室内渗漏的部位多发生在厕浴室、厨房和墙面。经过观察和询问基本上可以确定。其渗漏部位通常为楼面、墙面及地面上管道与楼地面及墙面的结合处，还有卫生洁具的根部、地漏等处。

（二）穿过楼板的管道部位修补的措施

因穿过楼梯地面的套管损坏而引起渗漏水，应更换套管。套管应高出地面20mm以上，套管与楼板之间空隙应用防水砂浆填实，表面应做涂鸦防水层。立管与套管之间的空隙应用建筑密封膏封严。

（三）楼地面与墙面交接部位渗漏的维修

（1）楼地面与墙面交接部位裂缝渗漏，应将裂缝部位清理干净，涂刷带给胎体增强材料的涂膜防水层，其厚度不应小于1.5mm，平面及立面涂刷范围均应大于100mm。

（2）楼地面与墙地面交接部位酥松或损坏，应凿出损害部位，用1：2水泥砂浆修补基层，再涂刷带胎体增强材料的涂膜防水层，其厚度不应小于1.5mm，平面及立面涂刷范围应大于100mm，新旧防水层搭接宽度不应小于50～80mm，搭接顺序应顺流水方向。

（四）墙面渗漏的维修

（1）墙面裂缝渗漏的维修方法与楼地面的维修方法相同。

（2）穿过墙面管道根部渗漏的维修。

（3）对于穿过墙面管道根部渗漏的维修，宜在管道根部用合成高分子防水涂料涂刷两遍。管道根部空隙较大渗漏严重时，应沿管道根部剔凿出宽度和深度均不小于10mm的凹槽，清理浮灰、杂物后，嵌填密封材料封严，并在管道与墙面交接部位涂刷管道高度及墙面水平宽度均不应小于100mm，采用本书中管根节点的处理做法。

（4）墙面粉刷剥落、酥松等损坏部位应铲除并清理干净后，用聚合物水泥砂浆修补或掺防水剂的水泥砂浆。

（5）对于浴盆、洗脸盆与墙面交接处渗漏，应用密封材料进行嵌缝密封处理。

（五）卫生洁具与给排水管连接处渗漏的维修

1.大便器与排水管连接处漏水

由于排水管高度不够，大便器出口插入排水管的深度不够，连接处没有填抹严实；厕浴间内防水处理不好，大便器使用后，地面积水、墙壁潮湿，甚至下层顶板墙壁也出现潮湿和滴水现象。

2.蹲坑上水井进口处漏水

施工时蹲坑上水接口处被砸坏而未发现，上水胶皮碗绑扎不牢，或用铁丝绑扎后，铁丝锈蚀断坏以及胶皮碗与蹲坑上水连接处破裂，使蹲坑在使用后地面积水、墙壁潮湿，造成下层顶板和墙壁也有潮湿和滴水现象。

3.地漏下水口渗水

下水口标高与地面或厕浴间设备标高不适应，形成倒泛水，卫生设备排水不畅通，薄弱部位渗漏；楼板套管上口出地面高度过小，水直接从套管渗漏到下层顶板。

4.下层顶板局部或普遍渗漏

由于找平层空鼓开裂，穿楼板管道未做套管，凿洞后洞口未处理好，混凝土内有砖、木屑等杂物，堵洞混凝土与楼板连接处产生裂缝，造成防水层与找平层黏结不牢，形成进水口。水通过缺陷进入结构层，使顶板出现渗漏。

（六）维修操作方法

1.裂缝维修

（1）大于2mm的裂缝，应沿裂缝局部清除面层和防水层，沿裂缝剔凿宽度和深度均不应小于10mm的沟槽，清除浮灰、杂物，沟槽内嵌填密封材料，铺设带胎体增强材料涂膜防水层，并与原防水层搭接封严，经蓄水检查无渗漏再修复面层。

（2）小于2mm的裂缝，可沿裂缝剔除40mm宽面层，暴露裂缝部位，清除裂缝浮灰、杂物，铺设涂膜防水层，经蓄水检查无渗漏，再修复面层。

2.穿管渗漏

（1）穿过楼地面管道的根部积水渗漏，应沿管根部轻剔凿出宽度和深度均不小于10mm的沟槽，清理浮灰、杂物后，槽内嵌填密封材料，并在管道与地面交接部位涂刷管道高度及地面水平宽度均不小于100mm、厚度不小于1mm无色或浅色合成高分子防水涂料。

（2）管道与楼地面间裂缝小于1mm，应将裂缝部位清理干净涂刷两遍合成高分子防水涂料，绕管道及管道根部地面其涂刷两遍合成高分子防水涂料，其涂刷管道高度及地面水平宽度均不应小于100mm，涂膜厚度不应小于1mm。

（3）因穿过楼地面的套管损坏而引起的渗漏水，应更换套管，对所设套管要封口，并高出楼地面20mm以上，套管根部要密封。

3.楼地面与墙面交接部位酥松

（1）楼地面与墙面交接缝渗漏，应将裂缝部位清理干净，涂刷带胎体增强材料的涂膜防水层，其厚度不应小于1.5mm，平面及立面涂刷范围均应大于100mm。

（2）楼地面与墙面交接部位酥松等损坏，应凿除损坏部位，用1：2水泥砂浆修补基层，涂刷带胎体增强材料的涂膜防水层，其厚度不应小于1.5mm。平面及立面涂刷范围应大于100mm。新旧防水层搭接宽度（压茬宽度）不应小于50～80mm；压茬顺序要注意流水方向。

4.楼地面防水层翻修

（1）采用聚合物水泥砂浆翻修时，应将面层及原防水层全部凿除，清理干净后，在裂缝及节点等部位按上述维修进行防水处理。涂刷基层处理剂并用聚合物水泥砂浆重做防水层，防水层经检验合格后方可做面层。

（2）采用防水涂膜翻修时，面层清理后，基层应牢固、坚实、平整、干燥。平面与立面相交及转角部位均应做成圆角或弧形。卫生洁具、设备、管道（件）应安装牢固并处理好固定预埋件的防腐、防锈、防水和接口及节点的密封。铺设防水层前，应先做附加层。做防水层时，四周墙面涂刷高度不应小于100mm。在做两层以上涂层施工时，涂层间相隔时间，应以上一道涂层达到实干为宜。

5.墙面

（1）墙面粉刷起壳、剥落、酥松等损坏部位应凿除并清理干净后，用1：2防水砂浆修补。

（2）墙面裂缝渗漏的维修应按一般墙裂缝修补处理。

（3）涂膜防水层局部损坏，应清除损坏部位，修整基层，补做涂膜防水层，涂刷范围应大于剔除周边50～80mm。裂缝大于2mm时，必须嵌填裂缝，再涂刷防水涂料。

（4）穿过墙面管道根部渗漏，宜在管道根部用合成高分子防水涂料涂刷两遍。

（5）墙面防水层高度不够引起的渗漏，维修时应符合下列规定：

①维修后的防水层高度应为：淋浴间防水高度不应小于1800mm；浴盆临墙防水高度不应小于800mm；蹲坑部位防水高度应超过蹲台地面400mm。

②在增加防水层高度时，应先处理加高部位的基层，新旧防水层之间搭接宽度不应小于80mm。

（6）浴盆、洗脸盆与墙面交接处渗漏水，应用密封材料嵌缝密封处理。

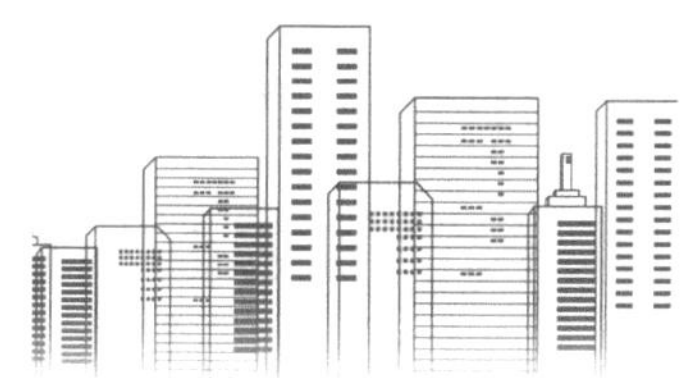

第十一章　绿色建筑材料及其适用性分析

第一节　绿色建筑材料概述

随着科学技术发展和社会进步，人类越来越追求舒适、美好的生活环境，各种社会基础设施的建设规模日趋庞大，建筑材料越来越显示出其重要的地位。然而，在享受现代物质文明的同时，我们却不得不面临一个严峻的事实：资源短缺、能源耗竭、环境恶化等问题正日益威胁着人类自身的生存和发展。而建筑材料作为能耗高、资源消耗大、污染严重的工业产业，在改善人类居住环境的同时对人类环境污染负有不可推卸的责任。因此，如何减轻建筑材料的环境负荷，实现建筑材料的绿色化，成为21世纪建材工业可持续发展的首要问题。

一、绿色建筑材料的概念和分类

（一）绿色建筑材料的概念

绿色建筑材料是绿色材料中的一部分，绿色材料是在1988年第一届国际材料科学研究会上首次提出来的。1992年国际学术界给绿色材料的定义为：在原料采取、产品制造、应用过程和使用以后的再生循环利用等环节中对地球环境负荷最小和对人类身体健康无害的材料。人们对绿色材料达成共识的原则主要包括利于人的健康、能源效率、资源效率、环境责任、可承受性5个方面。其中还包括对污染物的释放、材料的内耗、材料的再生利用、对水质和空气的影响等。

绿色建筑材料又称生态建筑材料、环保建筑材料和健康建筑材料。绿色建筑材料是指采用清洁生产技术，不用或少用天然资源和能源，大量使用工农业或城市固态废弃物生产的无毒害、无污染、无放射性、达到使用周期后可回收利用、有利于环境保护和人体健康的建筑材料。总而言之，绿色建筑材料是一种无污染、不会对人体造成伤害的建筑材料，这类材料不仅有利于人的身体健康，而且能减轻对地球的负荷。

（二）绿色建筑材料的分类

根据绿色建筑材料的特点，可以大致分为5类：节省能源和资源型、环保利废型、特殊环境型、安全舒适型、保健功能型。其中后两种类型与家居装修关系尤为密切。所谓节省能源和资源型是指在建筑材料的生产过程中，能够明显地降低对传统能源和资源的消耗的产品；环保利废型是指利用新工艺、新技术，对其他工业生产的废弃物或经过无害化处理的人类生活垃圾加以利用而生产出的建筑材料产品；特殊环境型是指能够适应恶劣环境需要的特殊功能的建筑材料产品；安全舒适型是指具有轻质、高强、保温、隔热、防火、防水、调光、调温等性能的建筑材料产品；保健功能型是指具有保护和促进人类健康功能的建筑材料产品。

对于节省能源和资源型建筑材料，因其可以节省能源和资源，使有限的资源与能源得以延长使用年限，这本身就是对生态环境作出贡献，不仅降低了对生态环境污染的产物的量，而且减少了治理的工作量，完全符合可持续发展的战略要求。环保利废型建筑材料，主要是利用工业废渣或生活垃圾生产水泥，利用电厂粉煤灰等工业废物生产墙体材料等。特殊环境型建筑材料，一般具有高强、抗腐蚀、耐久性好等特点，能够用于海洋、地下、沼泽、沙漠、江河等特殊环境，产品寿命的延长和功能的改善，实际上是对资源的节省和环境的改善，其本身就是“绿色”的一种表现。安全舒适型建筑材料，主要适用于室内装饰装修，不仅考虑到建筑材料的建筑结构和装饰性能，更是从人身安全和健康的角度出发，同时兼顾安全舒适方面的性能①。保健功能型建筑材料具有消毒、灭菌、防霉、防臭、防辐射、吸附二氧化碳等对人体有害气体的功能。

二、绿色建筑材料的主要特征

绿色建筑材料即生态建筑材料，是与生态环境相协调的建筑材料。绿色建筑材料作为生态材料的分支，必须满足在材料工艺技术性能、环境性能和人体健康等方面的基本要求。由此可见，绿色建筑材料与传统建筑材料相比应具备如下基本特征。

（一）低消耗

绿色建筑材料生产应尽可能地少采用天然资源作为生产原材料，而应大量使用尾矿、垃圾、废渣、废液等废弃物。

① 傅永宁．绿色建筑与绿色建筑设计的探讨 [J]. 建材与装饰，2020，（24）：53-54.

（二）低能耗

绿色建筑材料生产运用低能耗的制造工艺和对环境无污染的生产技术。

（三）轻污染

在绿色建筑材料生产过程中，不得使用卤化物溶剂、甲醛及芳香族烃类化合物，产品不得用含铬、铅及其化合物为原料或添加剂，不得含有汞及其化合物。

（四）多功能

绿色建筑材料产品应以改善居住生活环境、提高生活质量为宗旨，即产品不仅不能损害人体健康，还应有益人体健康，具有灭菌、抗腐、除臭、防霉、隔热、阻燃、调温、调湿、防辐射等多种功能。

（五）可循环利用

产品废弃后可循环或回收再利用，不会产生污染环境的废物。

三、绿色建筑对绿色建材的要求

在《中国住宅产业技术》中提出了居住环境保障技术、住宅结构体系与住宅节能技术、智能型住宅技术、室内空气与光环境保障技术等多项与绿色建筑材料相关的内容。这些建筑技术的发展必然以材料为基础，建筑材料的绿色化是绿色建筑的基础。

（一）绿色建筑对绿色建材在资源利用方面的要求

绿色建筑对绿色建材在资源利用方面的要求可以归纳为：①尽可能少用天然建筑材料；②使用耐久性好的建筑材料；③尽量使用可再生资源生产的建筑材料；④尽量使用可再生利用、可降解的建筑材料；⑤尽量使用由各种废弃物生产的建筑材料。

悉尼奥运会的建设提出了“少用即是环保”的口号，少用自然建筑材料对减少自然资源和能源的消耗、降低环境的污染具有重要的作用。使用耐久性好的建筑材料，对于能源节约、减少固体垃圾是非常有利的，另外耐久性越好的建筑材料对室内的污染越小。

绿色建筑强调减少对各种资源尤其是不可再生资源的消耗，包括水资源、土地资源等。对于绿色建筑材料，减少水资源的消耗表现在使用节水型建材产品，使用透水型陶瓷或混凝土砖以使雨水渗入地层，保持水体的循环，减少对水资源的消耗。在建筑中限制和淘汰大量消耗土地尤其是可耕地的建筑材料（如实心黏土砖）的使用，同时提倡使用由工业固体废渣（如炉渣、矿渣、粉煤灰等）以及建筑垃圾等制造的建筑材料；发展新型墙体材料、高性能水泥和高性能混凝土等，既具有优良性能同时又大幅节约资源的建筑材料；发展轻集料及轻集料混凝土，减少混凝土结构自重，节省原材料用量。

充分利用建筑材料的可再生性，对于减少资源消耗具有非常重要的意义。建筑材料的可再生性是指材料受到损坏但经加工处理后，可以重新作为原料循环再利用的性能。可再生材料一是可以进行无害化解体；二是可以对解体材料再利用。常见的具备可再生性的建筑材料有钢筋、型钢、建筑玻璃、铝合金型材、木材等。可以降解的材料（如木材、竹材、纸板等）能很快再次进入大自然的物质循环，在现代绿色建筑中经过技术处理的纸制品已经可以作为承重构件用于工程中。

欧美经济发达国家对于建筑物均有“建材回收率”的规定，指定建筑物必须使用30%~40%的再生玻璃、再生混凝土砖、再生木材等回收建材。日本混凝土块的再生利用率已达到70%，建筑废弃物的50%均可经过回收再循环使用；有些先进的国家以80%建筑废弃物回收率为目标。但是，我国仅对铝合金型材和钢筋的回收率较高，而对混凝土、砖瓦、玻璃、木材、塑料等的回收率很低，结果造成再生资源严重浪费、建筑垃圾污染环境。

利用多种废物生产绿色建筑材料，在国内外建材行业已经成为研究和开发的“热点”。废弃物主要包括建筑废物、工业废物和生活垃圾，可作为再生资源用于生产绿色建筑材料。建筑废物中的废混凝土、废砖瓦，经过处理后可制成再生骨料用于制作混凝土砌块、水泥制品和配制再生混凝土；建筑污泥可利用制造混凝土骨料；废木材不仅可作为造纸的原料，也可用来制造人造木材和保温材料。

工业废物中的煤矸石、沸腾炉渣、粉煤灰、磷渣等，可以用来代替部分黏土作为煅烧硅酸盐水泥熟料的原料，也可以直接作为硅酸盐水泥的混合材料；粉煤灰、矿渣经过处理可以作为活性掺和料用于配制高性能混凝土；一些工业废渣还可以用来制砖和砌块，如炉渣砖、灰砂砖、粉煤灰砖等，工业废渣砖已是当今广泛应用的建筑材料；粉煤灰、煤矸石还可以用来生产轻集料和筑路材料。此外，国外还有利用废发泡聚苯乙烯作为骨料生产轻型隔热材料；用造纸淤泥制造防火板材；用垃圾焚烧灰和下水道的污泥生产特种水泥（生态水泥）；用废纸生产新型保温材料等。

据有关报道，生活垃圾中80%是潜在的资源，它们可以回收再利用生产建筑材料：如废玻璃磨细后可以直接作为再生骨料；废纤维和废塑料经化学处理可以制成聚合物黏结剂，用它配制的聚合物混凝土具有高强度、高硬度、耐久性好等特点，可用于生产预制构件、修补道路和桥梁；废塑料回收还可以生产“再生木材”，其使用寿命在50年以上，可以取代经化学处理的木材，具有耐潮湿、耐腐蚀等特点，特别适用于流水、潮湿和腐蚀介质的地方，并用来代替木材制品。另外，将新鲜垃圾分拣出金属材料后再加入生物催化剂，经杀菌、固化处理后可以制成具有一定强度、无毒害、较高密度的固体生活垃圾混凝土，可用于路基材料。

（二）绿色建筑在能源方面对绿色建筑材料的要求

建筑物在建造和运行过程中需要消耗大量的能源，并对生态环境产生不同程度的负面影响。在改善和提高人居环境质量的同时，如何促进能源的有效利用，减少对环境的污染，保护资源和节省能源，是城乡建设和建筑发展面临的关键问题。将可持续发展的理念融入建筑的全寿命过程中，即发展绿色建筑，已成为我国今后城乡建设和建筑发展的必然趋势，也是贯彻执行可持续发展基本国策的重要方面。发展绿色建筑涉及规划、设计、材料、施工等多方面的工作，满足绿色建筑材料在能源方面对绿色建筑的要求，是一个非常重要的问题。

1.尽可能使用生产能耗低的建筑材料

使用生产能耗低的建筑材料，必然对降低建筑能耗具有非常重要的意义。目前，我国在主要建筑材料的生产中，钢材、实心黏土砖、铝材、玻璃、陶瓷等材料单位产量生产能耗较大，单位质量建筑材料在生产过程中的初始能耗如表11-1所示。从表中可以看出，钢筋、铝材、建筑玻璃、建筑卫生陶瓷、型钢的生产能耗均比较高，但在评价建筑材料的生产能耗时必须考虑建筑材料的可再生性，综合起来评价建筑材料单位产量的生产能耗高低。

表11-1　单位质量建筑材料在生产过程中的初始能耗　　单位：GJ/t

型钢	钢筋	铝材	水泥	建筑玻璃	建筑卫生陶瓷	空心黏土砖	混凝土砌块	木材制品
13.3	20.3	19.3	5.5	16.0	15.4	2.0	1.2	1.8

钢材、铝材虽然生产能耗比较高，但它们具有非常高的产品回收率，钢筋和型钢的回收率、利用率可分别达到50%和90%，铝材的回收利用率可达到95%，而且这些材料经回收处理后仍然可用于建筑结构。我国目前的废弃玻璃和废弃混凝土在建筑上的回收利用率非常低。这些回收的建筑材料再生处理过程同样需要消耗能量，但比初始生产能耗有较大幅的降低。统计资料表明，我国回收钢材重新加工的能耗为钢材原始生产能耗的20%~50%，再生加工铝材的生产能耗仅占原始生产能耗的5%~8%。因此，可再生利用的建筑材料对于节约能源和保护环境都具有相当大的影响。

2.尽可能使用减少建筑运行能耗的建筑材料

针对全球能源危机的现状，很多国家把节能称为“第五常规能源”，并对建筑节能采取了许多有效措施，其中包括发展和应用绝热材料。建筑材料对于建筑节能的贡献集中体现在减少建筑运行的能耗，提高建筑的热环境性能方面。建筑物的外墙、屋顶与窗户是降低建筑能耗的关键部位，加强这些部位的保温隔热、选用优良的绝热建筑材料，是实现建筑节能最有效和最便捷的方法。在各种建筑物中采用绝热材料进行保温隔热，是最直观也是效果最为显著的建筑节能措施；采用高效绝热材料复合墙体和屋面以及密封性能良好的多层窗是建筑节能的重要方面。

建筑节能检测表明，建筑物热损失的1/3以上是由于门窗与室外热交换造成的。提高窗户的保温隔热效果需要从以下两个方面采取措施：一方面是透光材料，玻璃的传热系数比较大，这不仅因为玻璃的热导率高，更主要是由于玻璃是透明材料，热辐射成为重要的热交换方式，因此必须采用高效节能玻璃以显著提高建筑节能效率。目前我国的门窗用的透光材料，一方面从普通的单层玻璃发展到使用单框双玻璃、夹层玻璃、中空玻璃、镀膜玻璃等，大大提高了门窗的保温隔热性能。另一方面是门窗材料，门窗的热导率比外墙和屋面等围护结构大得多，因此发展性能优良的门窗材料和结构是建筑节能的重要措施。随着木质门窗的停止使用，铝合金和塑钢等材料被广泛用于门窗框。我国目前开发的铝合金隔热窗框型材有两种，其中一种隔热桥是采用树脂实心连接，隔热效果不太明显；另一种是采用硬聚氨酯泡沫实心填充隔热桥，隔热效果较好，但耐久性差。国外采用高强度树脂双肢隔热桥，用液压工艺连接隔热桥的铝合金隔热窗型材，隔热效果非常好。

我国保温材料在建筑上的应用是随着建筑节能的要求日趋严格且逐渐发展起来的，相对于保温材料在工业上的应用，建筑保温材料和技术还是比较落后的，高性能节能保温材料在建筑上的利用率很低，个别地区仍在采用保温性能差的实心黏土砖。为了实现建筑节能65%的新目标，根本出路是发展高效节能的外墙外保温复合墙体，外围护墙体的保温隔热技术和材料是目前重点研究开发的节能技术，它可以有效避免热桥的产生，其保温效果良好。国外以轻质多功能复合保温材料为开发方向，在建筑物的围护结构中，不论是民用建筑还是商用建筑，全部采用轻质高效的玻璃棉、岩棉和泡沫玻璃等保温材料，在空心砌块或空心砌筑好的墙体空腔中，用高压压缩空气把絮状的玻璃棉吹到空腔中填充密实，保温效果非常好。目前，美国已开始大规模生产热反射膜，用于建筑节能中，已取得显著效果。

3.使用能充分利用绿色能源的建筑材料

绿色能源主要是指太阳能、风能、地热能和其他再生能源。在建筑中使用将绿色能源转化为电能、热能等能源的建筑材料，以确保整个建筑物的能源不再需要或较少需要另外供应，减少由于使用燃料对环境造成的污染，这是建筑材料的绿色化发展方向之一。太阳能作为一种取之不尽、用之不竭可再生的洁净能源，是建筑上最具有利用潜力的新能源。太阳能利用装置和材料都离不开玻璃，太阳能光伏发电系统、太阳能光电玻璃幕墙等产品都将大量采用特种玻璃。太阳能与玻璃的复合技术已使建筑的幕墙作为建筑本身部分用能的自供电源成为可能，这不仅是建筑构件复合多功能高新技术发展的一个成功实例，也是建筑可持续发展的方向之一。

（三）绿色建筑在环境质量方面对绿色建材的要求

国内外实践充分证明，建筑环境问题与建筑材料密切相关。1988年第一届国际材料科学研究会上首次提出了“绿色材料”的概念。绿色建筑、绿色材料、绿色产业、绿色产品中的“绿色”，是指以绿色度表明其对环境的贡献程度，并指出可持续发展的可能性和可行性。绿色已成为人类环保愿望的标志。绿色建筑在环境质量方面对绿色建材的要求包括以下方面。

（1）绿色建筑应避免选用可能导致臭氧层破坏的材料，并应尽量避免选用以氟利昂为发泡剂的保温材料。氟利昂是一系列氯氟化合物的商品名称，这类发泡剂逸散到大气中会对臭氧层产生破坏，属于消耗臭氧层物质，淘汰消耗臭氧层物质是大势所趋。

（2）绿色建筑应尽量选用天然和不需要再加工的建筑材料。尽量利用自然材料，尽量展露材料的本身，少用涂料等覆盖层或大量装饰，这样可以大大减少材料对环境的污染。

（3）大力推广利用可循环使用的建筑构件和材料。这样的建筑构件和材料可以减少建筑垃圾掩埋的压力和节省自然资源，如玻璃、砖石、木材、板材等。

（4）在可能的情况下尽量选用本地生产的建筑材料。工程实践证明，从较远的地方运输建筑材料，不仅会增加材料的成本，而且对整个的生态环境也是不利的。

（5）绿色建筑应避免选用产生放射性污染和释放有害物质的材料。避免影响建筑工人和建筑使用者的身体健康，减少环境中粉尘和有机物的污染，确保环境的良好质量。

（6）绿色建筑应积极选用可再生能源或提高人体健康的新型材料等。

由于现代绿色建筑趋向高绝热性、高气密性并且大量使用化学建材，这些材料散发出的甲醛、有机挥发性污染物等有害物质的含量超过标准后，会引发使用者多种疾病。因此，绿色建筑特别强调保证室内环境的空气质量，这就要求建筑物有良好的自然通风换气功能，要控制使用含有有害物质的建筑材料，同时要防噪声、防辐射。从环境无害化的角度来看，建筑材料和装修材料的选择对于室内空气质量起决定性的作用。

四、我国绿色建筑材料的发展趋势

在宏观经济的有力支撑和有效推动下，21世纪成为我国建筑业快速、持续发展的新时代。经济的持续快速发展和城镇化的大力推进，特别是我国新一轮城市基础设施建设和房地产开发为建筑业的发展提供了千载难逢的机遇，如此庞大的建筑市场需要消耗大量的建筑材料，因此，建筑材料的“绿色化”是我国经济、社会、环境可持续发展的必由之路。根据国外绿色建材发展的情况，结合国内具体实际，我国绿色建材的发展将遵循以下趋势。

（一）资源节约型绿色建材

建筑材料的制造离不开矿产资源的消耗，某些地区由于过度开采，导致局部环境及生物多样性遭到破坏。资源节约型绿色建材一方面可以通过实施节省资源，尽量减少对现有能源、资源的使用来实现；另一方面也可采用原材料替代的方法来实现。原材料替代主要是指建筑材料生产原料充分使用各种工业废渣、工业固体废物、城市生活垃圾等代替原材料，通过技术措施使所产品仍具有理想的使用功能。

（二）能源节约型绿色建材

节能型绿色建材不仅指要优化材料本身制造工艺，降低产品生产过程中的能耗，而且应保证在使用过程中有助于降低建筑物的能耗。降低使用能耗包括降低运输能耗，即尽量使用当地的绿色建材，另外要采用有助于建筑物使用过程中能耗降低的材料，如采用保温隔热型墙材或节能玻璃等。

（三）环境友好型绿色建材

环境友好是指生产过程中不使用有毒有害的原料、生产过程中无“三废”排放或废弃物可以被其他产业消化、使用时对人体和环境无毒无害、在材料寿命周期结束后可以被重复使用等。

21世纪是环保的世纪，是生态的世纪，人类将更加重视经济、社会和环境可持续、和谐发展。绿色建材作为绿色建筑的唯一载体，集可持续发展、资源有效利用、环境保护、清洁生产等前沿科学技术于一体，不仅代表建筑科学与技术发展的方向，也符合人类的需求和时代发展的潮流。只有加强开发和应用绿色建材，才能实现建筑业的可持续发展。

第二节　绿色混凝土

一、绿色混凝土的概念

绿色混凝土是一种通过改善混凝土原料，添加矿物掺和料、再生骨料和其他成分的高性能、高耐久性的混凝土。它必须满足环境友好的要求，符合国家建设可持续发展道路的要求，能够有效地保护环境，提高资源利用率。中国建材联合会给出的绿色建筑材料的定义为：在原材料的选用、开采加工、产品制造、产品应用过程中，能够有效利用废弃物、少用天然资源和能源，资源可循环利用的，不仅性能功能符合建筑物等配置的要求，而且在全生命周期内与生态环境和谐，对人类健康无害的建筑材料。清华大学的廉慧珍教授主张：绿色混凝土应该是从生产、浇筑到使用同时满足工程设计和绿色低排放的相关要求。不能为了混凝土在使用过程中的绿色而造成生产过程中的高污染与高排放。

二、绿色混凝土的分类

（一）再生骨料混凝土

一般的工业和民用混凝土建筑工程有一定的使用年限，当混凝土建筑物达到设计年限就不能满足承载力使用要求时，工程就必须拆除。混凝土结构物拆除后会产生大量的废弃固体材料，如废混凝土、废砖块和废砂浆等，这些废弃材料可以通过粉碎等机制形成可重新回收利用的混凝土骨料。用再生骨料（废混凝土、废砖块、废砂浆等）部分或全部替代天然骨料加入水泥砂浆拌制的混凝土称为再生骨料混凝土。用建筑物废弃固体材料制成再生骨料代替天然骨料，不仅可以节约资源、保护环境，还能大幅地缩减工程材料成本，降低工程造价，在很多工程上得到了应用。但是，再生骨料混凝土存在一些问题，其无法达到天然骨料良好的级配，外表棱角较多、针状物占比过大、表面有水泥包裹等，这些问题导致再生骨料混凝土的理化性质明显低于天然骨料混凝土，不适用于要求较高的工程项目中。但在一些对混凝土要求不高的工程中，价格低廉的再生骨料混凝土仍为理想的材料。

（二）大气净化混凝土

大气净化混凝土是一种含有二氧化钛，在日照和雨水的作用下，能够分解污染的大气中有害物质、净化空气的混凝土。其原理是在混凝土中掺入钛金属的氧化物，其能够在太阳光中的紫外线的照射下与空气中的有害成分反应，如粉尘、CO_2、SO_2、NO_X等，生成性质稳定的化合物，并且混凝土强度随反应进行而提高。一家位于加拿大，名为“碳治疗”的科技公司研发出可吸收空气中CO_2的混凝土，混凝土在拌和的时候可以吸收所接触空气中的二氧化碳。据了解，部分大气净化混凝土已经在多处道路工程和绿化建设中得到应用。

（三）透水混凝土

透水混凝土是通过调整混凝土的配合比，增大粗骨料比例的一种透水透气性能较强的混凝土。该种混凝土骨料之间由胶凝材料黏结，其成分与普通混凝土基本一致，但常根据使用场合与用途对所含成分进行调整，从而达到预期的目标。透水混凝土广泛应用于城市道路的铺设中，雨水可直接通过透水混凝土迅速渗透地下，不仅解决了路面的排水问题，还能够及时补充地下水。透水混凝土在海绵城市的体系中发挥着至关重要的作用。

（四）机敏混凝土

机敏混凝土是一种智能建筑材料，它是一种能够自主感知损伤并进行自我修复的混凝土。机敏混凝土被认为是智能混凝土材料的初级发展阶段。它在普通混凝土的基础上掺加具有特定功能的高分子材料，使混凝土具有一定的自感知、自适应和损伤自修复等智能特性。利用这些特性可以实现预报混凝土损伤、自我检测等，从而防止混凝土的脆性破坏。现有的机敏混凝土包括自修复混凝土、损伤自诊断混凝土和可调温混凝土等。相信在不久的未来将会有更多类型的机敏混凝土出现。

三、绿色混凝土的特点

通过调节合适的级配和配合比，绿色混凝土可以实现绝大部分高性能混凝土的特点。绿色混凝土的大部分原料来自建筑固体垃圾和已拆除的废旧建筑物，不仅可以减少天然矿石的开采，减少自然资源和能源的消耗，还可以降低原料的开采与生产成本，进而降低工程造价，对资源的综合利用起到积极的推动作用，实现了建筑材料的循环重复利用。强度也是绿色混凝土一个很重要的指标。在绿色混凝土中添加各种矿物质外加剂可以有效改善绿色混凝土的力学性能，弥补绿色混凝土原材料的缺陷。绿色混凝土一般使用在绿化或者装饰工程中，使用环境的要求较高，因此绿色混凝土必须有良好的耐久性。研究表明，在混凝土拌制过程中加入适量的粉煤灰和高炉炉渣可以有效地提高绿色混凝土的抗冻融性能，控制绿色混凝土中胶凝材料的用量，可以提高其耐酸碱腐蚀的能力。孔隙率较大的绿色混凝土上可以生长植物，植物的根系可以穿越其孔隙后由土向四周扩展，有利于更好地紧固混凝土块层。绿色混凝土能够与环境相适应，促进人类与自然和谐共生，同时，减少自然环境的承载能力，是混凝土未来发展的必然趋势。

四、绿色混凝土的应用

（一）再生骨料混凝土的应用

若将废弃的水泥混凝土块就地回收，经破碎、清洗、分级后作为骨料再生利用全部或部分代替天然骨料配制成再生骨料混凝土，不仅可从根本上解决废弃混凝土的处理问题，还可节约天然骨料资源，缓解供求矛盾，同时具有显著的社会经济和环保效益。目前在公路养护部门，再生骨料混凝土已经广泛地应用于路基填充、道路修补和部分对于混凝土强度要求不严格的工程中[①]。安徽合宁高速公路的一部分路段采用再生混凝土骨料来浇筑混凝土路面。节约了120余万元材料的运输费用。湖南长沙机场的混凝土工程也采用了再生混凝土，在机场道路的道面、道肩及平行公路上均浇筑了再生混凝土，使用多年后混凝土结构状态良好。

（二）大气净化混凝土的应用

大气净化混凝土是一种利用含有二氧化钛的添加物，在阳光下结合出氧化氮并转化成无害的硝酸盐的新型产品。这种混凝土铺设在道路上相当于一个空气净化器，吸收有害气体，排除无污染的物质。荷兰的特文特大学开发了一种空气净化混凝土，它能够在阳光下利用钛化物结合汽车废气中的含氮气体，将氧化氮转化成无害的硝酸盐，而被排放出来的硝酸盐，则能被大雨冲刷带走，将污染降到最低甚至是无。由于汽车尾气等空气污染，大气中氮氧化物的含量逐渐增多，很容易形成酸雨、臭氧和烟雾等不良天气，造成环境污染。而空气净化混凝土的出现就是为了解决人类这一难题，它不仅能够减少25%~45%的氮氧化物浓度，净化当地空气，更为人类可持续发展的实现作出重大贡献。

（三）机敏混凝土的应用

机敏混凝土作为一种智能型的混凝土，可以对外界的变化做出特定的响应。有一种透明的机敏混凝土材料，在2010年上海世博会上意大利馆的建造就使用了这种混凝土。这种混凝土中加入了玻璃质地的成分，不仅会根据环境条件自主调节透明度，改变室内的光线条件，还能产生不同类型的颜色变化。这种混凝土的水泥基材料中加入适量的短切碳纤维，这种碳纤维可以让混凝土产生热电效应，进而监控室内温度变化，控制和调节馆内温度。

五、绿色混凝土的发展

绿色混凝土要想更好地发展必须发展相应的生产与制作设备，实现绿色混凝土生产和制造的规模化，为更大范围的应用提供保障。加大对绿色高性能混凝土品种的研究和开发工作，以此开发更多种类的复合性高性能绿色混凝土。

① 李鹏．绿色建筑与绿色建筑设计初探 [J]. 建材与装饰，2021，17（9）：75-76.

第三节　绿色防水材料

防水工程中所用防水材料，大体上可以分为自防水结构材料和附加防水层材料两类。补偿收缩混凝土、细石防水混凝土、高效预应力混凝土、防水块材是自防水结构材料的主体。附加防水层材料有防水卷材、防水涂料、水泥防水砂浆、沥青砂浆、细石防水混凝土、接缝密封材料、金属板材、胶结材料、止水材料、堵漏材料和各类瓦材等。

以前，建筑防水的设计和选材主要关注的是防水材料的物理力学性能、使用性能和工程成本，而往往忽略防水材料在生产、施工和应用中是否会对人体的安全健康及生态环境造成有害影响。近年来，随着我国可持续发展战略的推进和绿色建筑理念的迅速推广，人们的生态环保意识逐步提高，节能、环保、高品质的新型绿色防水材料也随之快速发展，并在建筑工程中获得广泛应用。

一、绿色防水材料的特点

目前对绿色建筑材料尚无确切定义，比较普遍的观点是绿色建筑材料都必须有利于环境和人体健康，并应当从建筑材料生命周期的角度来评判。防水材料是建筑材料中的一大类别，因此，绿色建筑防水材料应该是：合理利用资源，少用或不用不可再生资源，提倡使用废物和再生资源；节约能源，少用煤、石油和天然气等有限能源；保护环境，减少有害气体的排放，少用或不用对环境和人体健康有害的材料，禁用有毒材料；产品性能好，耐久、长寿命，可以减少更换次数；可回收使用，从而减轻因制造和废料处理中可能对环境的影响。

根据我国对绿色建筑的定义，概括起来，绿色建筑防水材料应具有以下基本特性。

（一）合理利用资源

尽量采用可再生资源（如木材、稻草、塑料等），少用或不用不可再生资源（如矿物、化石燃料等），提倡资源循环利用和使用废弃物，这是绿色建筑材料最好的体现。

（二）尽量节约能源

少用煤炭、石油和天然气等有限能源，通过各种有效手段节约电能，大力提倡利用太阳能、风能和水能等清洁能源。

（三）保护生态环境

合理、充分利用资源，降低材料和能源的消耗，减少有害气体的排放，少用或不用对环境有害的材料，严格禁止采用有毒的材料。

（四）切实保障人体健康

在选择防水材料时要尽量减少对健康不利的污染物，当室内有污染物时，应从室外引入清洁空气稀释室内空气。要充分利用阳光促进人体健康，利用高性能窗来获得充裕的阳光，并注意噪声对人体的危害。

（五）耐久性能良好

防水材料的耐久性在工程应用中极其重要，使用寿命长的产品不仅可以减少更换的次数，有的还可以重新使用，从而减轻因制造和废料处理可能对环境产生的影响。

在绿色建筑防水材料的研发、设计、生产、施工和应用中，应需要综合加以考虑，如尽可能用水性化、高固化、粉状化、生态化；原料尽可能不用或少用沥青、有机溶剂、重金属和有毒助剂；生产和施工场地尽可能做到无废水、废气、废渣、废物；产品应无毒、无害、无味、无污染，并尽可能兼有防水、保温、隔热、防火吸声和装饰美化等多种功能；生产工艺要简便安全，成本控制要在合理的范围内。

二、绿色防水材料的分类

按照组成材料不同对防水材料分类，主要可分为沥青类防水材料和合成高分子防水材料。沥青通过掺加矿物填充料和高分子填充料进行改性后，研究和开发出沥青基防水材料。新型高分子防水材料是通过石油化工和高分子合成技术研制出来的产品，具有高弹性、延伸性好、耐老化、使用寿命长和可单层防水等诸多优点。

按照材料的外观形态分类，防水制品可以为防水卷材、防水涂料和密封材料等。防水卷材是将沥青类或高分子类防水材料浸渍在胎体上，以卷材形式制成的防水材料产品，分为沥青防水卷材、高聚物防水卷材和合成高分子防水卷材[①]。防水涂料是把黏稠液体涂在建筑物的表面，经过化学反应，溶剂或水分挥发在建筑物的表面形成一层薄膜，使得建筑物表面与水隔绝而起到防水密封的作用。密封材料则是指填充于建筑物接缝、门窗四周、玻璃镶嵌处等部位，这是一种较好的水密性和气密性材料。

目前在建筑工程中应用的防水材料大体上可分为5类，即沥青防水卷材、高分子防水片材、建筑防水涂料、建筑密封材料及防渗堵漏等特种用途的防水材料。每种防水材料各

① 王金双．浅析绿色建筑[J]．黑龙江环境通报，2019，43（4）：16–18.

具有不同的特性，因此必须根据防水工程的部位、条件、所处的环境、建筑的等级、功能需要，选用适宜的防水材料，发挥各类防水材料的特性，从而使之获得最佳防水效果。

三、绿色防水材料的设计与选材

（一）建筑防水设计

建筑防水在建筑工程设计与施工中占有很重要的地位，建筑防水质量的好坏，直接关系到建筑物和构筑物的正常使用和寿命。因此，建筑设计时应慎重考虑建筑各部位的防水材料及其各细部的做法。建筑防水工程按其部位的不同分为屋面防水、楼地面防水、地下室防水和其他零星防水。

1.屋面防水设计

屋面防水是屋面设计中最重要的一个环节。根据建筑物的性质、重要程度、使用功能等要求以及防水层耐用年限，将屋面防水分为4个等级，并按不同等级进行设防。因此，首先设计者应根据建筑项目的具体情况合理地确定该建筑物的防水等级，切不可将较高等级的建筑物采用较低防水等级进行设计而造成工程过早发生渗漏；也不能将较低等级的建筑物按较高等级的防水要求来设计，以免造成建筑成本的不合理提高。

其次应选择合理的防水方式。屋面防水按防水材料的不同分为刚性防水和柔性防水。刚性防水是指用细石混凝土、块体材料或补偿收缩混凝土等材料做防水，主要依靠混凝土的密实性，并采取一定的构造措施（如增加钢筋、设置隔离层、设置分格缝、油膏嵌缝等）以达到防水目的。刚性防水屋面主要适用于屋面防水等级为I级的工业与民用建筑，也可用作I级、II级屋面多道防水中的一道防水层。柔性防水屋面是指所采用的防水材料具有一定的柔韧性，能够随着结构的微小变化而不出现裂缝，且防水效果好。

2.楼地面防水设计

楼地面防水主要指卫生间、楼层间的夹层、水箱间等部位。目前住宅建筑中最常见的渗漏就是卫生间渗漏，因此，对卫生间的防水应引起足够重视。较高标准的可采用防水涂料，如聚氨酯防水涂膜防水层，丙烯酸防水涂料等，在楼面基层上涂刷起到防水作用；另外，可以采用防水卷材。

目前在高层住宅中一般都有楼层间的夹层（主要指设备层），在设备层中有上下水管、暖气管等横竖布满房间，并且上下管道穿越楼板，在设备运行中，往往会因接头不严、管线裂缝、法兰不紧等原因造成漏水，如楼面不做防水或防水设计、施工不好，则会引起楼面大面积漏水，严重影响下一层的正常使用，因此对设备层应做好防水，做法与卫生间相同。

3.地下室防水设计

设计者一般认为，当建筑物地下室位于设计最高水位之上时，地下室设计可不考虑防水。然而在使用中常会发生雨季到来时地下室处处渗水。这些水的来源主要有两个方面：一是雨水造成的表层滞水，因回填土不密实，地表水汇集到地下室周围；二是地下室附近的水、暖等管沟积满了水，这些水渗入地下室。因此，不管地下室位于地下水位何处，都应考虑地下室的防水，只是防水措施不同罢了。

地下室防水采用柔性防水时，一定要遵循地下室防水全封闭原则，即外墙防水和地板防水应形成封闭。外墙柔性防水层应做保护层，保护的目的：一是防止打夯机夯实回填土时撞伤防水层；二是防止建筑物下沉时回填土中的硬尖物擦伤防水层；三是当保护层压向防水层时，防止防水层从墙体上脱落。许多设计者一般采用120砖墙做保护墙，但这种保护层在施工时，对着防水层的一面往往会凹凸不平，在回填土的压力下，破坏墙面防水层；同时，建筑物下沉时，保护墙并不随建筑物一起下沉，突出的灰浆又会将防水层划破。为了改变这种状况，可以做软保护层，如喷泡沫聚氨酯、高密度聚苯板等，这些保护层不仅在建筑物下沉时起到润滑剂的作用，而且不吸水，同时起到对外墙面的保温作用，可谓一举三得。

4.其他部位的防水设计

多层砖混结构的建筑，在檐口部位做女儿墙的，设计者有时将女儿墙设计成抹灰压顶，在使用过程中，雨水就会从砂浆收缩裂缝中渗下去，绕过防水层，进入室内。因此设计时应将压顶设计成现浇混凝土压顶，并配以适当的钢筋，这样，不仅解决了渗漏问题，而且对女儿墙也起到很好的加固作用。再如，设计者在高层建筑中选用铝合金推拉窗或者使窗与外墙饰面平齐，这样易造成窗部渗水；设计高层建筑外剪力墙时只设构造配筋而不加抗温抗收缩钢筋，就易开裂漏水等。因此，在建筑设计时，对这些容易渗漏的部位，必要时在一般设计的基础上应进行二次深化防水设计，这样才能保证建筑物的正常使用。

（二）绿色防水材料的选材

1.根据不同的工程部位选材

（1）屋面。屋面长期暴露在大气中，受阳光、雨雪、风沙等直接侵蚀，严冬酷暑温度变化大，昼夜之间屋面板会发生伸缩，因此应选用耐老化性能好的、且有一定延伸性的、温差耐受度高的材料。如矿物粒面、聚酯胎改性沥青卷材、三元乙丙片材或沥青油毡等。

（2）地下。根据地下工程长期处于潮湿状态又难维修，但温差变化小等特点，需采用刚柔结合的多道设防，除刚性防水添加剂外，还应选用耐霉烂、耐腐蚀性好、使用寿命长的柔性材料。在垫层上做防水时，应选用耐穿刺性好的材料，如厚度为3mm或4mm的玻纤、聚酯胎改性沥青卷材、玻璃布油毡等。当使用高分子防水卷材时，必须选用耐水性好的黏结剂，基材的厚度应不小于1.5mm；选用防水涂料时，应选用成膜快、不产生再乳化的材料，如聚氨酯、硅橡胶防水涂料等，其厚度不小于1.5mm。

（3）厕浴间。厕浴间一般面积不大，阴阳角多，而且各种穿越楼板的管道多，卷材、片材施工困难，宜选用防水涂料，涂层可形成整体的无缝涂膜，不受基面凹凸形状影响，如JS复合防水涂料、氯丁胶乳沥青涂料、聚氨酯防水涂料等。管道穿越楼板，其板管间的交接处可选用密封膏或遇水膨胀橡胶条等进行处理。

2.根据建筑功能不同的要求选材

（1）屋面作园林绿化，美化城区环境。防水层上覆盖种植土种植花木。植物根系穿刺力很强，防水层除耐腐蚀耐浸泡之外，还要具备抗穿刺能力。选用聚乙烯土工膜（焊接接缝）、聚氯乙烯卷材（焊接接缝）、铅锡合金卷材、耐根穿刺改性沥青卷材。

（2）屋面做娱乐活动和工业场地，如舞场、小球类运动场、茶社、晾晒场、观光台等。防水层上应铺设块材保护层。防水材料不必满贴。对卷材的延伸率要求不高，多种涂料都能用，也可做刚柔结合的复合防水。

（3）倒置式屋面是保温层在上、防水层在下的一种做法。保温层保护防水层不受阳光照射，也免于暴雨狂风的袭击和严冬酷暑的折磨。选用防水材料种类很多，但是施工特别要精心细致，确保耐用年限内不漏。如果发生渗漏，防渗堵漏很困难，往往需要翻掉保温层和镇压层，避免造成困难和浪费。

（4）蓄水层面很像水池，只是水浅，一般不超过25cm。防水层长年浸泡在水里，要求防水材料耐水性好。可选用聚氨酯涂料、硅橡胶涂料、全盛高分子卷材（热焊合缝）、聚乙烯土工膜、铅锡金属卷材、不宜用胶黏合的卷材。

（5）上人屋面：由于上人屋面在防水层上还要做贴铺地砖等处理，对防水层有保护作用，防水层不直接暴露在外，因此对耐紫外线老化性稍差，但其延伸性、防水性、抗拉强度等性能很好的材料均可采用。例如，聚氨酯类防水涂料、玻纤胎沥青油毡、聚氯乙烯防水卷材等。

（6）非上人屋面：防水层直接暴露，可选用页岩片粗矿物粒料，或铝箔覆面的卷材，防水层表面不须做保护层。

（7）种植屋面：为了绿化屋面，在屋面上要种植花草，因此对土层下的防水层要求较高，除具有防水性好之外，还需要耐腐性好、耐穿刺、能防止植物根系的穿透。宜选用柔性复合材料，如APP或SBS改性沥青卷材，也可使用在刚性防水表面加防水涂层的多道防水设防。

（8）有振动的工业厂房屋面：对大型预制混凝土屋面，除设计结构的考虑外，首先要选用延伸性好、强度大的材料，厚度为1.5mm以上的高分子防水片材，如三元乙丙片材、共混卷材、4mm或3mm以上的聚酯胎改性沥青卷材，不应选用玻纤胎沥青卷材、玻璃布为加筋的氯化聚乙烯卷材。

3.根据工程的环境进行选材

（1）根据降雨量的多少选材。在南方多雨地区宜选用耐水性强的材料。如玻纤胎、聚酯胎沥青卷材，高分子片材并配套用耐水性强的黏结剂，或厚质沥青防水涂料等。而在北方雨少的地区，则可选用纸胎沥青毡七层法、冷沥青涂料以及性能稍差的高分子片材等。

（2）根据环境温度不同选材。我国南北方，夏季冬季温度差别很大，若在南方高温地区选用改性沥青卷材时，宜选用耐热度高的APP改性沥青、塑性体沥青卷材。而在北方低温寒冷地区，宜选用低温性能好的SBS改性弹性体沥青卷材，选用其他材料时，也应考虑耐热性和低温性，如密封膏等。

（3）根据水位、水质不同选材。对水位较高的地下工程，防水层长期泡水，宜选用能热熔施工的改性沥青防水卷材，或耐水性强的，可在潮湿基层施工的聚氨酯类防水涂料，或用复合防水涂料，不要采用乳化型防水涂料。对水质差的含酸、含碱水质，应选用较厚的沥青防水卷材或耐腐性好的高分子片材，如4mm厚的沥青卷材、三元乙丙片材等。

4.根据工程条件进行选材

（1）根据工程等级选材。对有特殊要求的一级建筑和二级建筑，应选用高聚物改性沥青或合成高分子片材；对三、四级一般建筑或非永久性建筑，也可采用沥青纸胎油毡。等级高的建筑不但要选用高档次的材料，而且要选用高等级的优等品、一等品，一般建筑可选用中低档的合格品。

（2）斜屋面选材。斜屋面因为有一定的坡度，其排水性非常好，可选用各种颜色的油毡瓦、水泥瓦，它们不仅具有良好的防水性，还可对建筑产生装饰作用。

（3）倒置屋面选材。倒置屋面系指防水层在下、保温层在上的屋面做法，防水层可得到保温层的保护，不受光、温度、风雨的侵蚀。但倒置屋面一旦发生渗漏，修补困难，因此对防水材料要求严格，不宜选用刚柔结合材料，而适合用柔性复合材料；由于防水材料长期处于潮湿状态的环境，不宜选用胶黏结合的材料，应选用热熔型改性沥青卷材或合成高分子涂料，如聚氨酯防水涂料、硅橡胶防水涂料等。

选用防水材料还要考虑两种不同材质的材料复合使用，如刚性、柔性材料的复合，卷材和涂料的复合，同时同种材料的叠层做法，如卷材与卷材的叠层做法，但刚性防水不宜叠层。

从环保的角度考虑，最佳的选择是各种耐久、可收回、可再利用的天然石板、黏土瓦、纤维水泥瓦、聚合物黏合瓦、聚合物改性水泥瓦等，这样可以避免制造新产品对环境的影响，减少废料产生的负担。

从节能效果方面考虑，屋顶颜色越浅，节能效果越好。检测结果表明，节能效果受屋面材料阳光反射率的影响最大，深灰色的屋面阳光反射率仅为8%，而白色油毡瓦和陶瓦屋面的阳光反射率分别为26%和34%，白色金属和水泥瓦屋面节能效果更为显著。

四、绿色防水材料的发展趋势

展望未来，绿色化是建筑防水材料的重要发展方向。绿色建筑防水材料将会呈现以下发展趋势。

（一）环境友好化

防水涂料是主要的防水材料之一，但目前应用以溶剂型居多。溶剂型防水涂料中含有大量的挥发性有机化合物、游离甲醛、苯、二甲苯、可溶性重金属（铅、镉、铬、汞）等有害物质，不但污染环境而且常造成施工人员的中毒等事故。低毒或无毒、对环境友好的水基防水涂料，单组分湿气固化型或高固含量、低挥发、反应固化型防水涂料，将会成为防水涂料的主流产品。

热熔法施工是目前SBS、APP等改性沥青类防水卷材主要的施工方法，在卷材施工时涂刷冷底子油和热熔粘贴过程中，都有大量的污染物质排放到大气中造成环境污染。今后，改性沥青卷材的应用技术将朝着节能环保的方向发展，热熔施工的比例将下降，而冷粘法、热空气接缝法、自粘法前景较好。

（二）绿色屋顶材料

国内外实践表明，实施屋顶绿化的绿色屋顶，建筑隔热、保温性能显著改善，可使顶层住房室内温度降低3~5℃、空调节能20%，可谓建筑节能与改善人居环境的有效措施。屋顶绿化同时具有补偿城市绿地、储存雨水、涵养水土、吸收有害气体、滞留灰尘、净化空气、降低噪声、提高空气相对湿度、改善都市“热岛”效应以及保护屋顶、延长建筑寿命等功效，对于改善城市环境作用巨大。

发展绿色屋顶的关键技术之一是防水技术，耐植物根穿刺的防水材料应用前景广阔。今后，采用机械固定施工，具有防水保温一体化、减少构造层次，节能、节材、节约资源，降低成本、提高工效等优点的单层屋面系统将得到较快发展，从而带动EPDM、增强型PVC和TPO这3类高端高分子防水卷材的生产与应用。

此外，各类节能通风坡瓦屋面、保温隔热屋面、太阳能屋面将与种植屋面、单层卷材屋面一起，共同作为新型的绿色节能屋面，在“低碳”时代获得良好的发展机遇，从而带动这些绿色屋面系统所需的建筑防水材料的发展。

（三）废料循环的利用

利用工业废料作为原料生产防水材料是绿色建筑防水材料的一个重要发展方向。以废橡胶为例，我国是废橡胶产量最大的国家，近些年按消耗量计算，我国每年的橡胶产量和消费总量达到4×10^6t以上，而废橡胶的产量也达到2.7×10^6t左右。从环境保护和改性沥青质量两方面考虑，使用胶粉改性沥青都具有巨大的发展潜力。胶粉改性沥青技术在道路行业已经得到广泛认同，在防水行业的应用虽然已很普遍，但不怎么"名正言顺"。

防水行业发展潜力巨大，胶粉改性沥青如能在防水行业得到规范、合理的应用，将会对我国建设节约型社会做出不可忽视的贡献。除此之外，沥青基防水卷材、沥青瓦、PVC卷材、TPO卷材在国外都有回收再利用的做法，国内也应尽快研究并加以利用，这是绿色建筑防水材料最具有发展潜力的领域之一。

（四）功能多样化

由于技术和施工等多方面的原因，目前在防水工程中所用的涂料产品性能相对较差，其表现在拉伸强度较低、延伸率较小、耐候性不足、使用寿命较短，绝大多数防水涂料的功能比较单一，施工时要求在干燥基材表面和非雨雪天气进行，这是影响防水涂料推广应用的重要原因。因此，未来的防水涂料将向着综合性能好、对基层伸缩或开裂变形适应较强的方向发展，并集防水、保温、隔热、保护、环保、装饰等多种功能于一体。

随着科学技术的不断进步，纳米防水涂料也会得到快速发展和应用推广。纳米防水涂料是自然渗透型防护剂，是无机硅酸盐、活性二氧化硅、专用催化剂及其他功能助剂通过纳米技术配制而成的新一代水性、环保、抗裂型防水剂。在防水涂料中加入纳米材料，将会大大改善防水涂料的耐老化、防渗漏、耐冲刷等性能，提高防水涂料的使用寿命。纳米防水涂料渗透力极强，可渗透建筑物内部形成永久防水层；防水层透明无色、不变色，因此不影响建筑物原设计风格；该产品既可做墙面防水剂，也可内掺于水泥制成高效防水水泥砂浆。根据国外防水实践经验证明，大力开发具有高太阳光反射率的SBS和APP自粘白色表面改性沥青防水卷材，以及具有防水、反射和高耐久性的TPO防水卷材，这也是绿色防水卷材未来发展的重要探索方向。

目前我国绿色建筑防水材料正朝着利于节能、低毒环保、利废的方向发展，随着国家对节能减排和环保政策措施的大力推动，普通消费者生态环境保护意识的逐步提高，绿色建筑和绿色建材的认知度越来越高，节能、环保、性能优良的绿色建筑防水材料的应用范围必将越来越广。

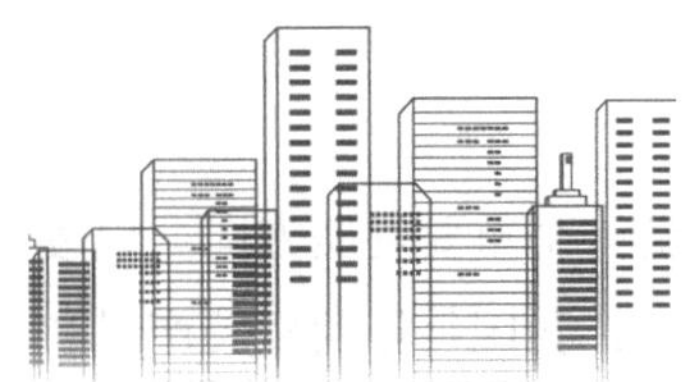

第十二章　建筑工程防水材料施工造价管理

第一节　建筑工程防水材料施工概述

一、防水卷材施工

（一）沥青类防水卷材

沥青材料是由复杂的碳氢化合物和碳氢化合物的非金属（氧、硫、氮）衍生物所组成的高分子混合物，由于沥青材料具有不吸水、黏结强度高、耐腐蚀等一系列优越的性能，故很早以前就被人们用作防水、防潮、防腐和黏结材料。以沥青为基本原料制成的防水卷材也是国际上最先应用的有机柔性防水材料。

沥青基防水卷材按其涂盖用沥青的不同可划分为氧化沥青防水卷材和高聚物改性沥青防水卷材两大类。按胎基材料的不同划分为复合胎、聚酯胎、玻纤胎防水卷材，高聚合物改性沥青防水卷材较好地解决了传统沥青材料低温脆裂和高温流淌的缺陷，大幅提高了沥青基防水卷材的使用寿命，在我国乃至全球防水领域均占有重要的地位。

高聚物改性沥青防水卷材在防水工程中最常用和占据主导地位的是SBS和APP改性沥青防水卷材，其次是自粘聚合物改性沥青防水卷材。在改性沥青防水卷材中又以SBS改性沥青聚酯胎防水卷材使用范围最广，应用数量最大。但自粘聚合物改性沥青防水卷材近10年来发展迅速，其应用比例也在逐年提高。

（二）沥青类卷材施工工法

沥青类卷材施工工法主要是热熔工法和冷粘工法。

1.热熔工法

热熔法施工工法将改性沥青材料与钢筋混凝土天然的黏附性发挥到极致，使改性沥青材料能够适应钢筋混凝土结构的各种变法，从而适用于几乎所有钢筋混凝土建筑类型。

2.冷粘工法

冷粘工法主要包括：干铺、湿铺和预铺反粘。

①干铺：在涂刷专用基层处理剂的条件下，该系列材料能够获得与基层良好的初粘效果，并且由于涂盖料全部为压敏型自粘沥青，在后期一定的压力和温度持续作用下，黏结力逐渐变强，直至达到热熔法施工的黏结强度，对基层的要求相对更严格。

②湿铺：湿铺法是以素水泥浆为黏结剂在潮湿基面上实现改性沥青卷材与基层的黏结。具有工效快、初黏结强度高、对基层要求不严格的优势，细部结点的处理需采取相应措施。

③预铺反粘法：是将专用卷材预先铺设在垫层或支护墙上，黏结面朝上（外），在其上捆绑钢筋、浇筑混凝土，使卷材与混凝土实现湿黏结。但在施工作业过程中，对卷材的保护要求更严格，预铺反粘法适用于作业面受限的地下工程。

二、防水涂料施工

涂料是一种无定形的材料，常温下呈流态、半流态液体或粉状，加水现场拌和，通过刮涂、刷涂、滚涂或喷涂在结构表面，经溶剂挥发，水分蒸发，组分间的化学反应或反应挥发固化形成一定厚度具有防水能力的涂膜，使表面与水隔绝起到防水、防潮作用，人们把这种防水方式称为涂膜防水，采用的材料称为防水涂料。

防水涂料具有冷施工、复杂形状易于施工，涂层为连续无接缝，工程一旦渗漏易于查找和维修等优点，在国外被视为卷材的重要补充。防水涂料的缺点是涂层厚度和均匀性不易掌握和控制，施工和固化成膜受环境制约等。

防水涂料在施工过程中应严格进行材料管理，首先，在施工前应对施工人员进行安全教育、安全技术的交底，施工中严格遵守安全规章制度。其次，进入施工现场时，要求施工人员佩戴安全帽，穿工作服和软底鞋，并正确使用劳动防护用品。作为施工单位，应建立现场明火管理制度，施工现场和库房内严禁烟火，防水材料现场存放于指定库房内或料场内，存放处必须通风良好，四周无易燃物。涂料施工人员必须严格遵守各项操作说明，严禁违章作业。最后，在施工现场应配备足够的消防器材，配备的器材要做到专人保管、专人维修，定期检查，保证器材完好率100%，消防器材要设置在易发生火灾隐患或位置明显处。施工材料机具设专人管理、发放、分类保存并保持安全距离，尤其是有机稀释剂等，易燃易挥发材料。在施工现场应设置专门的漏电保护装置，并在施工过程中对工程用电工具进行规范化操作，在用电工具使用完成后，应及时做到仔细检查，查看用电工具是否完好、可靠。相关施工单位可以对施工人员进行安全环保施工知识培训，可采取现场教育教学的方式，同时提高管理人员和作业人员环保意识以及安全意识。在进行现场教育教学时，现场作业人员应做好自身防护，如佩戴防护手套、口罩。为保障防水涂料的环保性能，在施工过程中应对易产生扬尘的堆放材料采取覆盖措施，防止出现粉尘污染，引发粉尘事故。针对粉末状材料应进行封闭存放，并在场区内建立封闭垃圾站和粉尘库，将可能引起扬尘的材料及建筑垃圾放置在指定区域，集中管理。现场施工材料应保证堆放整齐，对于撒落在路面上的材料应做到及时清扫干净。此外，施工层周围用密目安全网封闭，以阻断噪声对周围的横向传播。

三、防水堵漏、灌浆密封施工

（一）化学灌浆

化学灌浆是将一定的化学材料（无机或有机材料）配制成溶液，用化学灌浆泵等压送设备将其灌入地层或缝隙内，使其渗透、扩散、胶凝或固化，以增加地层强度、降低地层渗透性、防止地层变形和进行混凝土建筑物裂缝修补的一项加固基础、防水堵漏和混凝土缺陷补强技术。

目前，化学灌浆方法很多，其分类也没有一个统一准则，根据灌浆目的有加固灌浆和堵水防渗灌浆。常用的是按灌浆工程的地质条件、浆液扩散能力和渗透能力分为如下几类：

（1）充填灌浆法；

（2）渗透灌浆法；

（3）压密灌浆法；

（4）劈裂灌浆法；

（5）电动化学灌浆法。

由于建设工程的需求，近年来，灌浆方法发展很快，种类繁多，除上述介绍的几种典型灌浆法外，灌浆法从脉状灌浆、渗透灌浆发展到应用多种材料的复合灌浆法或综合灌浆法；从钻杆灌浆、过滤管灌浆发展到双层过滤管灌浆和多种形式的双层管瞬凝灌浆法；从无向压灌浆发展到通电、抽水、压气和旋喷、摆喷或定向高压喷射等多种诱导灌浆法；通过预处理及孔内爆破等方法，可大大地提高浆液的可注性，扩大灌浆的应用范围。随着灌浆技术在工程应用中的深入，灌浆方法的研究显得越来越重要。

我国在劈裂灌浆理论方面的研究工作较多，研究成果显著。灌浆工程中应用最多的是渗透灌浆法和劈裂灌浆法，其相应的理论研究是非常重要的。大多数灌浆工程报道或论文中，只介绍灌浆工程施工工艺过程及灌浆效果，很少进行灌浆理论分析研究。国内外对灌浆理论的研究水平远远落后于灌浆工程和灌浆技术发展的要求。

（二）水泥灌浆施工

隧道回填灌浆及固结灌浆：

水工隧道混凝土衬砌段的灌浆，应按先回填灌浆后固结灌浆的顺序进行。回填灌浆应在衬砌混凝土达到70%设计强度后进行。固结灌浆宜在该部位的回填灌浆结束7d后进行。

水工隧道钢板衬砌段各类灌浆的顺序应按设计规定进行。钢衬接触灌浆应在衬砌混凝土浇筑结束60d后进行。

灌浆结束时，有往外流浆或往上返浆的灌浆孔应闭浆待凝。必要时应安设变形监测装置，进行观测和记录。

1.回填灌浆

（1）施工准备及处理。回填灌浆前应对衬砌混凝土的施工缝和混凝土缺陷等进行全面的检查，对可能漏浆的部位应及时处理。

（2）施工机具及要求。

①回填灌浆孔，在素混凝土衬砌中宜采用钻机直接钻设的方法；在钢筋混凝土衬砌中应采用钻机从预埋管中钻孔的方法。钻孔孔径不宜小于38mm，孔深宜进入岩石10cm并测量混凝土厚度和空腔尺寸。

②遇有围岩塌陷、溶洞、超挖较大等特殊情况时，应在该部位预埋灌浆管，其数量不应少于2个，位置在现场确定。

③顶拱回填灌浆应分成区段进行，每区段长度不宜大于50m，区段端部必须封堵严密。

（3）施工操作工序。

①回填灌浆宜分为两个次序进行，后序孔应包括顶孔。

②回填灌浆施工应自较低的一端开始，向较高的一端推进。同一区段内的同一次序孔可全部或部分钻出后，再进行灌浆，也可单孔分序钻进和灌浆。

③回填灌浆，一序孔可灌注水灰比为0.6（或0.5）：1的水泥浆，二序孔可灌注1：1和0.6（或0.5）：1两个比级的水泥浆。空隙大的部位应灌注水泥砂浆，掺沙量不宜大于水泥质量的200%。

（4）施工注意事项。

①回填灌浆压力应视混凝土衬砌厚度和配筋情况等确定。一般在素混凝土衬砌中可采用0.2～0.3MPa；钢筋混凝土衬砌中可采用0.3～0.5MPa。

②回填灌浆，在规定的压力下，灌浆孔停止吸浆，延续灌注5min即可结束。

③回填灌浆质量检查应在该部位灌浆结束7d后进行。检查孔应布置在脱空较大、灌浆孔集中以及灌浆情况异常的部位，其数量宜为灌浆孔总数的5%。

④回填灌浆质量检查可采用钻孔注浆法，即向孔内注入水灰比2：1的浆液，在规定的压力下，初始10min内注入量不超过10L为合格。

⑤灌浆孔灌浆和检查孔检查结束后，应使用水泥砂浆将钻孔封填密实，孔口压抹齐平。

2.固结灌浆

（1）施工准备及处理。固结灌浆孔在灌浆前应用压力水进行裂隙冲洗，直至回水清净时止。冲洗压力可为灌浆压力的80%，若该值大于1MPa时，采用1MPa。地质条件复杂或有特殊要求时，是否需要冲洗以及如何冲洗，宜通过现场试验确定。固结灌浆孔的压水试验应在裂隙冲洗后进行，试验孔数不宜少于总孔数的5%。压水试验采用单点法。

（2）施工机具及要求。

①固结灌浆孔可采用风钻或其他型式钻机钻孔，终孔直径不宜小于38mm，孔位、孔向和孔深应满足设计要求。

②固结灌浆孔钻孔结束后应进行钻孔冲洗，冲净孔内岩粉、杂质。

（3）施工操作工序。

①固结灌浆应按环间分序、环内加密的原则进行。环间宜分为两个次序，地质条件不良地段可分为三个次序。

②固结灌浆宜采用单孔灌浆的方法，但在注入量较小地段，同一环上的灌浆孔可并联灌浆，孔数宜为2个，孔位宜保持对称。

③固结灌浆孔基岩段长小于6m时，可全孔一次灌浆。当地质条件不良或有特殊要求时，可分段灌浆。

（4）施工注意事项。

①固结灌浆浆液的比重和变换，根据工程具体情况确定。注入量大的孔段应灌注水泥砂浆。

②固结灌浆在规定的压力下，灌浆孔段注入率不大于0.4L/min时，延续30min，即可结束。

③固结灌浆压力大于3MPa的工程，灌浆孔应分段进行灌浆。灌浆孔内灌浆段的划分、相应灌浆压力的使用以及灌浆工艺的选择应通过现场灌浆试验确定。

④固结灌浆质量检查的方法和标准应视工程的具体情况和灌浆的目的而定。一般情况下应进行压水试验检查，试验采用单点法，要求测定弹性模量的地段，应进行岩体波速或静弹性模量测试检查。

⑤固结灌浆质量压水试验检查宜在该部位灌浆结束3～7d后进行，检查孔的数量不宜少于灌浆孔总数的5%。孔段合格率应在80%以上，不合格孔段的透水率值不超过设计规定值的50%，且不集中，灌浆质量可视为合格。

⑥岩体波速和静弹性模量测试，应分别在该部位灌浆结束14d和28d后进行。其孔位的布置、测试仪器的确定、测试方法、合格指标以及工程合格标准，均应依照设计规定执行。

⑦灌浆孔灌浆和检查孔检查结束后，应排除钻孔内的积水和污物，采用压力灌浆法或机械压浆法进行封孔，并将孔口抹平。

（三）水玻璃灌浆施工

1.水玻璃隧道帷幕灌浆施工

水玻璃应用范围很广泛，水利水电灌浆（大坝廊道帷幕灌浆、围堰砂石固结灌浆、护坡加固灌浆等）、公路隧道灌浆（山体隧道基础加固防渗灌浆、开挖土壤固结灌浆等）、地铁隧道灌浆（暗挖隧道土壤固结灌浆、隧道帷幕防渗灌浆等），以上工程水玻璃的施工工艺大致相同，只是采用的灌浆设备不同、灌浆的位置不同、灌浆的深度不同、灌浆的用途不同、地质情况不同、灌浆标准不同。

2.施工工艺要求

（1）施工工艺流程。施工准备→测量定位孔→安设导向架→钻机就位→钻进成孔→浆液配制→注浆施工→效果检查→进入下一孔注浆。

（2）测量定孔位。在开挖掌子面上由测量人员放出隧道开挖轮廓线，按设计要求在开挖范围内画出钻孔的位置，要求孔位偏差为±30mm，入射角度偏差不大于1°。

（3）钻进成孔。钻机按指定位置就位，架设导向架，精确调整导向架。因钻孔中细沙层、圆砾层成孔难度大，所以采用带导水头钻机对准孔位，调整钻杆的垂直度，不同入射角度钻进。对准孔位后，钻机不得移位，也不得随意起降。

偏斜修正：钻孔中和压入钢管时的偏斜，可由每隔3m测定的钻孔偏斜而知，钻孔偏斜过大时，采用特殊钻头等方法进行修正。如向下偏斜，在偏斜部分填充水泥砂浆，等水泥砂浆凝固后再从偏移开始处继续钻进；向上偏斜，采用特殊合金钻头进行再次钻进。

（4）注浆过程的控制：

①磷酸、水玻璃应严格按照要求稀释至配比浓度。配好的两种浆液要取适量的两种溶液测定凝结时间。

②为保证注浆泵正常运转，注浆前必须先进行试验。试验方法是先将三通阀门调到回浆位置，开泵后，待泵吸水正常时，将三通阀回浆口慢慢调小，注浆泵的压力徐徐上升，当达到预定的注浆压力，并持续3min不出故障，即认为泵的性能正常。

③采用“分级升压法”进行注浆压力控制，开始注浆时，不宜将压力值升到规定的最大数值，而应由低到高逐渐提高；注浆时，采用间歇式注浆方式，间歇时间视浆液的胶凝时间而定，稍短于浆液胶凝时间。

④根据暗挖掘进段的实际注浆效果调整注浆压力，采取注浆量与注浆压力作为双控标准，当注浆压力达到注浆终压，注浆量达到设定值的85%以上时，可结束该孔注浆，或注浆压力未能达到设计终压，注浆量已达到设计注浆量，并无漏浆现象，亦可结束该孔注浆。

（5）处理注浆过程中所发生的异常问题。

①注浆压力突然升高，应停止注入磷酸水玻璃溶液，改注入清水，待泵压恢复正常时，再进行双液注浆。

②当进浆量很大，压力长时间不升高，发生跑浆时，应用棉丝封堵，并调整浆液浓度及配合比，缩短凝胶时间，进行小泵量、低压力注浆，以使浆液在沙层较快凝胶；也可间歇性注浆，但停注时间不能超过浆液的凝胶时间，当须停较长时间，则需使用清水冲洗管路，防止堵塞管路。

（四）环氧灌浆施工

环氧树脂裂缝修补施工。混凝土裂缝无处不在，建筑物的破坏也往往从裂缝开始，裂缝的产生不但影响结构安全度，有时往往严重影响使用功能。鉴于工程中裂缝宽度多为0.2～1.0mm，主要采用化学灌浆，根据现场裂缝宽度的大小采用不同型号树脂配方及掺入物，使用灌浆泵将浆液压入缝隙并使之饱满。

1.施工准备及处理

施工前，清洗漏水裂缝处的水污痕或结晶污垢，找准裂缝位置及裂缝宽度，为下一道工序做准备。

2.施工机具及要求

（1）缝隙处理：对于混凝土构件上较细（小于0.3mm）的缝隙，可采用毛刷或钢丝刷等工具清扫混凝土表面尘土，并清除裂缝周围易脱落的浮皮、空鼓的抹灰等，然后用棉丝蘸乙醇沿裂缝方向两侧20～30mm处擦洗干净并保持干燥。对于有蜂窝麻面、露筋部位，用聚合物砂浆修补平整（也可用环氧砂浆修复抹平）。

（2）凿槽：对于混凝土构件上较宽（大于0.3～0.5mm）的裂缝，采用沿裂缝用钢钎或电镐凿成“V”形槽，槽宽与槽深可根据裂缝深度和有利于封缝来确定，凿完槽后用钢丝刷及空气压缩机将混凝土碎屑粉尘清理干净。

（3）钻孔：对于混凝土构件上大于0.5mm的深裂缝，可从裂缝两侧钻斜孔。钻孔角度宜为45°～60°，孔深度直至切割裂缝。孔与孔的距离宜为200～300mm。用于贯穿裂缝的修补方式与小裂缝相同，但需要用密封膏对裂缝进行密封。

3.施工操作工序

（1）采用表面处理的裂缝，可用灌浆盒或灌浆嘴，凿“V”形槽的裂缝宜用灌浆嘴，孔内使用灌浆泵。

（2）在裂缝交叉处、较宽处、端部以及裂缝贯穿处，当裂缝小于1mm时埋设的灌浆泵间距为250～350mm，当缝隙大于1mm时，为300～500mm。

（3）埋设时，先在灌浆嘴（盒、泵）的底盘上抹一层厚约1mm的环氧胶泥将灌浆的进浆口骑缝粘贴在预定位置上。

（4）封缝采用环氧树脂胶泥，先在裂缝两侧（宽20～30mm）涂一层环氧树脂基液，后抹一层厚1mm左右，宽20～30mm的环氧树脂胶泥抹胶泥。抹胶泥时应防止产生小孔和气泡，要抹平整，保证封闭可靠。

（5）裂缝封闭后应进行压气试漏，检查密闭效果。试漏需待封缝胶泥有一定强度时进行。试漏前沿裂缝涂一层肥皂水，从灌浆口通入压缩空气，凡漏气处，应予以修补密封至不漏为止。

4.施工注意事项

（1）浆液配制按照材料的使用说明配制浆材。浆材一次配制数量需以浆液的凝固时间及进浆速度来确定。

（2）灌浆根据裂缝区域大小，可采用单孔灌浆或分区多孔灌浆，在一条裂缝上灌浆可由一端到另一端。

（3）灌浆时压力应逐渐升高，防止骤然加压，达到规定压力后，保持压力稳定，以满足灌浆要求，待下一个排气孔出浆时立即停止对灌浆泵的压力。

（4）待缝隙内浆液达到初凝而不外流时，可拆下灌浆嘴，再用环氧树脂胶泥的灌浆液把灌浆嘴处抹平封口。

（5）灌浆结束后，应检查补强效果和质量，发现缺陷应及时采取处理措施确保工程质量。

（五）聚氨酯灌浆施工

聚氨酯灌浆宜用作地下工程防水堵漏维修施工。

1.施工准备及处理

（1）地下建筑结构渗漏的检查方法。

①漏水量较大或比较明显的渗漏水部位，可以直接观察确定。

②渗漏量较小或结构表面长期潮湿的，可将潮湿表面擦干，均匀撒一层水泥干粉，出现湿痕处，即为渗漏水缝隙或孔眼。

③出现成片潮湿现象时，可用速凝型堵漏灵或速凝水泥干粉在渗漏水部位反复涂抹，如反复涂抹时同一位置出现湿线或湿点处，即为渗漏水部位。

（2）混凝土、砌体地下结构重点勘察部位及弊病。

①重点检查部位有侧墙、底板、顶板、门窗洞口、厕卫间以及管道穿墙管部位、预埋件周边、变形缝、施工缝、裂缝等部位。

②造成地下结构渗漏常见的弊病：主要检查是否存在裂缝、孔洞、蜂窝、麻面，有没有潮湿、湿渍、渗水、滴漏、快速流水现象。

（3）环境调查。在勘察时，还应对现场环境进行调查，主要有以下内容。

①渗漏水源及变化规律。着重调查工程周围的水源、土质及水质情况；了解地下水位、地表水、生产用水、生活用水排放情况，和地下水管分布、埋深及完好状态。

②工程结构稳定状况。注意了解结构出现的弊病及其影响，诸如裂缝与渗透的关系等；地基是否发生不均匀沉降等情况。渗漏水治理一定要在结构稳定、裂缝不再延续扩展的情况下进行，才能达到堵漏的预期效果。

（4）收集了解并掌握相关资料。诸如工程原防水、排水系统的设计、施工、验收资料。查看隐蔽工程验收记录，了解施工质量以及细部结构的做法对渗漏的影响。

（5）工程使用条件、气候变化和自然灾害对工程的影响。

（6）现场作业条件如何、治理时应充分利用。

2.施工机具及要求

（1）治理渗漏水时应遵循“堵排结合、因地制宜、刚柔相济、综合治理”的原则。

（2）防水堵漏维修是为了恢复建筑设计防水的使用年限，和建筑使用功能，保证建筑使用寿命，而不是单纯地只为堵住结构漏水。

（3）最好的堵漏维修是通过堵漏修复设计防水层使用功能，从而达到根治漏水。如做不到修复设计防水层，或设计防水层老化失去了防水功能的应做到以下几点：先把大漏变小漏、缝漏变点漏、片漏变孔漏，逐步缩小渗漏范围，最后堵住漏水孔。堵漏施工顺序应先大漏、后小漏；先顶板，后侧墙，再底板。应尽量保留或少破坏原设计防水层。

（六）建筑密封防水施工

1.密封施工准备

（1）首先检查所采购的密封材料是否符合设计的规定，熟悉供货方提供的贮存、使用条件和使用方法，注意安全事项的具体规定，以及环境温度对施工质量的影响。

（2）检查接缝形状和尺寸是否符合设计要求，对接缝存在的缺陷和裂缝进行处理后，方可进行下道工序施工。

2.接缝表面处理

在嵌填密封材料前，必须清理接缝，然后依据设计要求或密封材料产品说明书规定，在接缝表面涂刷基层处理剂，接缝应保持干燥。

基层处理剂配比必须准确，搅拌均匀。采用多组分基层处理剂，应根据有效时间确定使用量。

基层处理剂的涂刷宜在铺放背衬材料后进行。涂刷应均匀，不得漏涂。待基层处理剂表面干后，立刻嵌填密封材料。

嵌填防粘衬垫材料应按设计接缝深度和施工规范，在接缝内填充规定的防粘衬垫材料，保证密封材料形状系数为设计规定值。

3.接缝密封施工

（1）热灌法施工。采用热灌法工艺施工时，密封材料需要在现场塑化或加热，使其具有流塑性。

（2）冷嵌法施工。冷嵌法施工是采用手工或电动嵌缝枪，分次将密封材料嵌填在缝内，使其密实防水。

改性沥青密封材料，严禁在雨天或雪天施工，五级风以上时不得施工，施工的环境温度宜为0～35℃。

第二节　建筑工程防水材料造价管理原理

一、工程造价管理及其主要内容

工程造价管理是以建设工程项目为对象，为在计划的工程造价目标值以内实现项目而对工程建设活动中的造价所进行的策划和控制。

工程造价管理主要由两个并行、各有侧重又互相联系、相互重叠的工作过程构成，即工程造价的策划过程与工程造价的控制过程。在项目建设的前期，以工程造价的策划为主；在项目的实施阶段，工程造价的控制将占主导地位。

工程项目的建设，需要经过多个不同的阶段，需要按照项目建设程序从项目构思产生，到设计蓝图形成，再到工程项目实现，一步一步地实施。而在工程建设的每一重要步骤的管理决策中，均与对应的工程造价费用紧密相关，各个建设阶段或过程均存在相应的工程造价管理问题。也就是说，工程造价的策划与控制贯穿工程建设的各个阶段。

（一）项目建设程序

建设程序是指建设项目从设想、选择、评估、决策、设计、施工到竣工验收、投入使用或生产等的整个建设过程中，各项工作必须遵循先后次序的法则。这个法则是人们在认识客观规律的基础上制定出来的，也是建设项目科学决策和顺利进行的重要保证。按照建设项目产生发展的内在联系和发展过程，建设程序分为若干阶段，这些发展阶段是有严格的先后次序，不能任意颠倒而违反它的发展规律。

通常，项目建设程序的主要阶段有：项目建议书阶段、可行性研究报告阶段、设计工作阶段、建设准备阶段、建设实施阶段和竣工验收阶段等。这几个大的阶段中都包含着许多环节，这些阶段和环节各有其不同的工作内容。

1.项目建议书阶段

项目建议书不仅是要求建设某一具体项目的建议文件，也是项目建设程序中最初阶段的工作，更是投资决策前对拟建项目的轮廓设想。项目建议书的主要作用是推荐一个拟进行建设的项目的初步说明，论述它的建设必要性、条件的可行性和获利的可能性，供项目投资人或建设管理部门选择并确定是否进行下一步工作。

20世纪70年代，我国规定的基本建设程序第一步是设计任务书（计划任务书）。为了进一步加强项目前期工作，对项目的可行性进行充分论证，从20世纪80年代初期起规定了程序中增加项目建议书这一步骤。项目建议书经批准后，可以进行详细的可行性研究工作，但并不表明项目非上不可，项目建议书不是项目的最终决策。项目建议书的内容视项目的不同情况而有简有繁。

2.可行性研究报告阶段

（1）可行性研究。项目建议书一经批准，即可着手进行可行性研究，对项目在市场上是否有需求、在技术上是否可行、经济上是否合理进行科学分析和论证。我国从20世纪80年代初将可行性研究正式纳入基本建设程序和前期工作计划，规定大中型项目、利用外资项目、引进技术和设备进口项目都要进行可行性研究，其他项目有条件的也要进行可行性研究。

（2）可行性研究报告的编制。可行性研究报告是确定建设项目、编制设计文件的重要依据。所有基本建设都要在可行性研究通过的基础上，选择经济效益最好的方案编制可行性研究报告。由于可行性研究报告是项目最终决策和进行初步设计的重要文件，因此，要求它有相当的深度和准确性。财务评价和国民经济评价，也是可行性研究报告中的重要部分。

（3）可行性研究报告审批或备案。按照国家有关规定，属政府投资或合资的大中型和限额以上项目的可行性研究报告，要送国家主管部门审批。可行性研究报告批准后，不得随意修改和变更。如果在建设规模、产品方案、建设地区、主要协作关系等方面有变动以及突破投资控制数时，应经原批准机关同意。经批准的可行性研究报告，是确定建设项目、编制设计文件的依据。对于企业不使用政府投资建设的项目，区别不同情况实行核准制和备案制。其中，政府仅对重大项目和限制类项目从维护社会公共利益角度进行核准，其他项目无论规模大小，均改为备案制，项目的市场前景、经济效益、资金来源和产品技术方案等均由企业自主决策和自担风险。

3.设计工作阶段

设计不仅是对拟建工程的实施在技术上和经济上所进行的全面而详尽的安排，也是建设计划的具体化，还是把先进技术和科技成果引入建设的渠道，更是整个工程建设的决定性环节和组织施工的依据，它直接关系工程质量和将来的使用效果。可行性研究报告经批准后的建设项目可通过设计竞赛或其他方式选择设计单位，按照已批准的内容和要求进行设计，编制设计文件。如果初步设计提出的总概算，超过可行性研究报告确定的总投资估算的一定幅度（如10%以上）或其他主要指标需要变更时，要重新报批可行性研究报告。

4.建设准备阶段

项目在开工建设之前要切实做好各项准备工作，主要内容有：征地、拆迁和场地平整；完成施工用水、用电，临时道路等设施；组织设备，材料订货；准备必要的施工图纸；组织工程招标，择优选定工程承包单位。

5.工程施工阶段

（1）建设项目经批准开工建设，项目即进入了施工阶段。项目开工时间，是指建设项目设计文件中规定的任何一项永久性工程第一次破土或正式打桩。建设工期从开工时算起。

（2）年度基本建设投资额，即基本建设年度计划使用的投资额，它是以货币形式表现的基本建设工作量，也是反映一定时期内基本建设规模的综合性指标。

（3）生产或运营准备是建设项目投产前所要进行的一项重要工作。它不仅是项目建设程序中的重要环节，也是衔接基本建设和生产或运营的桥梁，更是建设阶段转入生产或运营的必要条件。建设单位应当根据建设项目或主要单项工程生产技术的特点，适时组成专门班子或机构，做好各项生产或运营准备工作，如招收和培训人员、生产组织准备、生产技术准备、生产物资准备等。

6.竣工验收阶段

竣工验收是工程建设过程的最后一环，是全面考核建设成果、检验设计和工程质量的重要步骤，也是项目建设转入使用或生产的标志。通过竣工验收，一是检验设计和工程质量，保证项目按设计要求的技术经济指标正常使用或生产；二是有关部门和单位可以总结经验教训；三是建设单位对验收合格的项目可以及时移交固定资产，使其由建设系统转入生产系统或投入使用。凡符合竣工条件而不及时办理竣工验收的，一切费用不准再由投资中支出。

工程建设属于社会化大生产，其规模大，内容多、工作量浩繁、牵涉面广、内外协作关系错综复杂，而各项工作又必须集中在特定的建设地点和范围进行，在活动范围上受到严格限制，因而要求各有关单位密切配合，在时间和空间的延续和伸展上合理安排。尽管各种建设项目及其建设过程错综复杂，而各建设工程所必需的一般历程，基本上还是相同的，有其客观规律。不论什么项目，一般总是必须先调查、规划、评价，而后确定项目、确定投资；先勘察、选址，而后进行设计；先设计，而后进行施工；先安装试车，而后竣工投产；先竣工验收，而后交付使用。这是工程建设内在的客观规律，是不以人的意志为转移的。如果头脑发热，超越现实，违背建设规律，就必然会受到客观规律的惩罚。

制定建设程序，就是要反映工程建设内在的规律性，防止主观盲目性。纵观过去，在工程建设领域虽反复强调要按建设程序办事，但实际执行过程中，违反建设程序，凭主观意志上项目、盲目追求高速度等现象时有发生。有的建设项目在地质条件尚未勘察清楚前就仓促上马，有的项目在设计文件尚未完成之际就急于施工，等等。造成有的新建项目技术落后，资源不落实，投资大幅超支，经济效益差；有的项目建设过程中，由于前期考虑不周，导致方案一改再改，大量返工。凡此种种违反建设程序的现象，均造成了极大的损失。

（二）工程造价的策划

工程造价管理工作融合体现在项目建设程序中的各个阶段，在项目建设的前期阶段，工程造价的策划是工程造价管理的工作重心，并起着主导作用。其中，工程造价费用的计算和确定是非常重要的管理工作内容。

1.工程造价计价的特点

工程造价费用计算的主要特点是单个性计价、多次性计价和工程结构分解计价。

（1）单个性计价。每一项建设工程都有指定的专门用途，所以也就有不同的结构、造型和装饰，不同的体积和面积，建设时要采用不同的工艺设备和建筑材料。即使是用途相同的建设工程，其技术水平、建筑等级和建筑标准也有差别。建设工程还必须在结构、造型等方面适应工程所在地气候、地质、地震、水文等自然条件，适应当地的风俗习惯。这就使建设工程的实物形态千差万别；再加上不同地区构成工程造价费用的各种价格要素的差异，导致建设工程造价的千差万别。因此，对于建设工程，就不能像对工业产品那样按品种、规格、质量标准等成批地定价，只能通过特殊的程序（编制估算、概算、预算、合同价、结算价及最后确定竣工决算价等），就每一个建设工程项目单独计算工程造价，即单个计价。

（2）多次性计价。建设工程的生产过程是一个周期长、数量大的生产消费过程，不但包括可行性研究和工程设计在内的过程一般较长，而且要分阶段进行，逐步深化。为了适应工程建设过程中各方经济关系的建立、适应工程项目管理的要求、适应工程造价管理的要求，需要按照决策、设计、采购、施工等建设各阶段多次进行工程造价的计算。

从投资估算、设计概算、施工图预算到招标投标合同价，再到工程的结算价和最后在结算价基础上编制的竣工决算，整个计价过程是一个由粗到细、由浅到深，最后确定工程实际造价的过程。计价过程各环节之间相互衔接，前者制约后者，后者补充前者。

工程造价计价的动态性和阶段性（多次性）特点，是由工程建设项目从决策到竣工交付使用，都有一个较长的建设期所决定的。在整个建设期内，构成工程造价的任何因素发生变化都必然会影响工程造价的变动，不能一次确定可靠的价格，要到竣工决算后才能最终确定工程造价，因此需要在建设程序的各个阶段进行计价，以保证工程造价的确定和控制的科学性。工程造价的多次性计价反映了不同的计价主体对工程造价的逐步深化、逐步细化、逐步接近和最终确定工程造价的过程。

①投资估算，是在建设项目的投资决策阶段（如项目构思策划、项目建议书、可行性研究等阶段），并依据一定的数据资料和特定的方法，对拟建项目的投资数额进行的估计。

②设计概算，是在初步设计阶段，由设计单位根据初步设计或扩大初步设计图纸及说明、概算定额或概算指标、取费标准、设备材料概算价格等资料，编制和确定建设项目从筹建至竣工交付使用或生产所需全部费用的经济文件。

③施工图预算，是在施工图设计阶段，在设计概算的控制下，由设计单位在施工图设计完成后，根据施工图设计图纸、预算定额以及人工、材料、施工机械台班等资源价格，进而编制和确定的建设工程的造价文件。

④工程标底，是在工程招标发包过程中，由招标单位根据招标文件中的工程量清单和有关要求、施工现场实际情况、合理的施工方法以及有关规定等计算编制的招标工程的预期价格。招标工程如设置标底，标底可作为衡量投标报价是否合理的参考标尺。

⑤招标控制价，是在工程招标发包过程中，由招标单位根据有关计价规定计算的工程造价，其作用是招标单位用于对招标工程发包的最高控制限价，或称预算控制价。

⑥投标价，是在工程招标发包过程中，由投标单位按照招标文件的要求，根据工程特点，并结合自身的施工技术、装备和管理水平，依据有关计价规定自主确定的工程造价，是投标单位希望达成工程承包交易的期望价格。

⑦合同价，是在工程发、承包交易过程中，由发、承包双方以合同形式确定的工程承包价格。采用招标发包的工程，其合同价应为中标单位的投标价（中标价）。

⑧竣工结算价，是在承包单位完成工程合同约定的全部工程内容，发包单位依法组织竣工验收合格后，由发、承包双方按照合同约定的工程造价条款，即合同价、合同价款调整以及索赔资料进行结算。

⑨竣工决算，是整个建设项目全部竣工验收合格后，建设单位编制的确定建设项目实

际总投资的经济文件。竣工决算不仅可以反映该建设项目交付使用的固定资产及流动资产的详细情况，可以作为财产交接、考核建设项目使用成本及新增资产价值的依据，也是对该建设项目进行清产核资和后评估的依据。

（3）工程结构分解计价。按有关规定，建设工程有大、中、小型之分。凡是按照一个总体设计进行建设的各个单项工程总体即是一个建设项目，它一般是一个企业（或联合企业）、事业单位或独立的工程项目。在建设项目中，凡是具有独立的设计文件、竣工后不但可以独立发挥生产能力或工程效益的工程被称为单项工程，也可将它理解为具有独立存在意义的完整的工程项目。各单项工程又可分解为各个能独立施工的单位工程。考虑组成单位工程的各部分是由不同工人用不同工具和材料完成的，可以把单位工程进一步分解为分部工程；然后还可按照不同的施工方法，构造及规格，把分部工程更深化地分解为分项工程。分项工程是能用较为简单的施工过程生产出来的，可以用适量的计量单位计算并便于测定或计算的工程基本构造单元，也是假定的建筑安装施工产品。

与以上工程构成的方式相适应，建设工程具有分部组合计价的特点。计价时，首先要对工程项目进行分解，按构成进行分部计算，并逐层汇总。例如，为确定建设项目的总概算，要先计算各单位工程的概算，再计算各单项工程的综合概算，最终汇总成项目总概算。

2.工程造价策划的主要内容

工程造价的策划包括两个方面：一是主要指计算和确定工程造价费用，或称工程造价的计价或估价；二是指基于确定的工程造价目标，进行工程造价管理的实施策划，制订工程项目建设期间控制工程造价的实施方案。

（1）工程造价的计价。工程造价策划中的计价活动，主要是对工程建造过程中预期的工程造价费用进行的计算和确定，目的是确定目标计划值，不包含对工程实际造价的计算，所以也称为工程造价的估价，或工程估价。

依据项目建设程序，工程造价的确定与工程建设阶段性工作深度相适应，一般分别按以下几个阶段进行工程估价，编制相应的工程造价文件。

①在项目建议书阶段，按照有关规定，应编制初步投资估算，经主管部门批准，作为拟建项目列入投资计划和开展前期工作的控制性造价目标的计划值。

②在可行性研究阶段，按照有关规定编制投资估算，经主管部门批准，即为该项目造价目标的控制性计划值。

③在初步设计阶段，按照有关规定编制设计概算（总概算），经主管部门批准，即为控制拟建项目工程造价的最高限额。对在初步设计阶段，通过建设项目招标投标签订承包合同协议的，其合同价也应在最高限价（总概算）相应的范围以内。

④在施工图设计阶段，按规定编制施工图预算，用以核实施工图阶段造价是否超过批

准的设计概算。经发承包双方共同确认，主管部门认定通过的施工图预算，即为结算工程价款的主要依据。

⑤在施工准备阶段，按有关规定编制招标工程的标底或招标控制价，并通过合同谈判，确定工程承包合同价格。对以施工图预算为基础招标投标的工程，承包合同价也是以经济合同为依据。

⑥在工程施工阶段，根据施工图预算、合同价格，编制资金使用计划，作为工程价款支付、确定工程结算价的目标计划值。

（2）工程造价管理的实施策划。工程造价管理的实施策划，是根据拟建工程的特点、工程造价目标计划值，相应条件和环境等，确定工程造价管理的实施方案或称工程造价的控制方案，包括拟采用的控制工程造价的相关措施、管理方法、工作流程，以及各阶段造价控制的工作重点与核心工作等。工程造价控制的实施方案应按工程建造全过程，进行系统性和整体性设计，既关注建设各个阶段的控制内容和方法，又强调工程造价控制的全过程关联作用；控制工程造价的措施是综合性的，应从组织上、技术上、经济上、管理上制定相应措施，从而可以为工程建造过程中的造价控制工作提供指引、路径和方法。

通过工程造价的策划，获得的工程造价的估价文件、工程造价控制的实施方案等，形成系统性的工程造价策划文件。

二、防水材料造价管理

（一）材料费的控制

材料费的控制采取与人工费控制相同的原则，实行“量价分离”。

材料消耗量主要是由项目经理部在施工过程中通过“限额领料单”去落实，具体有以下几个方面。

1.定额控制

对于有消耗定额的材料，项目以消耗定额为依据，实行限额发料制度。项目各工长只能在规定限额内分期分批领用，需要超过限额领用的材料，必须先查明原因，经过一定审批手续方可领料。

2.指标控制

对于没有消耗定额的材料，则实行计划管理和按指标控制的办法。根据上期实际耗用，同时结合当月具体情况和节约要求，制定领用材料指标，据以控制发料量。超过指标的材料，必须经过一定的审批手续方可领用。

3.计量控制

为准确核算项目实际材料成本，保证材料消耗准确，在各种材料进场时，项目材料员必须准确计量，查明是否发生损耗或短缺，如有发生，要查明原因，明确责任。在发料的过程中，要严格计量，防止多发或少发。

4.以钱代物，包干控制

在材料使用过程中，项目对部分小型及零星材料（如铁丝、棉纱等）采用以钱代物、包干控制的办法。其具体做法是：项目根据工程量先计算出所需材料，然后将这些材料折算成现金（如100米裂缝，铁丝用量折算成20元，棉纱用量折算成10元），每月结算时发给承包班组，一次包死，班组需要用料时，再从项目材料员处购买，超支部分由班组自负，节约部分归班组所得。

（二）材料价格的控制

材料价格主要由材料采购部门在采购中加以控制。由于材料价格是由买价、运杂费、运输中的合理损失等所组成，因此控制材料价格时，须从以下几个方面进行。

1.买价控制

买价的变动主要是由市场因素引起的，但在内部控制方面，应事先对供应商进行考察，建立合格供应商名册。采购材料时，必须在合格供应商名册中选定供应商，实行货比三家，在保质保量的前提下，争取最低买价。同时实行项目监督，项目对材料部门采购的物资有权过问与询价，对买价过高的物资，可以根据双方签订的横向合同处理。此外，材料部门对各个项目所需的物资可以分类批量采购，以降低买价。

2.运费控制

合理组织材料运输，就近购买材料，选用最经济的运输方法，借以降低成本。为此，材料采购部门要求供应商按规定的包装条件和指定的地点交货，供应单位如降低包装质量，则按质论价付款；因变更指定交货地点所增加的费用由供应商自付。

3.损耗控制

要求项目现场材料验收人员及时严格办理验收手续，准确计量，以防止将损耗或短缺计入材料成本。

（三）综合管理费的控制

综合管理费在项目成本中占有一定比例，由于没有定额，所以在控制与核算上都较难把握，项目在使用和开支时弹性较大。一般根据各工程项目投标报价的情况对综合管理费进行分解，企业层和项目部按比例分配，正常情况下，企业占大部分，项目占小部分。工程造价高时，项目部综合管理费的比例相对较小；工程造价低时，项目部综合管理费的比例相对较大。如工程较小，企业也可给项目部一笔固定的综合管理费资金。项目经理在企业赋予的综合管理费权限内开支。企业委托计划经营部门对制定的项目管理费开支标准执行情况逐月进行检查，发现问题及时反映，并找出原因，制定纠正措施。

工程项目竣工后，进行工程项目成本的核算分析，一是预算收入的核算，二是项目实际成本核算，以此为基础进行项目成本分析。一方面，分析项目成本的形成过程和影响成本升降的因素，以寻求进一步降低成本的途径；另一方面，通过成本分析，可从账簿、报表反映的成本现象看清成本的实质，从而增强项目成本的透明度和可控性，为加强成本控制，实现项目成本目标创造条件。

防水工程投标报价时的成本预测，施工过程中的成本控制与调节，工程竣工后的成本核算分析，形成了一套良性循环的工程项目成本管理办法，对提高企业的经营管理水平，发挥各生产要素的作用，同时挖掘企业潜力，从而创造良好的社会效益和经济效益具有深远意义，对今后类似工程的投标报价的决策具有指导性的作用。

第三节　建筑工程防水施工定额与计划管理

一、防水施工定额

（一）建筑防水工程定额价格

（1）水泥砂浆找平层按图示尺寸以平方米计算。

（2）楼地面及地下室平面防水防潮按图示尺寸的水平投影面积以平方米计算，扣除0.3m²以上孔洞及凸出地面的构筑物、设备基础等所占面积，不扣除柱、垛、间壁墙所占面积；地面与墙面连接部分，墙面有防水时，卷起部分不再计算，墙面无防水时卷起部分按图示面积并入平面工程量内，图纸未标注时，卷起高度按250mm计算；地下室底板下凸出部分，按展开面积并入平面工程量内。

（3）墙体防水按其图示长度乘以高度以平方米计算，柱及墙垛的侧面面积并入墙体工程量内，扣除0.3m²以上孔洞所占的面积。

（4）屋面防水按图示尺寸以平方米计算，扣除0.3m²以上孔洞所占面积；女儿墙、伸缩缝、天窗等处的卷起部分，按图示面积并入屋面工程量内，图纸未标注时，卷起高度按250mm计算。

（5）防水布按设计图示尺寸以平方米计算。

（6）豆石混凝土保护层按图示水平投影面积以平方米计算；水泥聚苯板、水泥砂浆、聚苯乙烯泡沫塑料均按图示尺寸以平方米计算。

（7）止水带分材质按图示长度以米计算。

（8）挑檐、雨罩按图示尺寸以平方米计算。

（9）蓄水池、游泳池等构筑物按图示尺寸以平方米计算。

（二）防水维修定额

1.防水维修定额的概念

防水维修定额是指在建筑物的防水工程中，根据施工工艺和材料的不同，对防水维修工程的工程量、工程造价以及施工工期等进行统一计算和编制的文件。防水维修定额的编制不仅具有科学性、准确性和规范性，还能够为防水维修工程的施工提供明确的指导和依据。

2.防水维修定额的编制方法

（1）数据调查与分析：对于需要进行防水维修的建筑物，需要进行详细的数据调查与分析，包括建筑物的结构、材料、使用年限等情况的了解，以确定维修工程的范围和具体施工方案。

（2）工程量计算：根据维修工程的具体情况，对各项工程量进行计算，包括防水材料的使用量、施工的人工工时、机械设备的使用量等，并通过科学的计算方法得出准确的工程量数据。

（3）造价计算：根据维修工程的工程量数据，结合市场行情和防水材料的价格，进行造价计算，包括材料费、人工费、设备费、管理费等，进而得出维修工程的总造价。

（4）工期计划：根据维修工程的具体情况，结合施工工艺和施工条件，编制合理的工期计划，以确保施工进度的合理安排。

（三）建筑防水堵漏修缮定额

建筑防水堵漏修缮定额是指在进行建筑防水堵漏修缮工程中，根据不同的施工工艺、材料和设备，确定各项费用支出的标准。该定额是由中国建筑科学研究院主编，经过多轮修订，旨在为建筑防水堵漏行业提供一个统一的费用支出标准，以促进市场的规范化和良性竞争。

1.适用范围

本定额适用于各类新建、改建和修缮工程中的防水堵漏工程，包括建筑物屋面、外墙、地下室、卫生间等部位的防水堵漏施工。同时，也适用于隧道、桥梁、水库、水池等市政基础设施的防水堵漏工程。

2.编制依据

本定额的编制依据主要包括以下几方面：

（1）国家有关防水堵漏行业的法规和标准；

（2）建筑工程预算定额和费用定额；

（3）防水堵漏材料的性能指标和价格信息；

（4）防水堵漏施工工艺和设备的使用要求；

（5）施工企业的实际成本和利润水平。

3.定额内容

本定额主要包括以下内容：

（1）直接工程费用，包括人工费、材料费和机械使用费等；

（2）其他直接费用，包括施工过程中的临时设施费用、安全文明施工费用等；

（3）间接费用，包括企业管理费、利润和税金等；

（4）修缮定额的补充定额，包括针对不同施工工艺、材料和设备的费用支出标准。

4.使用方法

使用本定额时，应根据具体的工程项目、施工条件和要求，并按照以下步骤进行：

（1）根据工程项目的具体情况，确定所需的防水堵漏材料、设备及施工工艺；

（2）综合考虑施工企业的实际成本和利润水平，确定最终的工程造价；

（3）在施工过程中，根据实际完成的工作量和工作内容，对工程造价进行实时跟踪和控制。

5.注意事项

在使用本定额时，应注意以下事项：

（1）本定额中的费用支出标准是按照当前的市场价格和工艺水平制定的，同时，随着市场变化和技术进步，应及时进行调整和修订；

（2）本定额适用于常规的防水堵漏工程，对于一些特殊的工程要求和施工条件，应根据实际情况进行调整和补充；

（3）使用本定额时，应遵循国家有关法规和标准的规定，确保工程质量和使用安全；

（4）在编制工程预算和决算时，应根据具体的工程项目和实际情况，按照本定额中的相关规定进行计算和控制。

二、计划管理

（一）材料计划的编制原则

（1）综合平衡的原则。编制材料计划要坚持综合平衡的原则。综合平衡是计划管理工作的重要内容，包括供求平衡、产需平衡、各施工单位间的平衡、各供应渠道间平衡等。坚持积极平衡，按计划做好控制协调工作，以促使材料合理使用。

（2）实事求是的原则。编制材料计划应坚持实事求是的原则，材料计划的科学性即在于实事求是，深入调查研究，掌握正确数据，使材料计划更加可靠合理。

（3）留有余地的原则。编制材料计划应瞻前顾后，留有余地，不得只求保证供应，扩大储备，形成材料积压。材料计划不能留有缺口，避免供应脱节，影响生产。只有达到了供需平衡，略有余地，才能够保证供应。

（4）严肃性与灵活性统一的原则。材料计划对供、需两方面均有严格的约束作用，同时建筑施工受多方面主客观因素的制约，出现变化情况也在所难免，因此在执行材料计划中，既要讲严肃性，又要重视灵活性，只有做到严肃性和灵活性统一，才能确保材料计划的实现。

（二）材料计划的编制程序

1.计算需用量

（1）计划期内工程材料需用量计算。

①直接计算法。是以单位工程为对象进行编制。在施工图纸到达并经过会审后，按施工图计算分部、分项实物工程量，结合施工方与措施，套用相应的材料消耗定额编制材料分析表。按分部汇总、编制单位工程材料需用计划；再按施工形象进度，编制季、月需用计划。

材料消耗定额是根据使用对象选定。如编制施工图预算向建设单位、上级主管部门及物资部门申请计划分配材料指标、以作为结算依据或据此编制订货、采购计划，应采用预算定额计算材料需用量。如果企业内部编制施工作业计划，向单位工程承包负责人及班组实行定包供应材料，作为承包核算基础，则应采用施工定额计算材料需用量。

②间接计算法。当工程任务落实，但设计尚未完成，技术资料不全；有的工程初步设计还没有确定，只有投资金额与建筑面积指标，不具备直接计算的条件。为了事前做好备料工作，可采取间接计算的方法。按初步摸底的任务情况，概算定额或经验定额分别计算材料用量，编制材料需用计划，以作为备料的依据。

凡采用间接计算法编制备料计划的，在施工图到达之后，要立即用直接计算法核算材料实际的需用量，并进行调整。

间接计算法的具体做法：已知工程类型、结构特征及建筑面积的项目，选用相同类型按建筑面积平方米消耗定额进行计算。

（2）周转材料需用量计算。周转材料具有的特点是周转，首先根据计划期内的材料分析确定周转材料总需用量，结合工程特点，来确定计划期内周转次数，其次算出周转材料的实际需用量。

（3）施工设备和机械制造的材料需用量计算。建筑企业自制施工设备通常没有健全的定额消耗管理制度，产品也是非定型的较多，可按各项具体产品，采用直接计算法来计算材料需用量。

（4）辅助材料及生产维修用料的需用量计算。该部分材料用量比较小，有关统计与材料定额资料也不齐全，其需用量可采用间接计算法来计算。

2.确定实际需用量编制材料需用计划

根据各工程项目计算的需用量，核算实际需用量。核算的依据有以下几个方面。

（1）一些通用型材料，在工程初期阶段，考虑到可能出现的施工进度超额因素，通常都稍加大储备，其实际需用量就稍大于计划需用量。

（2）一些特殊材料，为保证工程质量，常要求一批进料，因此计划需用量虽只是一部分，但在申请采购中常为一次购进，这样实际需用量就要大大增加。

（3）在工程竣工阶段，由于考虑到工完料清场地净，防止工程竣工材料积压，通常是利用库存控制进料，这样实际需用量要稍小于计划需用量。

3.编制供应计划

供应计划是材料计划的实施计划。材料供应部门按照用料单位提报的申请计划及各种资源渠道的供货情况与储备情况，进行总需用量与总供应量的平衡，并在此基础上编制对各用料单位（或项目）的供应计划，明确供应措施（如利用库存、加工订货、市场采购等）。

4.编制供应措施计划

在供应计划中应明确的供应措施要有相应的实施计划。如市场采购，要相应编制采购计划；加工订货需有加工订货合同及进货安排计划，以确保供应工作的完成。

（三）材料计划编制准备

1.要有正确的指导思想

建筑企业的施工生产活动与国家各个时期国民经济的发展情况密切相关，为了更完善地组织施工，不仅要学习党和国家有关方针政策，还要掌握上级有关材料管理的经济政策，从而使企业材料管理工作向着正确的方向发展。

2.收集资料

编制材料计划需建立在可靠的基础上，首先要收集各项有关资料数据，包括上期材料消耗水平，上期施工作业计划执行情况；其次摸清库存情况；以及周转材料、工具的库存与使用情况等。

3.了解市场信息

市场资源目前是建筑企业解决需用材料的主要渠道之一，编制材料计划时需要了解市场资源情况，市场供需状况，是组织平衡的重要内容，不可忽视。

（四）材料需用计划与申请计划的编制

（1）材料部门应与生产、技术部门积极进行配合，掌握施工工艺，了解施工技术组织方案，并仔细阅读施工图纸。

（2）按照生产作业计划下达的工作量，结合图纸与施工方案，并计算施工实物工程量。

（3）核查材料消耗定额，计算完成生产任务所需材料品种、规格、数量及质量，完成材料分析。

（4）汇总各操作项目材料分析中材料需用量，并编制材料需用计划。

（5）结合项目库存量计划周转储备量，提出项目用料的申请计划，并报材料供应部门。

（五）材料供应计划的编制

1.准备工作

（1）明确施工任务与生产进度安排，核实项目材料需用量，掌握现场交通地理条件，材料堆放位置（现场布置）。

（2）调查掌握情况，收集信息资料。包括建安工程合同与有关供应分工；施工图预算分部分项材料需用量和经营维修材料需用量的品种、规格、颜色、型号及供应时间；三大构件加工所需原材料的品种、规格与型号；现场交通地理条件，堆放及布置等；施工生产进度、技术要求及施工组织设计；材料质量标准，及市场供需动态与商品信息资料等。

（3）分析上期材料供应计划执行情况。通过供应计划执行情况与消耗统计资料，分析供应和消耗动态，同时检查分析订货合同执行情况、运输情况及到货规律等，以此来确定本期供应间隔天数与供应进度。通过分析库存多余或不足来确定计划期末周转储备量。

2.确定材料供应量

（1）认真核实汇总各项目材料申请量，了解编制计划所需的技术资料是否齐全；材料申请是否合乎实际，有无粗估冒算或计算差错；定额的采用是否合理；材料需用时间、到货时间与生产进度安排是否相符合，规格能否配套等。

（2）预计供应部门现有库存量。因计划编制较早，从编制计划时间到计划期初的这段预计期内，材料仍会不断收入与发出，因此预计计划期初库存十分重要。

（3）计划期初库存量预计是否正确对平衡计算供应量和计划期内的供应效果有影响，预计不准确，如果数量少了将造成数量不足，供需脱节而影响施工；如果数量多了，会造成超储而导致积压资金。正确预计期初库存数，要对现场库存实际资源、订货、采购收入、调剂拨入、在途材料、待验收以及施工进度预计消耗、调剂拨出等数据均要认真核实。

（4）根据生产安排和材料供应周期来计算计划期末周转储备量。合理地确定材料周转储备量（计划期末的材料周转储备），是为下一期期初考虑的材料储备。应根据供求情况的变化与市场信息等，合理计算间隔天数，来求得合理的储备量。

（5）根据材料供应量和可能获得资源的渠道，确定供应措施，如申请、订货、利库、采购、建设单位供料、加工等，并与资金进行平衡，以利于计划的实现。

（六）材料采购计划与加工订货计划的编制

（1）了解供应项目需求特点、质量要求，确定采购及加工订货材料品种、规格、质量与数量，了解材料使用时间，确定加工周期与供应时间。

（2）确定加工图纸或加工样品，并提出具体的加工要求。如有必要，可由加工厂家先期提供加工试验品，在需用方认同时再批量加工。

（3）按照施工进度、经济批量的确定原则，确定采购批量，同时确定采购、加工订货所需资金及到位时间。

（七）材料计划的变更与修订

出现工程任务量变化、设计变更、工艺变动、其他原因，需要对材料计划进行调整与修订。材料计划变更及修订的主要方法有以下几种。

（1）专项调整或修订是指某项任务增减、施工进度改变，使材料需求发生了局部变化，需做局部调整（或修订）。

（2）全面调整或修订是指材料资源与需要在发生了大的变化时的调整。

（3）临时调整或修订是指施工生产过程中，临时发生变化，应及时调整材料供应计划解决。这种调整一般适用于局部性调整。

（八）材料计划的实施

材料计划的编制是材料计划工作的开始，而材料计划的实施是材料计划工作的关键。

1.组织材料计划的实施

材料计划工作是以材料需用计划为基础，再确定供应量、运输量、采购量、储备资金量等，通过材料流转计划，把有关部门与环节联系成一个整体，来实现材料计划目标。

2.协调材料计划实施中出现的问题

当设计变更影响材料需用量和品种、规格及时间时，要调整材料计划；施工任务改变，材料计划要作出相应调整；施工进度提前或推迟，要调整材料计划；供应商及运输情况变化，影响材料按时到货，材料计划要进行调整。

3.建立材料计划分析与检查制度

为了及时发现计划执行中的问题，确保计划的全面完成，建筑企业应从上到下按照计划的分级管理职责，在计划实施反馈信息的基础上进行计划的检查与分析。一般应建立以下几种计划检查与分析制度。

（1）现场检查制度。基层领导人员应经常深入施工现场，随时掌握生产进行过程中的实际情况，了解工程形象进度是否正常，资源供应是否协调，各专业队组是否达到定额及完成任务，做到及早发现问题，及时加以处理解决，并按实际向上一级反映情况。

（2）定期检查制度。建筑企业各级组织机构应有定期的生产会议制度，检查与分析计划的完成情况。一般公司级生产会议每月2次，工程处一级每周1次，施工队则每日应有生产碰头会。通过这些会议检查分析工程进度、资源供应、各专业队组完成定额的情况等，做到统一思想、统一目标，以及时解决各种问题。

（3）统计检查制度。统计是企业经营活动的各个方面在时间和数量方面的计算和反映，是检查企业计划完成情况的有力工具。它为各级计划管理部门了解情况、决策、指导工作、制定和检查计划提供可靠的数据和情况。通过统计报表和文字分析，及时准确地反映计划完成的程度和计划执行中的问题，反映基层施工中的薄弱环节，是揭露矛盾、研究措施、跟踪计划和分析施工动态的依据。

（4）计划的变更和修订。为了使计划更加符合实际，维护计划的严肃性，就需要对计划及时调整和修订。

（九）防水材料计划

1.前期准备工作

在进行防水工程之前，需要充分的前期准备工作。首先，要进行详细的工程测量和设计，确保材料的用量和规格。其次，要对市场上的防水材料进行调研，选择适合工程需求的优质产品。

2.材料需求预估

根据工程设计和测量结果，对所需防水材料进行准确的预估，包括种类、数量、规格等。要在预估的基础上增加一定的备用量，以应对可能的变化和损耗。

3.供应商选择和评估

在选择供应商时，要充分考虑其信誉、经验和产品质量。可以通过向其他工程项目咨询或查阅相关行业资讯，寻找口碑良好的供应商。同时，可以要求供应商提供产品质量认证和验收报告。

4.采购计划制订

根据防水材料的需求预估和供应商的选择，制订防水材料的采购计划。要确保采购计划合理分配，避免过多或过少的采购量。采购计划应包括供应商、品牌、种类、数量、规格等信息。

5.监督与管理

在实施防水材料投入计划时，要进行有效的监督与管理。建立采购跟踪系统，及时更新和掌握防水材料的采购进度和库存情况。同时，加强对供应商的管理，确保供应商按时交货，并保证产品的质量符合要求。

第四节　建筑工程防水材料的采购、运输、库存及现场管理

一、防水材料的采购

（一）材料采购应遵循的原则

（1）遵纪守法。材料采购工作，应执行国家的政策，遵守物资管理工作的法则、法令和制度，自觉维护国家物资管理秩序。

（2）按需订购。材料采购目标，是满足施工生产需求。必须坚持按需订货的原则，避免供需脱节或库存积压的发生。应按需用计划编制供应计划，按供应计划编制加工订货、采购计划，按计划组织采购活动。

（3）择优选择。材料采购的另一个目标，是加强材料成本核算，降低材料成本。在采购时应比质、比价、比供应条件，经综合分析、对比、评价后择优选择供货，实现降低材料采购成本目标。

（4）信守合同、恪守诺言。材料采购工作，是企业经营活动的重要组成部分，体现了企业供应业务和外部环境的经济关系，显示了企业信誉水平。材料采购部门和业务人员

要做到信守合同、恪守诺言，提高企业的信誉。

（二）影响材料采购的因素

1.企业外部因素

（1）资源渠道因素按照物资流通经过的环节，资源渠道一般包括三类。

①生产企业。这一渠道供应稳定，价格较其他部门和环节低，并能根据需要进行加工处理，因此是一条比较有保证的经济渠道。

②物资流通部门。特别是属于某行业或某种材料生产系统的物资部门，资源丰富，品种规格齐备，对资源保证能力较强，是国家物资流通的主渠道。

③社会商业部门。这类材料经销部门数量较多，经营方式灵活，对解决品种短缺起到良好的作用。

（2）供方因素是指材料供方提供资源能力的影响。在品种上、时间上、质量上及信誉上能否保证需方所求，是考核供应能力的基本依据。采购部门应定期分析供方供应水平并做出定量考核指标，以确定采购对象。

（3）市场供求因素在一定时期内供求因素是经常变化的，造成变化的原因涉及税务、工商、利率、投资、价格、政策等诸多方面。掌握市场的行情、预测市场动态不仅是采购人员的任务，也是在采购竞争中取胜的重要因素。

2.企业内部因素

（1）施工生产因素。建筑施工生产程序性、配套性强，物资需求呈阶段性。材料供应批量与零星采购交叉进行。因为设计变更、计划改变及施工工期调整等因素，使材料需求非确定因素较多。各种变化都会影响材料的需求和使用。采购人员应掌握施工规律，预计可能出现的问题，使材料采购适应生产需用量。

（2）储存能力因素。采购批量受料场、仓库堆放能力的限制，采购批量的大小也影响着采购时间间隔。根据施工生产平均每日的需用量，在考虑采购间隔时间、验收时间和材料加工准备时间的基础上，确定采购批量以及采购次数等。

（3）资金的限制采购批量是以施工生产需用量为主要因素进行确定的，但资金的限制也将改变或调整批量，增减采购次数。当资金缺口较大时，可按缓急程度分别采购。

除上述影响因素外，采购人员自身素质、材料质量等对材料采购都有一定的影响。

（三）防水工程对防水材料的功能要求

地下防水工程所采用的防水材料必须具备优质的抗渗能力和延伸率，具有良好的整体不渗水性。以抵抗地下水的不断侵蚀及地下结构可能产生的变形。室内厕浴间防水工程因面积小、穿越管洞多、阴阳角多、卫生设备多等因素及地面、楼面、墙面连接构造较复杂等特点要求所选用的防水材料应能适合基层形状的变化并有利于管道设备的敷设，以不渗水性优异、无接缝的整体涂膜最为理想。屋面防水工程所采用的防水材料其耐候性、耐温度、耐外力的性能尤为重要。因为屋面防水层，尤其是不设保温层的外露防水层长期经受着风吹、日晒、雨淋、雪冻等恶劣的自然环境侵袭和基层结构的变形影响。

（四）建筑防水材料的选用方法

1.区分不同品种防水材料的优缺点

防水材料由于品种和性能不同，因而各有其优缺点，也各具有相应的适用范围和要求，尤其是新型防水材料的推广使用，更应掌握这方面的知识。在选用防水材料时首先应注意材料的性能和特点，其次建筑防水材料可分为柔性和刚性两大类。柔性防水材料虽然拉伸强度高、延伸率大、质量小、施工方便，但操作技术要求较严，耐穿刺性和耐老化性能不如刚性材料。同是柔性材料，卷材为工厂化生产，厚薄均匀，质量比较稳定，施工工艺简单，工效高，但器材搭接较多，接缝处易脱开，对复杂表面及不平整基层施工难度大。而防水涂料的性能和特点与其刚好相反。同是卷材，合成高分子卷材、高聚物改性沥青卷材和沥青卷材也各有不同的优缺点；其次还应考虑建筑物功能与外界环境要求，在了解了各类防水材料的性能和特点后，还应根据建筑物结构类型、防水构造形式以及节点不为外界气候情况（包括温度、湿度、酸雨、紫外线等）、建筑物的结构形式整浇或装配式与跨度、屋面坡度、地基变形程度和防水层暴露情况等决定相适应的材料。

2.注意传统防水材料和新型防水材料的区别

传统的石油沥青纸胎油毡、沥青涂料等防水材料对温度敏感、拉伸强度和延伸率低、耐老化性能差，特别是用于外露防水工程，高低温特性都不好，容易引起老化、干裂、变形、折断和腐烂等现象，这类防水材料目前虽然已规定了“三毡四油”的防水做法，以适当延长其耐久年限，却增加了防水层的厚度，同时增加了工人的劳动强度，特别是对于屋面形状复杂、凸出屋面部分较多的屋顶来说，施工就很困难，质量不但难以保证，也增加了维修保养的难度。目前传统的石油沥青纸胎油毡在中小城市中用作防水层的比例仍很大，连同玻璃布胎油毡、玻璃纤维胎油毡在内约占我国防水材料的83%左右。

新型建筑防水材料是相对传统石油沥青油毡及其辅助材料等传统建筑防水材料而言的，其“新”字一般来说有两层意思：一是材料“新”；二是施工方法“新”。改善传统建筑防水材料的性能指标和提高其防水功能，使传统防水材料成为防水“新”材料，是一条行之有效的途径，例如对沥青进行催化氧化处理，沥青的低温冷脆性能得到根本的改变，使之成为优质氧化沥青，纸胎沥青油毡的性能得到了很大提高，在这基础上用玻璃布胎和玻璃纤维胎来逐步代替纸胎，从而进一步克服了纸胎强度低、伸长率差、吸油率低等缺点，提高了沥青油毡的品质。新型建筑防水材料主要有合成高分子防水卷材、高聚物改性沥青防水卷材以及防水涂料、防水密封材料、堵漏材料、刚性防水材料等。

（五）建筑防水材料的采购

1.制定建筑材料采购和使用责任制度

建立严格的采购评审制度，加强建筑材料采购的内部监督管理，严禁个人暗箱操作。采购人应通过实地考察方式认真核实建筑材料生产制造单位或供货单位，供货单位必须是生产厂家或厂家直接授权的销售代理机构，同时具备质量保证能力与履约能力，并优先选择经国家认证机构认证的产品、国家相关行业协会和机构组织评优活动中获奖产品或推荐使用产品、国际知名品牌产品和中国名牌推进委员会认定的中国名牌产品、国家免检产品、建设部科技成果推广项目依托的产品、由保险公司承保产品责任险的产品等建筑材料。

2.加强进场验收与质量检验

建筑材料进场时，施工单位和监理单位必须依照相关施工质量验收规范规定，认真查阅出厂合格证、质量合格证明等文件的原件。要对进场实物与证明文件逐一对应检查，严格甄别其真伪和有效性，必要时可向原生产厂家追溯其产品的真实性。发现实物与其出厂合格证、质量合格证明文件不一致或存在疑义的，应立即停止采购。

材料供应单位要制作并提供样品。施工单位和监理单位应按照技术要求和相关技术标准对防水材料应进行封样，在施工现场封存。供应商提供的产品运到施工现场后，要严格执行报验程序，对封样与到场产品进行比对，与封样不一致的不得使用。

（六）采购保障措施

1.合同签订

与供应商签订明确的采购合同是一项重要的保障措施。合同应包括双方的权责和义务、产品的规格和质量要求、价格和付款方式、交货时间和地点、索赔和争议解决等条款。合同的签订可以减少风险，并提供法律保障。

2.技术评估与验收

在采购防水材料前，要进行技术评估和验收。根据工程要求，对材料的性能进行验证，尤其是关键性能指标，如抗压强度、抗渗透能力等。只有通过了技术评估和验收的材料才可以进入工程使用。

3.管理与监督

在使用防水材料的过程中，要加强管理与监督。确保施工人员按照设计和规范使用材料，避免造成浪费或失误。通过定期检查和验收，及时发现和处理问题，确保工程质量。

4.质量追溯与责任追究

在使用防水材料的同时，要进行质量追溯与责任追究。建立材料的档案记录，包括供应商、品牌、生产批次等信息。如果发现材料存在质量问题，可以依据材料档案进行溯源，并追究相应的责任。

5.合理库存管理

在进行防水材料投入计划时，要合理管理库存。定期盘点和记录库存情况，及时补充不足或过期的材料。降低库存量的同时，保证及时供应和灵活调配。

二、防水材料运输、库存及现场管理

（一）运输

1.运输前的注意事项

（1）选择合适的运输手段。防水材料种类繁多，运输手段也有所不同。若防水材料体积大且重量较重，可以选择汽车运输；若防水材料体积小且需要快速到达目的地，可以选择空运；若需要长途运输，可以选择铁路运输等。

（2）包装要牢固。在运输前，防水材料必须进行包装，而包装要求必须严格执行。一定要选择防水、防潮、防震的包材，尽可能地增加内部防水材料的包装层数来保证其完好无损。

（3）选择运输路线。在考虑运输路线时，需要考虑路线是否可行，是否存在限高、限宽、限重等问题，以及有无过路费等问题。各种因素都需要综合考虑，确认后才能进行运输。

2.运输中的注意事项

（1）防潮处理。防水材料在运输中一定要防潮，可以采用加装防潮剂、防潮设备等方法来降低其受潮的可能性。

（2）防震处理。防水材料在运输时要防止受到震动，可以采用填充材料、减震材料包装等方法来保证其不受震动影响。

（3）车辆选择。当选择汽车运输时，需要检查车辆的状态，确保车辆符合运输标准要求，车重合适、轮胎完好等，以确保运输过程安全无误。

3.运输后的注意事项

（1）当防水材料运到目的地后，必须进行验收，确认防水材料是否完好无损。

（2）在库房或堆放区域整齐叠放。运输完成后，在库房内或者堆放区域内，防水材料需要按照规定叠放。

以上就是防水材料运输的注意事项。在运输过程中，一定要注意尽可能地防止出现损坏、受潮等问题的发生，以确保防水材料完好无损地到达目的地。

（二）防水材料库存及现场保存

1.库存管理

（1）防水材料的储存必须按照规定的要求进行，并制定相应的管理制度。

（2）防水材料的储存要求：储存场所必须干燥、通风、无火源，禁止与酸、碱等化学物质混储，同时防止长时间暴晒。

（3）防水材料的储存方式：设立专门的仓库，对不同的材料进行分类存放，建立明确的标识和记录，并采用先进的货物管理系统。

（4）储存期限：防水材料必须有有效期，储存期限不得超过有效期限，到期无法使用的材料必须及时报废。

（5）储存记录：对每一批次的防水材料必须建立详细的储存记录，包括采购日期、入库日期、储存期限和使用情况等。

2.现场使用管理

（1）防水材料的使用必须遵循施工图纸和设计要求，并由专业人员进行操作。

（2）施工前必须对防水材料进行质量检测，检验合格后方可使用。

（3）防水材料的使用需要保持施工现场的干净整洁，避免杂物混入，造成材料质量的损失。

（4）使用过程中必须保持防水材料的清洁，防止混入泥沙等杂质，影响材料的性能。

（5）使用过程中出现质量问题的防水材料必须立即停用，并进行记录和报告，及时处理后方可继续使用。

3.报废管理

（1）防水材料的报废必须按照相关标准进行，并记录和报告。

（2）报废标准：防水材料的报废标准根据不同的类型和性能进行划分，包括损坏、超期和失效等情况。

（3）报废程序：对报废的防水材料必须按照程序进行处理，采取专门的方式进行销毁或处置。

（4）报废记录：对每一批次的报废材料必须建立详细的记录，包括原因、数量、处理方式和结果等。

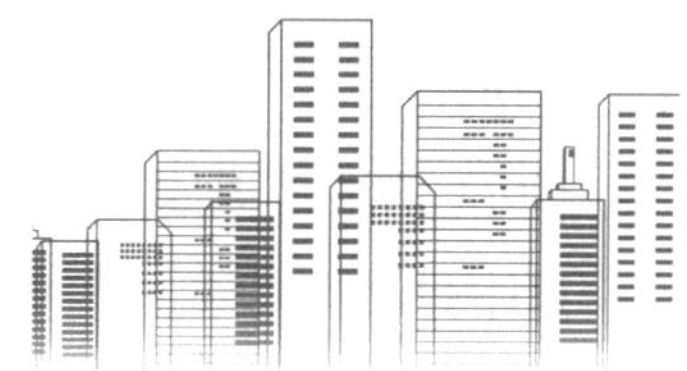

参考文献

[1]林永洪.建筑理论与建筑结构设计研究[M].长春：吉林科学技术出版社，2023.

[2]朱雷，吴锦绣，陈秋光，等.建筑设计入门教程[M].2版.南京：东南大学出版社，2023.

[3](英国)杰弗里·马克斯图蒂斯.建筑设计过程[M].2版.李致，甘宇田，胡一可，译.南京：江苏凤凰科学技术出版社，2022.

[4]艾学明.公共建筑设计[M].4版.南京：东南大学出版社，2022.

[5]张文忠.公共建筑设计原理[M].北京：中国建筑工业出版社，2020.

[6]王明道，袁华，张海燕.室内设计[M].上海：上海交通大学出版社，2021.

[7]王明道.室内设计[M].2版.北京：机械工业出版社，2022.

[8]唯美传媒.办公空间设计[M].北京：中国水利水电出版社，2022.

[9]朱江，周亚蓝，康弘玉，等.办公空间设计[M].武汉：华中科技大学出版社，2021.

[10]王颖，饶婕，任卫岗.建筑材料[M].重庆：重庆大学出版社，2022.

[11]马静月，蒲桃红，李柱凯.建筑材料[M].北京：北京理工大学出版社，2022.

[12]王颖，饶婕，任卫岗.建筑材料[M].长春：长春建筑工程学校，2022.

[13]刘萍.建筑材料[M].北京：北京理工大学出版社，2021.

[14]吴蓁，徐小威，高珏.建筑节能防水材料制备及检测实验教程[M].上海：同济大学出版社，2021.

[15]沈春林.建筑防水材料标准汇编[M].北京：中国标准出版社，2021.

[16]刘广文，胡安春，陈楠.屋面与防水工程施工[M].北京：北京理工大学出版社，2019.

[17]王雪飞.装配式混凝土建筑施工方法与质量控制[M].北京：中国建筑工业出版社，2022.

[18]杜常岭.装配式混凝土建筑——施工问题分析与对策[M].北京：机械工业出版社，2020.

[19]谢永超. 装配式混凝土结构工程质量通病防治手册[M]. 广州：华南理工大学出版

社，2020.

[20]王炳洪. 装配式混凝土建筑[M]. 北京：机械工业出版社，2020.

[21]马芹永. 混凝土结构基本原理[M]. 北京：机械工业出版社，2020.

[22]申成军. 钢结构工程施工[M].2版.北京：北京理工大学出版社，2020.

[23]韩古月，张凯. 钢结构工程施工[M].2版.北京：北京理工大学出版社，2020.

[24]中国建筑金属结构协会钢结构专家委员会. 钢结构技术创新与绿色施工[M]. 北京：中国建筑工业出版社，2020.